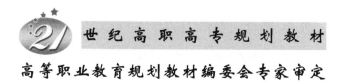

世纪高职高专规划教材

高等职业教育规划教材编委会专家审定

3G 无线网络规划与优化

张　敏　蒋招金　等编著

北京邮电大学出版社
www.buptpress.com

内 容 简 介

本书共分为 4 个项目,主要介绍 3G 无线网络规划,以及 CDMA2000、WCDMA、TD-SCDMA 等 3 种 3G 网络的无线网络优化。从项目化的角度,按照 3G 无线网络规划流程重点介绍了覆盖规划、容量规划、站点布局和查勘、站点规划仿真、参数规划等;重点介绍了 3 种 3G 网络的无线网络优化,并以大量实际工程案例说明了目前工程中覆盖、接入、切换、掉话、干扰等问题的优化方法。

本书既可作为高职高专通信技术、移动通信技术类专业的教材,也可作为广大网络规划与网络优化工程技术人员的培训教材,对通信网络管理人员和相关从业人员也具有较高的参考价值。

图书在版编目(CIP)数据

3G 无线网络规划与优化/张敏,蒋招金等编著. --北京:北京邮电大学出版社,2012.8(2018.6 重印)
ISBN 978-7-5635-3148-6

Ⅰ. ①3… Ⅱ. ①张…②蒋… Ⅲ.①无线电通信—通信网—网络规划②无线电通信—通信网—最佳化
Ⅳ.①TN92

中国版本图书馆 CIP 数据核字(2012)第 165401 号

书　　名:3G 无线网络规划与优化
作　　者:张　敏　蒋招金　等
责任编辑:艾莉莎
出版发行:北京邮电大学出版社
社　　址:北京市海淀区西土城路 10 号(邮编:100876)
发 行 部:电话:010-62282185　传真:010-62283578
E-mail:publish@bupt.edu.cn
经　　销:各地新华书店
印　　刷:保定市中画美凯印刷有限公司
开　　本:787 mm×1 092 mm　1/16
印　　张:18.5
字　　数:472 千字
版　　次:2012 年 8 月第 1 版　2018 年 6 月第 3 次印刷

ISBN 978-7-5635-3148-6　　　　　　　　　　　　　　　　定　价:38.00 元

前　言

为了培养适应现代电信技术发展的应用型、技能型高级专业人才,保证 3G 技术优质高效推广应用,促进电信行业发展,我们在总结多年教学实践和工作实践的基础上,组织专业老师和企业专家编写《3G 无线网络规划与优化》一书。本书采用项目式的内容结构形式,全面介绍 3G 无线网络的规划与优化,全书分为 4 个项目,主要介绍 3G 无线网络规划,以及 CDMA2000、WCDMA、TD-SCDMA 等 3 种 3G 网络的无线网络优化。从项目化的角度,按照 3G 无线网络规划流程重点介绍了覆盖规划、容量规划、站点布局和查勘、站点规划仿真、参数规划等;重点介绍了 3 种 3G 网络的无线网络优化,并以大量实际工程案例说明了目前工程中覆盖、接入、切换、掉话、干扰等问题的优化方法。

本教材在编写过程中,坚持"以就业为导向,以能力培养为本位"的改革方向;打破传统学科教材编写思路,根据岗位任务需要合理划分模块;做到"理论够用、突出岗位知识、重视技能应用、引入实践活动"的编写理念;较好地体现了面向应用型人才培养的高职高专教育特色。本书既可作为高职高专通信技术、移动通信技术类专业的教材,也可作为广大网络规划与网络优化工程技术人员的培训教材,对通信网络管理人员和相关从业人员也具有较高的参考价值。

本书由长沙通信职业技术学院《3G 无线网络规划与优化》编写组编写,张敏主编。模块 1 由张敏、蒋招金编写,模块 2 由蒋招金、张敏编写,模块 3 由张敏、毕杨编写,模块 4 蒋招金、毕杨编写,全书由张敏统稿,蒋招金主审。

在本书的编写和审稿过程中,得到了长沙通信职业技术学院领导和老师、中国电信湖南邮电规划设计院有限公司 3G 技术专家的大力支持和热心帮助,提出了很多有益的宝贵意见,本书的素材来自大量的参考文献和 3G 技术应用经验,特此感谢。

由于水平和时间的限制,书中错误和不当之处在所难免,敬请大家在使用过程中不断指正错误,并提供宝贵意见,以使该教材再版时提高质量。

编　者

2012 年 5 月

目　　录

项目1　3G无线网络规划 ……………………………………………………… 1

　　任务1　3G无线网规总体流程 …………………………………………… 1

　　　　【知识链接1】移动通信网络规划概述 ………………………………… 1

　　　　【知识链接2】3G无线网络总体规划流程 …………………………… 3

　　　　【技能实训】3G网络规划资料收集 …………………………………… 5

　　任务2　覆盖规划 ………………………………………………………… 6

　　　　【知识链接1】地理环境分类 …………………………………………… 6

　　　　【知识链接2】基站设备类型和扇区配置 ……………………………… 7

　　　　【知识链接3】3种3G系统的链路预算 …………………………… 10

　　　　【技能实训】站点计算:密集城区单站链路预算 …………………… 19

　　任务3　容量规划 ………………………………………………………… 20

　　　　【知识链接1】用户预测 ……………………………………………… 20

　　　　【知识链接2】业务模型 ……………………………………………… 22

　　　　【知识链接3】业务预测 ……………………………………………… 23

　　　　【知识链接4】容量计算 ……………………………………………… 24

　　　　【技能实训】站点计算 ………………………………………………… 31

　　任务4　站点布局和查勘 ………………………………………………… 32

　　　　【知识链接1】站点初始布局 ………………………………………… 32

　　　　【知识链接2】查勘 …………………………………………………… 37

　　　　【技能实训】站点初始布局和查勘 …………………………………… 43

　　任务5　规划仿真 ………………………………………………………… 43

　　　　【知识链接1】仿真软件介绍 ………………………………………… 44

　　　　【知识链接2】仿真方法 ……………………………………………… 44

　　　　【技能实训】网络规划仿真 …………………………………………… 53

　　任务6　参数规划 ………………………………………………………… 54

　　　　【知识链接1】PN码规划 …………………………………………… 54

　　　　【知识链接2】邻区规划 ……………………………………………… 56

　　　　【知识链接3】LAC规划 …………………………………………… 58

　　　　【技能实训】PN规划 ………………………………………………… 64

项目 2　CDMA2000 无线网络优化 ·· 65

　任务 1　3G 无线网络优化总体流程 ·· 65
　　【知识链接 1】　网络优化基本概念 ·· 65
　　【知识链接 2】　3G 无线网络优化总体流程 ·································· 66
　　【技能实训】　做一个网络优化的工作计划 ·································· 69
　任务 2　CDMA2000 网络覆盖优化 ·· 70
　　【知识链接 1】　衡量覆盖效果的测试指标 ·································· 70
　　【知识链接 2】　覆盖问题分类及优化方法 ·································· 71
　　【知识链接 3】　覆盖问题案例分析 ·· 72
　　【技能实训】　覆盖问题分析 ·· 74
　任务 3　CDMA2000 网络接入问题优化 ······································ 75
　　【知识链接 1】　接入流程 ·· 75
　　【知识链接 2】　接入问题及原因分析 ·· 83
　　【知识链接 3】　接入问题案例分析 ·· 85
　　【技能实训】　接入问题分析 ·· 89
　任务 4　CDMA2000 网络切换问题优化 ······································ 90
　　【知识链接 1】　切换流程 ·· 90
　　【知识链接 2】　切换问题分类及优化方法 ·································· 98
　　【知识链接 3】　切换问题案例分析 ·· 101
　　【技能实训】　切换问题分析 ·· 107
　任务 5　CDMA2000 网络掉话问题优化 ······································ 108
　　【知识链接 1】　掉话机制 ·· 108
　　【知识链接 2】　掉话分析模版 ·· 109
　　【知识链接 3】　掉话处理的参考流程 ·· 112
　　【知识链接 4】　掉话问题案例分析 ·· 112
　　【技能实训】　掉话问题分析 ·· 115
　任务 6　干扰问题优化 ·· 116
　　【知识链接 1】　干扰的分类 ·· 116
　　【知识链接 2】　干扰定位和排除 ·· 118
　　【知识链接 3】　干扰问题的案例分析 ·· 120
　　【技能实训】　干扰问题分析 ·· 122
　任务 7　多载波优化 ·· 122
　　【知识链接 1】　多载波问题分类及优化方法 ······························ 123
　　【知识链接 2】　多载波问题案例分析 ·· 124
　　【技能实训】　多载波问题分析 ·· 126
　任务 8　EV-DO 优化分析 ·· 127
　　【知识链接 1】　EV-DO 的基本信令流程 ·································· 127
　　【知识链接 2】　EV-DO 的问题分类及优化方法 ························ 136

【知识链接3】　EV-DO 优化案例分析 ·· 138

【技能实训】　EV-DO 的问题分析 ·· 140

项目3　WCDMA 无线网络优化 ·· 141

　任务1　WCDMA 网络覆盖问题优化 ·· 141

　　【知识链接1】　衡量覆盖效果的测试指标 ··································· 141

　　【知识链接2】　覆盖问题分类 ··· 142

　　【知识链接3】　覆盖问题分析流程 ··· 143

　　【知识链接4】　覆盖问题案例分析 ··· 149

　　【技能实训】　覆盖问题分析 ··· 158

　任务2　WCDMA 网络接入问题优化 ·· 159

　　【知识链接1】　接入过程 ··· 160

　　【知识链接2】　接入过程的消息和流程 ····································· 162

　　【知识链接3】　接入问题分类及优化方法 ··································· 168

　　【知识链接4】　接入问题案例分析 ··· 175

　　【技能实训】　接入问题分析 ··· 182

　任务3　WCDMA 网络切换问题优化 ·· 183

　　【知识链接1】　切换流程 ··· 184

　　【知识链接2】　切换问题分类及优化方法 ··································· 198

　　【知识链接3】　切换问题案例分析 ··· 205

　　【技能实训】　切换问题分析 ··· 209

　任务4　WCDMA 网络掉话问题优化 ·· 210

　　【知识链接1】　掉话分类与处理流程 ······································· 211

　　【知识链接2】　掉话问题分类及优化方法 ··································· 219

　　【知识链接3】　掉话问题案例分析 ··· 222

　　【技能实训】　掉话问题分析 ··· 225

　任务5　HSDPA 问题优化 ··· 226

　　【知识链接1】　HSDPA 的基本信令流程 ··································· 226

　　【知识链接2】　HSDPA 的无线资源管理 ··································· 233

　　【知识链接3】　HSDPA 优化案例分析 ······································ 246

　　【技能实训】　HSDPA 的问题分析 ·· 251

项目4　TD-SCDMA 无线网络优化 ··· 253

　任务1　TD-SCDMA 网络覆盖优化 ·· 253

　　【知识链接1】　衡量覆盖效果的测试指标 ··································· 253

　　【知识链接2】　覆盖问题分类及优化方法 ··································· 254

　　【知识链接3】　覆盖问题案例分析 ··· 255

　　【技能实训】　覆盖问题分析 ··· 258

　任务2　TD-SCDMA 网络接入问题优化 ··· 258

【知识链接 1】 接入流程 ························· 259

【知识链接 2】 接入问题原因分析 ·················· 262

【知识链接 3】 接入问题案例分析 ·················· 262

【技能实训】 接入问题分析 ······················· 266

任务 3 TD-SCDMA 网络切换问题优化 ················· 266

【知识链接 1】 切换流程 ························· 267

【知识链接 2】 切换失败分析 ····················· 273

【知识链接 3】 切换问题案例分析 ·················· 273

【技能实训】 切换问题分析 ······················· 276

任务 4 TD-SCDMA 网络掉话问题优化 ················· 276

【知识链接 1】 掉话分析 ························· 277

【知识链接 2】 掉话案例 ························· 279

【技能实训】 掉话问题分析 ······················· 283

任务 5 TD-HSPA 技术 ······························ 284

【知识链接 1】 TD-HSPA 发展历程 ················· 284

【知识链接 2】 TD-HSPA 关键技术 ················· 284

项目 1　3G 无线网络规划

【知识目标】掌握 3G 无线网规总体流程;掌握覆盖规划、容量规划;掌握站点布局;领会规划仿真;掌握 PN 码规划、邻区规划、频率规划和 LAC 规划。

【技能目标】会进行网络规划资料收集;能够模拟第三方公司和运营商进行沟通;能够进行密集城区单站链路预算;会在满足容量需求前提下的站点计算;会站点初始布局和查勘;能够网络规划仿真;能够进行网络参数规划。

任务 1　3G 无线网规总体流程

【工作任务单】

工作任务单名称	3G 无线网规总体流程	建议课时	2
工作任务内容: 　1. 掌握 3G 无线网络总体规划流程; 　2. 进行网络规划资料收集; 　3. 模拟第三方公司和局方进行沟通。			
工作任务设计: 　首先,教师讲解 3G 无线网络总体规划流程知识点; 　其次,情景模拟第三方公司和局方进行沟通; 　最后,分组通过 Internet 进行本地网络规划资料收集和归纳。			
建议教学方法	教师讲解、情景模拟、分组讨论	教学地点	实训室

【知识链接 1】　移动通信网络规划概述

1. 网规在网络建设项目中的位置

移动通信网络飞速发展,各通信网络运营商对通信网络不断地投资。优良的通信网络工程设计可以使运营商在相同的投资规模下获得最大的经济效益。完整的移动通信网络建设包括前期的调研(可行性研究)、网络规划、工程实施和网络优化等阶段。如图 1-1 所示。

网络规划是整个建设过程中的关键阶段,决定了系统的投资规模;规划结果确立了网络的基本架构,基本决定了网络的效果。合理的网络规划可以节省投资成本和建网后网络的运营成本,提高网络的服务等级,提高用户的满意度。

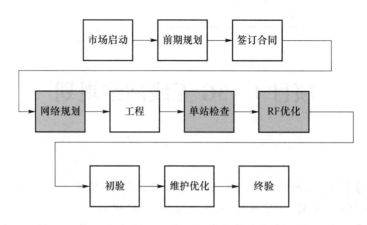

图 1-1　网络规划在项目实施过程中的位置

2．移动通信网络规划的概念

移动通信网络规划是根据客户的容量需求、覆盖需求以及其他特殊需求,结合覆盖区域的地形地貌特征,设计合理可行的无线网络布局,以最小的投资满足客户需求的过程。

可以看出,网络规划首先需要了解客户的需求,满足客户需求是网络建设的终极目标;地形地貌对无线信号的传播影响很大,是技术上制约客户需求能否得到满足的重要因素,需要通过各种途径了解规划区域的地形地貌特征;客户需求和地形地貌信息是网络规划的基础。

蜂窝移动通信网络的性能受到地形地貌、用户分布、用户移动性、业务类型等各种因素的影响。只有在规划设计阶段充分考虑网络的覆盖需求、容量需求、规划区域的无线传播环境、可提供业务类型的话务模型等因素,结合系统能够提供的容量、系统的接收灵敏度等性能参数,通过链路预算、网络拓扑结构设计、仿真、实地勘察等工作,才能使设计的网络合理有效,达到预期的覆盖效果,为尽可能多的用户提供优质的服务。

3．移动通信网络规划的目标

网络规划的目标就是在一定的成本下,在满足网络服务质量的前提下,建设一个容量和覆盖范围都尽可能大的无线网络,并能适应未来网络发展和扩容的要求。

实质上,要求网络以最小的投入,同时达到高标准的通信质量、最大的覆盖和最大的容量是做不到的。只能是在这些目标之间寻找平衡,使各个指标都在一定的允许范围内并且总的综合目标达到最佳。如图 1-2 所示。

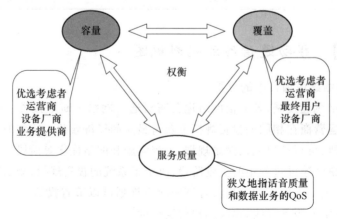

图 1-2　网络规划的目标

网络规划是一项系统工程,从无线传播理论的研究到天馈设备指标分析,从网络能力预测到工程详细设计,从网络性能测试到系统参数调整优化,贯穿了整个网络建设的全部过程,大到总体设计思想,小到每一个小区参数;网络规划又是一门综合技术,需要用到从有线到无线多方面的知识,需要积累大量的实际经验。

4. 无线网络规划的目标

移动通信网络中三分之二的投资用于无线网络,主要包括基站和基站控制器等。因此,合理布站,精心规划,减少无线网络的投入应该成为移动通信网络规划的重心。

无线网络规划目标就是在保证服务质量的前提下,以最小的成本构建一个覆盖最大、容量最大的无线网络。

具体目标有:

(1) 达到服务区内最大程度的时间、地点的无线覆盖;

(2) 减少干扰,达到系统最大可能容量;

(3) 最优化设置无线参数,最大提高系统服务质量;

(4) 在满足容量和服务质量前提下,尽量减少系统设备成本;

(5) 科学预测话务分布,确定最佳基站分布网络结构;

(6) 考虑网络的未来发展和扩容需要。

【想一想】

1. 移动通信网络规划是什么?

2. 无线网络规划的目标是什么?

【知识链接2】　3G 无线网络总体规划流程

1. 3G 无线网络规划的流程

3G 无线网络规划的流程如图 1-3 所示。可以看出,整个无线网络的规划流程大致可以分为 4 个阶段。

(1) 第一阶段:前期准备

前期准备主要是基础数据采集,为网络规划提供依据。需要采集的数据依据有:成本限制、各类地图、覆盖区域类型、业务类型、终端类型及比例、各类业务覆盖要求、容量要求、可用频段、服务等级、人口分布、系统容量增长情况、收入分布、固定电话使用情况等。

(2) 第二阶段:预规划

预规划是根据覆盖区域的大小,由链路预算得出小区覆盖面积,从而推算出满足覆盖需求的基站数量,同时根据使用用户业务量和预期的用户数量、分布,获得该业务模型下支持该用户数量的业务负荷所需的基站数量和大致站型、配置,两者比较,取其中较大的基站数量和相应的站间距为下一步的详细规划提供基础数据。

(3) 第三阶段:详细规划

将预规划获得的基站数量、大致站型和配置、初步站间距作为原始输入,配合三维数字地图,带入仿真工具,结合初期网络勘察获得的候选站址,对所需的覆盖的区域,进行认真的网络覆盖和容量效果预测和分析,并通过站址位置、站间距、天线挂高、方位角、下倾角等关键的无线指标,为未来的工程设计奠定基础。

（4）第四阶段:优化阶段

随着用户的增加,网络需要不断地进行优化调整。当话务量增长到一定阶段时,网络需要扩容;于是又回到了前期阶段进行性数据采集。

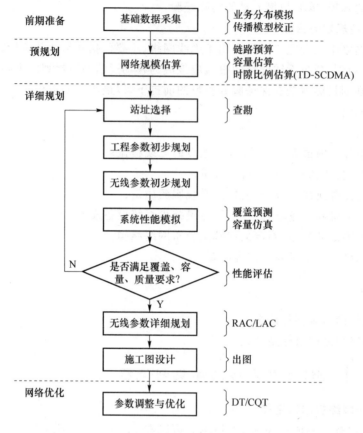

图 1-3　3G 无线网络规划流程

2. 不同 3G 系统的无线网络规划特点

不同的 3G 系统的无线网络规划特点如表 1-1 所示。

表 1-1　不同 3G 系统的无线网络规划要点比较

比较项目	TD-SCDMA	WCDMA	1x EV-DO
呼吸效应	有一定的呼吸效应;覆盖受负荷影响	小区呼吸效应明显;覆盖对负荷敏感	小区呼吸效应明显;覆盖对负荷敏感
容量规划	混合业务容量估算;需结合时隙规划	混合业务容量估算	混合业务容量估算
扩容方式	增加载波;小区分裂	增加载波;小区分裂	增加载波;小区分裂
覆盖规划	采用链路预算方式进行;主要参考上行;具体参数种类和取值有个性	采用链路预算方式进行;主要参考上行;具体参数种类和取值有个性	采用链路预算方式进行;主要参考上行;具体参数种类和取值有个性
频率规划	N 频点方式,形成主载波异频;较为复杂	初期单载波;后期增加载波;相对简单	需要与 1x 隔频

续　表

比较项目	TD-SCDMA	WCDMA	1x EV-DO
码资源规划	128 个扰码,资源紧张,规划较为复杂	512 个主扰码,资源丰富,相对简单	重点规划 PN 码,需要考虑与 1x 系统的协同
切换规划	采用硬切换和接力切换;重点考虑邻接关系和信号强度	采用软切换,需要考虑软切换比例的折衷	前向采用虚拟切换,反向采用软切换或硬切换
时隙规划	按业务预测配置时隙转换点	无此项	无此项

到目前为止,国际电信联盟 ITU 批准了四个标准作为全球第三代移动通信系统标准,它们是:WCDMA、CDMA2000、TD-SCDMA 和 WiMAX。WiMAX 是目前使用国家最少的标准。本教材仅介绍前三种 3G 主流技术标准的网络规划与优化。

 【想一想】

1. 基础数据采集要采集的数据有哪些?
2. 规划阶段的网络优化和日常优化有何不同?

【技能实训】　3G 网络规划资料收集

1. 实训目标

(1) 培养良好的职业道德与习惯,增强团队意识。

(2) 模拟通信第三方公司和运营商运维部、网络优化部、建设部进行沟通。

(3) 能够利用 Internet 网络进行本地 3G 网络规划资料的收集。

2. 实训设备

(1) 运营商各部门办公仿真场地。

(2) 具有 Internet 网络连接的计算机一台。

3. 实训步骤及注意事项

(1) 通过 Internet 网络了解本地经济情况、人文情况。

(2) 模拟通信第三方公司和运营商运维部、网络优化部、建设部进行沟通,了解本地网络现状。

(3) 通过 Internet 网络访问本地统计局网站了解本地 GTP 地图。

(4) 通过前面的调查,对资料进行电子归档,并整理成一个文档。

4. 实训考核单

考核项目	考核内容	所占比例/%	得分
实训态度	1. 积极参加技能实训操作 2. 按照安全操作流程进行操作 3. 纪律遵守情况	30	
实训过程	1. 本地经济人文情况资料收集 2. 情景模拟:和运营商运维部、网络优化部、建设部进行沟通,获得本地网络现状 3. 本地 GTP 地图资料收集	40	
成果验收	提交本地 3G 网络规划基本资料	30	
合计		100	

任务 2　覆盖规划

【工作任务单】

工作任务单名称	3G 无线网络覆盖规划	建议课时	2
工作任务内容：			
1. 掌握地理环境分类；			
2. 掌握不同环境下的站型选择；			
3. 掌握 3 种 3G 系统的物理信道、链路预算参数和链路预算；			
4. 会根据密集城区单站链路预算计算出所需站点个数。			
工作任务设计：			
首先，教师讲解地理环境分类；			
其次，学员分组讨论不同环境下的站型选择；			
再次，教师讲解 3 种 3G 系统的物理信道、链路预算参数和链路预算案例；			
最后，根据给出的数据，学员进行实际覆盖规划。			
建议教学方法	教师讲解、分组讨论、案例教学	教学地点	实训室

【知识链接 1】　地理环境分类

无线传播特性主要受地物地貌、建筑物材料和分布、植被、车流、人流、自然和人为电磁噪声等多个因素影响。移动通信网络的大部分服务区域的无线传播环境可以分为密集城区、一般城区、郊区和农村。

1. 密集城区

密集城区仅存于大中城市的中心，区域内建筑物平均高度或平均密度明显高于城市内周围建筑物，地形相对平坦，中高层建筑较多。密集城区主要包含密集的高层建筑群、密集商住楼构成的商业中心。一般此类区域主要为商务区、商业中心区和高层住宅区。

此外还有一种特殊场景，即由大量自建住宅构成的城中村。城中村位于市区内，无线传播环境恶劣，村中建筑以 5~9 层砖混结构的自建民宅为主，建筑物极为密集，楼间距仅为 1~3 m。村中除了 2~4 m 宽的街巷外，缺少市政道路。

2. 一般城区

一般城区为城市内具有建筑物平均高度和平均密度的区域，或经济发达、有较多建筑物的县城和卫星城市。该区域主要由市政道路分割的多个街区组成。此类区域一般以住宅小区、机关、企事业单位、学校等为主，典型建筑物高度为 7~9 层，当中夹杂少量的 10~20 层高楼。楼间距一般在 15~30 m。

3. 郊区

此类区域一般为城市边缘的城乡结合部、工业区以及远离中心城市的乡镇，区域内建筑物稀疏，基本上无高层建筑。市郊工业园区域内主要建筑物为厂房和仓库，厂区间距较大。周围有较大面积的绿地。城乡结合部的建筑物明显比市区稀疏，无明显街区，建筑物以 7 层以下楼宇和自建民房为主，周围有较大面积的开阔地。

4. 农村

此类区域一般为孤立村庄或管理区，区内建筑物较少，周围有成片的农田和开阔地；此类区域常位于城区外的交通干线。

综上所述，无线传播地理环境分类的具体描述见表1-2。由于我国幅员辽阔，各省、市的无线传播环境千差万别，除了有上述四类基本的区域类型外，还包括山地、沙漠、草原、林区、湖泊、海面、岛屿等广阔的人烟稀少的地区，在实际规划中应根据当地的实际情况对分类进行适当调整。

表 1-2　无线传播地理环境分类

区域类型	典型区域描述
密集城区	区域内建筑物平均高度或平均密度明显高于城市内周围建筑物；地形相对平坦；中高层建筑物较多
一般城区	城市内具有建筑物平均高度和平均密度的区域；经济发达、有较多建筑物的城镇
郊区	城市边缘地区，建筑物较稀疏，以低层建筑物为主；经济普通、有一定建筑物的小镇
农村	孤立村庄或管理区，区内建筑物少，有成片的开阔地；交通干线

【想一想】

无线传播环境可以分为哪几种？各有何特点？

【知识链接2】　基站设备类型和扇区配置

1. 基站设备类型

（1）基本概念

扇区：是物理概念，表示一根天线波瓣的覆盖范围。

载波：当没有调制信号（即没有能够用来调制的其他电波循环脉冲串或者直流）的情况下由发射机产生的无线电波。

载频：未调制的无线电、雷达、载波通信或其他发射机产生的频率，或者对称信号调制的发射波的平均频率。

（2）基站设备类型

基站类型分为宏基站、基带拉远站（BBU＋RRU）、微基站和直放站。

① 宏基站

宏基站（分室内/外型）主要应用于大面积覆盖，作为目前主力站型，可以满足大规模连续覆盖和容量要求，具有集成度高、功耗低、容量大等特点。其应用于高业务量区域的覆盖和话务吸收、郊区/农村的低成本覆盖。

② BBU＋RRU 或 RRU

基带拉远站（BBU＋RRU）利用光纤远端拉远的方式，彻底解决了3G基站馈线损耗大的问题。BBU＋RRU 共享基带资源，组网灵活，可以替代传统基站进行组网，是未来技术发展的方向。

BBU＋RRU 支持本地拉远和远端拉远覆盖，有助于解决机房短缺问题，解决密集城区、普通城区、郊区、乡村、公路沿线等室外广覆盖,解决城市热点地区、盲点地区的拉远覆盖,也可以作为室内分布信号源。

按照设备功率输出方式,RRU 可以分为单通道和多通道设备,多通道设备可以实现广覆盖,单通道设备主要用于局部补盲或室分信源。

③ 微基站

微基站是 3G 无线网络覆盖的一种重要补充方式,具有集成传输电源、安装方便灵活等特点。在覆盖补盲时,能起到跟 RRU 同样的作用。另外,微基站也可作为室内分布系统的信号源,用来解决具有一定话务量楼宇内的覆盖和容量问题。与 RRU 相比,微基站支持各种方式的传输接入,不必采用裸光纤。

④ 直放站

直放站作为一种有效的网络补充覆盖产品,更多地用来转发信号,以解决局部复杂地形阻挡区域的覆盖问题,如地下室、偏远村庄、道路等。另外,在室内分布系统中更多地用作信号源。其最大优点是价格便宜、成本低廉,但同时会给施主基站引入干扰,影响网络的性能指标,且其网管功能和设备检测功能较弱。

(3) 基站类型选择原则

① 在市区、郊区和农村等广覆盖区域,以宏基站和 BBU＋RRU 为基础实现大面积覆盖。

② 根据安装条件、设备成熟度和价格,选定 BBU＋RRU 或宏基站设备。BBU＋RRU 可用在本地拉远与远端拉远两种不同的场景。宏基站馈线拉运距离有限,当馈线长度超过 75 m 时,优选 BBU＋RRU。

③ 在站址选择或工程安装存在困难但光纤资源丰富的站点,优先采用 BBU＋RRU 设备。

④ 在热点地区(如机场、车站、购物中心和闹市区的街道)和宏蜂窝覆盖盲区,以微基站或 RRU 作为补充覆盖。

2. 扇区配置

(1) 扇区配置

① S111 表示某个站点的频点和扇区的配置情况。

S 代表定向站,S111 代表每个扇区配置 1 载频;S333 代表三个扇区配置 3 载频。

② O 代表全向站。

O1 就代表是一个全向 1 载频配置的基站。

O1～O3 为包含 1～3 载频的全向站,S1/1/1～S3/3/3 则为每小区分别容纳 1～3 载频的三扇区定向站型,其可通过在不同小区内设置相隔的主载频来规避公共信道干扰,即分别对应于异频、混频及同频组网模式。各定向站型主载频配置如图 1-4 所示。

图 1-4　定向站型多频点配置示意图

（2）常用基站扇区配置

表 1-3　常用基站扇区配置

基站扇区配置	适用原则	典型使用区域
全向站	主要解决信号覆盖；针对较为平坦、话务量较低的区域	农村地区
单扇区/两扇区	主要解决信号覆盖；针对有明确覆盖需求或话务量集中的区域	高速公路、室内覆盖(地下停车场等)
三扇区	主要承载话务，同时解决信号覆盖；针对话务量比较集中的区域	一般城区、密集城区、郊区等

3. 其他设备类型

（1）直放站

从控制投资的角度，应有选择地使用直放站作为辅助覆盖手段，实现低成本覆盖。直放站主要应用于以下情况。

① 室内、地下室、隧道等无线覆盖盲区。

② 郊区、农村以及主要交通公路、铁路等低话务地区。

考虑到直放站不可避免地对施主基站接收灵敏度、接入、切换等无线性能造成影响，其时延还影响多用户检测效果，引起掉话现象，因而 3G 直放站使用受到较大限制。直放站主要用于郊区、农村，在市区的使用范围主要限于解决室内覆盖问题，并且尽可能使用光纤直放站，以避免导频污染。

（2）室内信号覆盖的解决方案

① 借用室外小区信号

对于应用场所的室内纵深比较小，楼宇高度不高于周围楼群的平均高度的情况，可以考虑让室外小区信号直接覆盖室内。若室外小区信号较强，则经过建筑物的穿透损耗后还能完成对室内的覆盖。依靠室外小区的信号穿透，解决了大量的建筑物内部的信号覆盖。

这种方法是最经济、最便利的覆盖方式，也是在建设室外网络时需要考虑的因素。

② 建设室内分布系统

对于室内纵深比较大的场所、高度比周围楼群的平均高度高 5 层左右的楼宇，或者像地下室之类的室外信号很难覆盖的地方，应建设独立的室内分布系统。

这种方法建设成本较高、物业协调难度大，而且分布系统建设还需要一个逐步完善的过程。

【想一想】

1. 基站设备类型有哪些？基站类型选择原则？

2. 常用基站扇区配置有哪些？

【知识链接3】 3 种 3G 系统的链路预算

1. WCDMA 系统的链路预算

覆盖估算过程是根据规划场景、网络设计容量以及设备性能等元素进行链路预算,得出允许的最大路径损耗,根据规划区域的无线传播模型,得到最大小区半径,从而计算得到站点的覆盖面积,进而可计算出规划区域所需的站点个数。如图 1-5 和图 1-6 所示。当然此站点个数仅仅为理想蜂窝状态下的站点个数,在具体地形环境下布站时站点数目会有一定的增加。

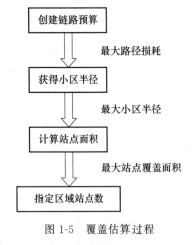

图 1-5 覆盖估算过程

所需站点数＝规划面积/站点覆盖面积。链路预算的目的是通过对系统中前反向信号传播途径中各种影响因素进行考察,对系统的覆盖能力进行估计。这是链路分析的模型。如果已知或估计出发射信号功率、发射端和接收端的增益与损耗、干扰功率、接收信号的质量门限等参数,就可以计算出为保证接收质量而最大允许的路径损耗,用传播模型反推可得到最大允许的覆盖半径。比较规划区的面积和单小区覆盖的面积就可估算出需要的基站和小区数目。如图 1-7 所示。

图 1-6 站点覆盖面积的计算

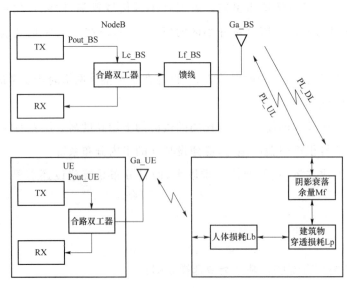

图 1-7 链路预算

（1）WCDMA 上行链路（反向）

$$PL\_UL = Pout\_UE + Ga\_BS + Ga\_UE - Lf\_BS + Ga\_SHO - Mpc - Mf - MI - Lp - Lb - S\_BS$$

根据发射端到接收端的信号传播路径，上行链路预算中基本包含以下元素：Pout_UE 基站业务信道最大发射功率、Lf_BS 馈线损耗、Ga_BS 基站天线增益、Ga_UE 移动台天线增益、Ga_SHO 软切换增益、Mpc 快速功控余量、Mf 阴影衰落余量（与传播环境相关）、MI 干扰余量（与系统设计容量相关）、Lp 建筑物穿透损耗（要求室内覆盖时使用）、Lb 人体损耗、S_BS 基站接收机灵敏度（与业务、多径条件等因素相关）。

（2）WCDMA 上行链路预算要素

① TCH 最大发射功率（Max Power of TCH，单位 dBm）

对于 UE 来说，它的每业务信道最大发射功率一般就是其额定总发射功率。商用网络中，UE 种类繁多，链路预算中应根据市场上主流商用手机规格，参考运营商意见，合理设置此参数，如表 1-4 所示。

表 1-4　UE 功率等级

UE 功率等级（TS 25.101 v3.7.0）6.2.1		
Power Class （功率等级）	Nominal maximum output power （标称最大输出功率）/dBm	Tolerance（容差）/dB
1	+33	+1/−3
2	+27	+1/−3
3	+24	+1/−3
4	+21	+2/−2

② 人体损耗（Body Loss，单位 dB）

话音业务人体损耗取值 3 dB；数据业务由于以阅读观看为主，UE 距人体较远，人体损耗取值 0 dB。

③ UE 天线增益（Gain of UE Tx Antenna，单位 dBi）

通常假设，UE 的天线增益为 0 dBi（收发相同）。

④ 等效各向同性发射功率（EIRP，单位 dBm）

EIRP 是指在最大辐射方向上的每个业务信道的发射功率输出、发射系统损耗和发射机天线增益的总和。

$$UE\ EIRP\ (dBm) = UE\ Tx\ Power\ (dBm) - Body\ Loss\ (dB) +$$
$$Gain\ of\ UE\ Tx\ Antenna\ (dBi)$$

⑤ 基站接收天线增益（Gain of BS Rx Antenna，单位 dBi）

天线增益：是指在输入功率相等的条件下，实际天线与理想的辐射单元在空间同一点处所产生的场强的平方之比，即功率之比，即主发射方向上的增益。增益一般与天线方向图有关，方向图主瓣越窄，后瓣、副瓣越小，增益越高。发射方向越集中，天线增益越高。全向性天线，在所有方向上的增益相同。

前后比：最大主方向增益与反方向增益之比。

波束宽度：天线发射的主方向与发射功率下降 3 dB 点的一个夹角，并把这个区域称为天线的波瓣。

下倾:单指定向平板天线的下倾角度,主要用于控制干扰及增强覆盖。

表 1-5　天线的基本参数

频率范围	824～960 MHz	
频带宽度	70 MHz	
增益	14～17 dBi	
极化	Vertical(垂直)	
标称阻抗	50 Ohm	
电压驻波比	≤1.4	
前后比	>25 dB	
下倾角(可调)	3°～8°	
HPBW(半功率波束宽度)	水平面 60°～120°	垂直面 16°～8°
垂直面上旁瓣抑制	<−12 dB	
互调	≤110 dBm	

极化:最大辐射方向上的电场矢量方向,双极化天线可在单天线上实现分集,可节约一根天线。

在方向图中通常都有两个瓣或多个瓣,其中最大的瓣称为主瓣,其余的瓣称为副瓣。主瓣两半功率点间的夹角定义为天线方向图的波瓣宽度。称为半功率(角)瓣宽。主瓣瓣宽越窄,则方向性越好,抗干扰能力越强。

⑥ 馈缆损耗(Cable Loss,单位 dB)

基站到天线的连接中必定要用到馈线,在计算馈线的损耗中,还需要考虑馈线两头的连接器等器件的损耗。在 3G 中,使用的馈线跟 2G 的基本相同,但是损耗跟信号频率相关,因此 3G 馈线的单位损耗会比 2G 的略大一点。

包括从机顶到天线接头之间所有馈线、连接器的损耗,底跳线、连接器、馈缆、顶跳线 Etc. 除馈缆以外的损耗相对固定,可假设约为 0.8 dB 馈缆损耗 2 GHz,7/8 英寸馈缆 6.1 dB/100 m、5/4 英寸馈缆 4.5 dB/100 m。

⑦ 基站噪声系数(Noise Figure,单位 dB)

噪声系数:评价放大器噪声性能好坏的一个指标,用 NF 表示,定义为放大器的输入信噪比与输出信噪比之比。

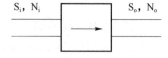

图 1-8　放大器噪声性能参数

$$NF = SNR_i / SNR_o = (S_i / N_i) / (S_o / N_o)$$

接收机的底噪(单位带宽内):

$$PN = K \times T \times BW \times NF$$
$$= -174\ dBm/Hz + 10lg(3.84\ MHz\ /\ 1\ Hz) + NF(dB)$$
$$= -108\ (dBm/3.84\ MHz) + NF\ (dB)$$

在不使用塔放时,塔顶天线接头处的等效噪声系数等于机顶之前的馈缆损耗加上机顶天线口噪声系数。这样,在无塔放条件下的塔顶天线接头处等效噪声系数 = NF_BS + 馈缆损耗。在使用塔放时,需要考虑塔放本身的噪声系数,根据级联原则,可以使得总的噪声系数降低。

⑧ 基站解调门限(EbvsNo Required,单位 dB)

通过链路仿真获得,与以下因素相关:收分集配置、多径信道条件、承载类型。

⑨ 基站接收灵敏度(Sensitivity of BS Receiver,单位 dBm)

$$\begin{aligned} \text{Sensitivity of Receiver (dBm)} &= -174(\text{dBm/Hz}) + \text{NF(dB)} + 10\lg(3.84\text{ MHz/1 Hz}) + \\ &\quad \text{EbvsNo required (dB)} - 10\lg[3.84\text{ MHz/Rb(kHz)}] \\ &= -174(\text{dBm/Hz}) + \text{NF(dB)} + \\ &\quad 10\lg[1\,000 \times \text{Rb(kHz)}] + \text{Eb/No(dB)} \end{aligned}$$

⑩ 上行负荷因子(Uplink Cell Loading)

$$\eta = (1+i)\sum_{j=0}^{J} \frac{(E_b/N_o)_j V_j R_j}{W}$$

上行负荷因子是小区上行负荷水平的指标量。负荷因子越高,上行链路干扰越大。上行负荷接近 100% 时,上行链路干扰上升达到无穷大,对应的容量称为极限容量。

⑪ 上行干扰余量(Uplink Interference Margin,单位 dB)

$$\text{NoiseRise} = \frac{I_{\text{TOT}}}{P_N} = \frac{1}{1 - \sum_{1}^{N} L_j} = \frac{1}{1 - \eta_{\text{UL}}}$$

50% 负载 — 3 dB;60% 负载—4 dB;75% 负载—6 dB。

⑫ 背景噪声电平(Background Noise Level,单位 dBm)

外界电磁干扰来源:无线发射机(GSM、微波、雷达、电视台、……)、汽车点火、闪电……相关报告表明,在 2 GHz 频段,电磁干扰水平的均值为 — 104 dBm,标准差为 2.9 dB。对于特定地区的规划,最好是通过清频测试得到当地干扰水平的估计。

⑬ 背景噪声链路余量(Margin for Background Noise,单位 dB)

假设设备(NodeB 或 UE)底噪为 X dBm,外界干扰功率为 Y dBm,则需要留出的外界干扰余量为:Margin for Background Noise $= 10\log(10^{X/10} + 10^{Y/10})$ dBm $- X$ dBm。

⑭ 软切换对抗快衰落增益(SHO Gain over Fast Fading,单位 dB)

软切换增益由两部分构成:软切换多条无关分支的存在降低了阴影衰落余量需求,由此带来的增益 —— 多小区(Multi-Cell)增益;软切换对链路解调性能的增益 —— 宏分集(Macro Diversity Combining)增益。软切换对抗快衰落增益指的是后者,即宏分集增益。该值通过仿真得到,典型值为 1.5 dB。

⑮ 快衰落余量(Fast Fading Margin,单位 dB)

在链路预算中,使用的接收机解调性能是基于理想功控的假设得到的仿真结果,在实际的系统中,由于发射方的发射功率是有限的,这就在闭环功控中引入了非理想的因素。

功控余量对上行链路解调性能的影响:仿真结果表明,当 HeadRoom 很大时,外环功控设定的 EbvsNo 目标值接近理想功控条件下的仿真结果。随着功率余量的减小,EbvsNo

渐渐增加。最后,几乎是功率余量每降低 1 dB,相应的 EbvsNo 要求就上升 1 dB。当接近无功控性能后,将无法保证 BER/BLER 的需求。

⑯ 正确解调所需最小信号强度(Minimum Signal Strength Required,单位 dBm)

在考虑了各种干扰因素和导致性能恶化的因素之后,正确解调所需的信号强度,可以理解成在实际网络运行中的接收机灵敏度。

Minimum Signal Strength Required= Sensitivity of Receiver (dBm)-Gain of Antenna (dBi) + Body Loss (dB) + Inteference Margin (dB)+ Margin for Background Noise (dB)-SHO Gain over fast fading (dB) + Fast Fading Margin (dB)

⑰ 穿透损耗(Penetration Loss,单位 dB)

室内穿透损耗为建筑物紧挨外墙以外的平均信号强度与建筑物一层的平均信号强度之差穿透损耗与具体的建筑物类型、电波入射角度等都有关系,在链路预算中假设穿透损耗服从对数正态分布,用穿透损耗(对数值)均值及标准差描述。

更好的室内覆盖要求通过室外基站实现是不经济的,应通过针对性的室内覆盖解决方案满足。实际商用网络建设中,穿透损耗余量一般由运营商统一指定,以保证各家厂商规划结果可比较。

⑱ 阴影衰落标准差(Std. Dev. of Slow Fading,单位 dB)

室内阴影衰落标准差的计算:假设室外路径损耗估计标准差 X dB,穿透损耗估计标准差 Y dB,则相应的室内用户路径损耗。估计标准差 $= \mathrm{sqrt}(X^2+Y^2)$。

⑲ 边缘覆盖概率需求(Edge Coverage Probability)

当 UE 发射功率达到最大,仍不能克服路径损耗,达到这一最低接收电平要求时,这一链路就会中断。

距离为 d 处的 UE,其链路中断概率为:

$$
\begin{aligned}
\mathrm{Pr\_outage}(d) &= \mathrm{Pr}\{P_{\max}\_\mathrm{UE} - PL(d) < S_{\min}\} \\
&= \mathrm{Pr}\{P_{\max}\_\mathrm{UE} - 10\gamma\lg(d) - \xi < S_{\min}\} \\
&= \mathrm{Pr}\{P_{\max}\_\mathrm{UE} - S_{\min} - 10\gamma\lg(d) < \xi\} \\
&= \mathrm{Pr}\{\rho(d) < \xi\}
\end{aligned}
$$

$\rho(d) = P_{\max}\_\mathrm{UE} - S_{\min} - 10\gamma\lg(d)$,其物理含义为距离 d 处路径损耗均值与为保持连接最大允许路径损耗的差。为服从对数正态分布的阴影衰落分量,其均值为零,标准差为 σ。

⑳ 阴影衰落余量(Slow Fading Margin,单位 dB)

理解的关键:对数正态分布的性质。阴影衰落余量 (dB)= NORMSINV(边缘覆盖概率要求)×阴影衰落标准差 (dB)。

㉑ 软切换对抗慢衰落增益(SHO Gain over Slow Fading,单位 dB)

如前所述,软切换增益由两部分构成:

软切换多条无关分支的存在降低了阴影衰落余量需求,由此带来的增益 —— 多小区(Multi-Cell)增益,软切换对链路解调性能的增益——宏分集(Macro Diversity Combining)增益,软切换对抗慢衰落增益指的是前者,即 Multi-Cell 增益,该值可以通过仿真得到。

小区边缘路径损耗:在链路允许的最大路径损耗基础上,考虑满足一定边缘 / 区域覆盖概率要求所需的阴影衰落余量、软切换增益,以及室内覆盖时穿透损耗,就可以计算得到小区边缘位置的路径损耗中值:

$$
\begin{aligned}
\text{Path Loss (dB)} = & [\text{EiRP (dBm)} - \text{Minimum Signal Strength Required (dBm)}] - \\
& \text{Penetration Loss (dB)} - \text{Slow Fading Margin (dB)} + \\
& \text{SHO Gain over Slow Fading (dB)}
\end{aligned}
$$

(3)下行链路(前向)

$$
\text{PL\_DL} = \text{Pout\_BS} - \text{Lf\_BS} + \text{Ga\_BS} + \text{Ga\_UE} + \text{Ga\_SHO} - \text{Mpc} - \text{Mf} - \text{MI} - \text{Lp} - \text{Lb} - \text{S\_UE}
$$

根据发射端到接收端的信号传播路径,下行链路预算中基本包含以下元素:Pout_BS 基站业务信道最大发射功率、Lf_BS 馈线损耗、Ga_BS 基站天线增益、Ga_UE 移动台天线增益、Ga_SHO 软切换增益、Mpc 快速功控余量、Mf 阴影衰落余量(与传播环境相关)、MI 干扰余量(与系统设计容量相关)、Lp 建筑物穿透损耗(要求室内覆盖时使用)、Lb 人体损耗、S_UE 移动台接收机灵敏度(与业务、多径条件等因素相关)。

(4)WCDMA 下行链路预算要素

下行的链路元素跟上行基本一致,其中下行负载因子 DL Cell Loading 和下行干扰余量 Interference Margin 的取值跟上行较为不同,需要介绍一下。

① 下行负荷因子(Downlink Cell Loading)

下行负荷因子的两种定义方式如下。

定义在接收端的下行负荷因子:

$$
\eta_{\text{DL}} = \sum_{j=1}^{J} \left[\frac{\varrho_j V_j R_j}{W} (1 - \alpha_j + f_{\text{DL},j}) \right]
$$

此定义类似上行负载因子定义方式,具有相似的特征:负载因子越高,小区发射功率越大,接收端的干扰也越高;当负载因子达到 100% 时,对应的容量称为下行链路的"极限容量"。

定义在发射端的下行负荷因子:小区当前发射功率与基站最大发射功率能力之比。

此定义下的负载因子特征:负载因子越高,小区发射功率越大,与业务类型、UE 接收机性能、小区大小、基站能力有关。

② 下行干扰余量(Downlink Interference Margin,单位 dB)

下行 UE 接收端干扰上升:

$$
\text{NoiseRise}(j) = \frac{I_{\text{total}}}{N_o} = \frac{(1 - \alpha_j) \dfrac{P_T}{PL_{j本}} + P_T \displaystyle\sum_{n=1}^{N} \dfrac{1}{PL_{j,n}} + P_N}{N_o}
$$

链路预算工具中,对公式中参数选用下面的典型值:小区边缘处正交化因子 $\alpha(j)$:仿真得到,与环境类型、小区半径有关。

(5)链路预算示例

① 分析场景设置

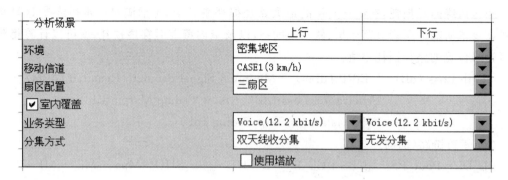

分析场景	上行	下行
环境	密集城区 ▼	
移动信道	CASE1(3 km/h) ▼	
扇区配置	三扇区 ▼	
☑ 室内覆盖		
业务类型	Voice(12.2 kbit/s) ▼	Voice(12.2 kbit/s) ▼
分集方式	双天线收分集 ▼	无发分集 ▼
	☐ 使用塔放	

图 1-9 分析场景设置

链路预算的第一步,我们必须要确定规划区域是属于何种场景,业界通常根据信号传播特性将规划场景划分为:密集城区、普通城区、郊区、农村和山区五大类,当然还可以再分为高速公路、隧道等小面积的特定场景。不同的覆盖场景对应的阴影衰落标准差、穿透损耗会有所不同。

在链路预算中,需要选择信道类型,因为不同的信道类型其对应的解调门限、快衰落余量会有明显不同,在选择信道类型时候,选择以主要的信道类型为主,例如密集城区主要的信道类型可以选择 3 km/h,以步行为主。

② 发射机部分

发射机部分	上行	下行
每业务信道最大发射功率 - 天线口 /dBm	21.00	27.00
缆损 /dB	0.00	2.00
人体损耗 /dB	3.00	0.00
发射天线增益 /dBi	0.00	17.00
EIRP /dBm	18.00	42.00

图 1-10 发射机部分

③ 接收机部分

这里就可以计算出接收机灵敏度和最小接收信号强度。

接收机部分	上行	下行
接收天线增益 /dBi	17.00	0.00
缆损 /dB	2.00	0.00
人体损耗	0.00	3.00
噪声系数 /dB	3.00	7.00
解调所需 EbvsNo /dB	4.99	6.10
小区负载	20.00%	20.00%
干扰余量 /dB	0.97	0.97
接收机灵敏度 /dBm	−124.18	−119.07
软切换增益 /dB	6.10	6.10
快衰落余量 /dB	1.50	1.50
最小接收信号强度 /dBm	−143.78	−120.67

图 1-11 接收机部分

④ 路径损耗计算

路径损耗		
穿透损耗 /dB	20	20
最大允许的平均路径损耗 /dB	141.78	142.67
阴影衰落标准差 /dB	8	8
要求的区域覆盖概率	90.00% ▼	
对应的边缘覆盖概率	75.20%	75.20%
需要的阴影衰落余量 /dB	5.45	5.45
满足一定区域覆盖要求的路径损耗 /dB	136.33	137.22

图 1-12　路径损耗

⑤ 小区半径计算

覆盖半径		
发射天线高度 /m	1.50	30.00
接收天线高度 /m	30.00	1.50
信号频率 /MHz	1 950.00	2 140.00
使用的传播模型	COST231-Hata ▼	
覆盖半径 /km	0.76	0.74

图 1-13　覆盖半径

根据覆盖概率要求和阴影衰落标准差计算出所需的阴影衰落余量,进而可求得满足一定区域覆盖概率要求的路径损耗。

传播模型是用于描述一定频率的信号在一定的高度下进行发射,经过距离 d 后信号的衰落程度的数学公式,它跟传播环境密切相关,不同的环境传播模型会不同,根据路径损耗值,接合传播模型,就可以求得信号可以传播的距离 d。

(7) 覆盖估算举例

假设规划目标区域为:80 km²,假设小区负荷为 50%(3 dB)时的最大路径损耗为 151 dB,考虑穿透损耗和阴影衰落余量共 20 dB,则路径损耗减少为 131 dB。假设路径损耗模型为:$L = 137 + 35\log R$ dB,则可求得 $R = 0.674$ km。

三扇区站点的覆盖面积为:$S = 1.95 R^2 = 0.88$ km²。则所需的站点数为:$N = 80/0.88 = 90$,即需要 90 个基站(270 个扇区)。

2. TD-SCDMA

(1) 覆盖估算的步骤

• 确定无线传播模型;

• 使用链路预算工具,在校正后的传播模型基础上,分别计算满足上下行覆盖要求条件下各个区域的小区半径;

• 根据站型计算小区面积;

• 用区域面积除以小区面积就得到所需的基站个数。

覆盖受限可通过链路预算来确定。如果已知或估计出发射信号功率,发射端和接收端的增益与损耗,干扰功率,接收信号的质量门限等参数,就可以计算出为保证接收质量而最大允许的路径损耗,用传播模型反推可得到最大允许的覆盖半径。比较规划区的面积和单小区覆盖的面积就可估算出需要的基站和小区数目。

(2) 上行链路的链路预算步骤

第一步:计算移动台等效全向辐射功率 EIRP(dBm);

= 移动台最大发射功率(dBm)+移动台天线增益(dBi)−人体损耗;

第二步:计算基站接收机噪声功率(dBm);

= 热噪声谱密度(dBm/Hz)+噪声系数+ $10\times\log 1\ 280\ 000$(Hz)

第三步:计算基站接收机干扰功率(mW);

= 接收机噪声功率(mW)$\times 10^{干扰容量/10}$−接收机噪声功率(mW);

第四步:计算基站接收机热噪声和干扰功率(mW);

= 接收机干扰功率(mW)+接收机噪声功率(mW);

第五步:计算基站接收机灵敏度(dBm);

= 要求的 Eb/No−处理增益+接收机噪声和干扰功率(dBm);

第六步:计算最大路损(dB);

= 移动台等效全向辐射功率(dBm)−接收机灵敏度(dBm)+基站天线增益(dBi)+赋形增益−基站电缆损耗−快衰落余量;

第七步:允许最大传播损耗(dB);

= 最大路损−对数正态衰落余量−穿透损耗

第八步:计算最大覆盖半径(km)。

通过传播损耗和传播模型反推出最大覆盖半径。

3. CDMA2000

CDMA2000 链路预算的方法和步骤与 WCDMA、TD-SCDMA 类似。但,其中 CDMA2000 EV-DO 和 CDMA 1x 无线网络规划还是有所不同的。

(1) EV-DO 和 CDMA 1x 无线网络规划的相似点

EV-DO 和 CDMA 1x 是 CDMA 技术发展的不同阶段,虽然侧重点不同,但两者的技术基础具有广泛的一致性,具体表现在:

- 两者的无线网络规划流程相似。
- 两者的射频特性相同,包括两者使用的载频特性相同,但 EV-DO 必须单独使用一个载频;射频子系统相同,两者可以共用;无线传播模型、路径损耗计算方法相同等。
- 两者的站点选择、天线选择方法相同。
- 两者均为反向覆盖受限。
- 两者的反向覆盖半径接近,因此两者的网络拓扑结构可以相似。

(2) EV-DO 和 CDMA 1x 无线网络规划的差异

EV-DO 专门为高速数据业务而开发,与 CDMA 1x 网络规划的差异体现在:

- 业务模型不同。1x 包括语音业务和数据业务;EV-DO Rev. A 包括低时延业务和数据业务,但数据业务的种类比 1x 多,平均数率比 1x 高。

- 容量与计算方法不同。1x 需要计算前反向语音、数据业务容量；EV-DO Rev. A 需要综合计算低时延、数据业务容量。
- 单用户吞吐量差异大。EV-DO Rev. A 的前向（3.1 Mbit/s）、反向单用户理论峰值速率（1.8 Mbit/s）均比 1x 大幅度提高。
- 扇区前向总吞吐量差异明显。EV-DO Rev. A 的前向、反向扇区吞吐量均比 1x 明显提高。
- EV-DO 前向覆盖范围大于 1x。主要原因是：EV-DO 前向以满功率发射；EV-DO 双天线接收终端存在前向分集接收增益。
- 两者链路预算的主要差异小结（如表 1-6 所示）。

表 1-6 EV-DO 和 CDMA 1x 的链路预算差异

类别	链路	CDMA 1x	EV-DO Rls. 0	EV-DO Rls. A
业务速率等级	前向	9.6k～153.6k 共 5 级	38.4k～2.4M 共 9 级	38.4k～3.1M 共 11 级
业务速率等级	反向	9.6k～153.6k 共 5 级	9.6k～153.6k 共 5 级	4.8k～1.8M 细分多级
终端类型	前向	单天线终端	单天线和双天线终端	单天线和双天线终端
人体损耗	前/反向	3 dB(语音)0 dB(数据)	EV-DO Rev. 0	3 dB(语音)0 dB(数据)
解调门限	前/反向	CDMA 1x	38.4k～2.4M 共 9 级	EV－DO Rev. A
多用户分集增益	前向	9.6k～153.6k 共 5 级	0dB	38.4k～3.1M 共 11 级
类别	链路	不同		
业务速率等级	前向	无	有	有

【想一想】

1. 3 种 3G 系统的物理信道有哪些？
2. 3G 系统的覆盖规划过程？

【技能实训】 站点计算：密集城区单站链路预算

1. 实训目标

以某地密集城区为例，能够利用收集本地 3G 网络规划资料进行链路预算，并根据区域类型和链路预算结构进行满足覆盖情况下的站点计算。

2. 实训设备

(1) 具有 Internet 网络连接的计算机一台。

(2) Office 办公软件。

3. 实训步骤及注意事项

(1) 根据收集到的资料，确定无线传播模型。

(2) 使用链路预算工具，计算满足下行覆盖要求条件下各个区域的小区半径。

(3) 根据站型计算小区面积。

(4) 用区域面积除以小区面积就得到满足覆盖要求条件下所需的基站个数。

4. 实训考核单

考核项目	考核内容	所占比例/%	得分
实训态度	1. 积极参加技能实训操作 2. 按照安全操作流程进行操作 3. 纪律遵守情况	30	
实训过程	1. 确定无线传播模型 2. 链路预算,计算满足覆盖要求条件下各个区域的小区半径 3. 计算小区面积 4. 满足覆盖站点计算	60	
成果验收	提交站点计算结果	10	
合计		100	

任务 3 容量规划

【工作任务单】

工作任务单名称	3G 无线网容量规划	建议课时	4
工作任务内容: 　　1. 掌握 3G 无线网络用户预测; 　　2. 掌握 3G 业务类型及其业务模型; 　　3. 掌握业务预测; 　　4. 掌握满足容量需求情况下的基站数量计算。			
工作任务设计: 　　首先,教师讲解容量规划知识点; 　　其次,根据任务一中收集的资料和业务模型,进行用户预测和业务预测; 　　最后,根据单位容量进行密集城区满足容量需求前提下的站点计算(以某地密集城区为例,计算出所需站点个数)。			
建议教学方法	教师讲解、分组讨论、案例教学	教学地点	实训室

【知识链接1】 用户预测

用户预测就是根据现有人口、GDP、移动用户的现状,结合经济、政策、人口发展等利用科学的方法对未来几年的用户发展进行预测,其结果作为业务预测的输入。

用户预测的方法有增长率法、趋势外推法、专家预测法、组合预测法等。

1. 增长率法

增长率法指根据预测对象在过去的统计期内的平均增长率,类推未来某期预测值的一种简便算法。

$$\hat{Y}_{T+L} = Y_T(1+i)^l$$

式中,$\hat{Y}_{T+L}$ 为预测对象在未来第 L 期的预测值;i 为预测变量在统计期内的平均增长率;T

为统计期包含的时间期数（如 5 年）；L 为预测期离统计期末的时间（如 3 年）。上述增长率的关键是确定增长速度 i。该预测方法一般用于增长率变化不大，或预计过去的增长趋势在预测期内仍将继续的场合。

2. 趋势外推法

趋势外推法是根据过去和现在的发展趋势推断未来的一类方法的总称，用于科技、经济和社会发展的预测，是情报研究法体系的重要部分。

趋势外推的基本假设是未来是过去和现在连续发展的结果。

趋势外推法的基本理论是：决定事物过去发展的因素，在很大程度上也决定该事物未来的发展，其变化，不会太大；事物发展过程一般都是渐进式的变化，而不是跳跃式的变化掌握事物的发展规律，依据这种规律推导，就可以预测出它的未来趋势和状态。

趋势外推法是在对研究对象过去和现在的发展作了全面分析之后，利用某种模型描述某一参数的变化规律，然后以此规律进行外推。为了拟合数据点，实际中最常用的是一些比较简单的函数模型，如线性曲线、指数曲线、生长曲线、包络曲线等。

3. 专家预测法

专家预测法是定性预测的主要方法，它是基于专家的知识、经验和分析判断能力，在历史和现实有关资料综合分析基础上，对未来市场变动趋势做出预见和判断的方法。具体包括有专家会议法、头脑风暴法和 Delphi 预测法等。

4. 组合预测法

组合预测法是将不同预测方法所得的结果组合起来形成一个新的预测结果的方法。这种方法源于各种预测方法有各自的应用范畴及特点。因此，单独使用某一种方法进行预测时，会存在一定的局限性。为了克服各种独立方法的不足，需要将上述预测方法加以综合，即采用组合预测法进行预测。

组合预测有两种基本形式：一是等权组合，即各预测方法的预测值按相同的权数组合成新的预测值；二是不等权组合，即赋予不同预测方法的预测值的权数是不一样的。这两种形式的原理和运用方法完全相同，只是权数的取定上有所区别。

5. 举例说明

表 1-7　某地历年移动用户发展情况

年份	2007 年（12 月）	2008 年（12 月）	2009 年（12 月）	2010 年（12 月）
用户数/万	63.89	77.17	96.5	118.08
增长率/%	21.23	20.79	25.05	22.36

用趋势外推法的一次线性曲线预测 2011 年和 2012 年用户数。利用曲线拟合可得：$f(x) = 18.2 \times x + 43.37$，根据方程可算出每年用户数如表 1-8 所示。

表 1-8　用趋势外推法预测用户数

年份	预测用户数/万	实际用户数/万	年份	预测用户数/万	实际用户数/万
2007	61.576 2	63.89	2010	116.183	118.08
2008	79.778 5	77.17	2011	134.385	
2009	97.980 8	96.5	2012	152.588	

从图 1-14 可看出,曲线非常切合实际用户数,比较可信。

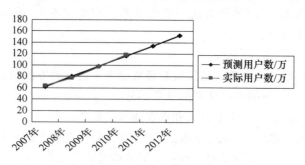

图 1-14　用户数发展曲线

假如其中 2011 年 3G 移动用户占总用户的 10%(可参考国外 3G 发展经验),则 2011 年最后的 3G 用户数为 13.44 万用户。

【想一想】

1. 请问上题中往年数据怎么得来的?

2. 请用增长率法重新计算上节例题,并分析其差异?

3. 请问为什么要用组合预测法,用等权组合法将增长率法和趋势外推法所得结果进行新的预测?

【知识链接2】 业务模型

3G 业务模型是用于分析网络中用户平均忙时使用业务情况的一种数学模型,用于业务预测的输入。3G 业务模型针对不同的网络有些差异,主要分为 CS 业务模型和 PS 业务模型,针对 CDMA 2000 EV-DO 只的 PS 业务模型,而 TD-SCDMA 和 WCDMA 有 CS 和 PS 两种模型。

1. CS 业务模型

CS 业务包括话音业务和可视电话。话音业务属于会话类业务,包括手机呼手机、手机呼固话、固话呼手机,是 3G 业务中最基本的业务;可视电话也属于会话类业务,手机用户之间打电话时不仅可以听到对方的声音而且还可以看到对方的影像,是 3G 提供的新业务。

从数据流特征来看,传统的语音业务升级到 3G,从用户的行为来看,没有质的改变,就建网初期来看,话务强度也不会有暴增的过程,可视电话由于业务刚开展用户在使用习惯上还没有跟上来,所以业务模型比传统语音业务小很多,以后发展起来话务量会逐步上升。见表 1-9。

表 1-9　典型的 CS 业务模型(表中数值仅为参考)

CS 业务模型	GoS	话音	可视电话
每出账用户忙时话务量/Erl	2%	0.02	0.001

注:对于 CS 业务,上下行业务模型参数是完全一致的;要跟据现网运营数据,对模型进行相关调整。

2. PS 业务模型

PS 业务按 QoS 要求主要为流类、交互类和后台类,具体包括彩信、WAP 业务、下载类、流媒体、位置服务、即时消息等,根据开通业务情况和用户行为习惯,具有不同的业务模型参数,另外上行和下行的承载速率也可能不一致,无线网的规划要考虑这些不同。那么怎样测定 PS 业务模型呢?一种方法是对现网用户流量进行统计分析,第二种方法是通过对 MoT (月流量)分析,对包月流量平均到每小时,再乘日间集中系数(2~6)和日内集中系数(1~3)。见表 1-10。

表 1-10　PS 业务模型的取值(表中数值仅为参考)

数据业务模型				分组数据业务模型			
下行每出账用户忙时数据流量/bit·s⁻¹				1 130			
数据业务占比(下行)				不同数据业务的下行与上行流量比			
项目	数据业务中 PS64/PS64 承载业务流量占比/%	数据业务中 PS128/PS64 承载业务流量占比/%	数据业务中 PS384/PS64 承载业务流量占比/%	数据业务中 HSDPA/HSU-PA 承载业务流量占比/%	PS64/ PS64	PS128/ PS64	PS384/ PS64	HSDPA /HSU-PA
取值	4	2	1	93	4∶1	5∶1	6∶1	6∶1

【想一想】

1. 请问如果你是一个规划人员,你怎么从采集数据中分析规划用的模型?

2. 请问 PS 业务模型是不是一成不变的,跟哪些因素有关,其中什么模型变化得比较快,为什么?

3. 如果你去规划 CDMA2000 EV-DO 的网络,请设计一个 EV-DO 的模型。

【知识链接 3】　业务预测

3G 业务业务预测就是利用用户预测和业务模型计算规划期内业务发展规模。

1. CS 业务预测举例

根据用户预测结果可知 2011 年 3G 用户规模为 13.44 万。CS 业务模型见表 1-11。

表 1-11　CS 业务模型

CS 业务模型	话音	可视电话
每出账用户忙时话务量/Erl	0.02	0.001

用 3G 用户数乘以 CS 业务模型,可计算得:3G 话音用户忙时话务量 2 688 Erl,可视电话用户忙时话务量 134.4 Erl。

2. PS 业务预测举例

同样根据 3G 用户数×PS 业务模型可计算得 PS 业务量。PS 业务量预测见表 1-12。

表 1-12 PS 业务量预测

项目	数据业务（下行）				数据业务（上行）			
	数据业务中 PS64/PS64 承载业务流量/kbit·s⁻¹	数据业务中 PS128/PS64 承载业务流量/kbit·s⁻¹	数据业务中 PS384/PS64 承载业务流量/kbit·s⁻¹	数据业务中 HSDPA/HSUPA 承载业务流量/kbit·s⁻¹	数据业务中 PS64/PS64 承载业务流量/kbit·s⁻¹	数据业务中 PS128/PS64 承载业务流量/kbit·s⁻¹	数据业务中 PS384/PS64 承载业务流量/kbit·s⁻¹	数据业务中 HSDPA/HSUPA 承载业务流量/kbit·s⁻¹
取值	6 074.88	3 037.44	1 518.72	14 124.96	1 518.72	607.488	253.12	2 354.16

【想一想】

影响业务预测准确性跟哪两个大参数有关？

【知识链接4】 容量计算

3G 容量计算根各系统的基站容量有关系，每一种系统的容量特性不一样，所以在这里我们分别对 CDMA2000、WCDMA、TD-SCDMA 进行容量计算的介绍。

1. CDMA2000 容量计算

（1）CDMA2000 1x 容量计算

对于 CDMA 系统与 GSM 系统不同，它的系统容量是软容量，首先会受到硬件资源的限制，可能会引起硬阻塞，其次还会因为干扰和功率限制，使得硬件资源未到最大时，由干扰和功率限制引起的软阻塞。

一般情况下，在反向上，当一个移动台的功率不足以克服来自其他移动台的干扰时，系统达到容量极限；在前向上，当总功率没有多余部分分配给新增用户时，空中接口达到极限，由于目前 1x 主要用于承载语音，数据占比较少，所以前向功率使用较少，一般情况下认为反向干扰受限。

反向容量的计算可用下面公式计算：

$$M = \left[1 + G_p \times \frac{\eta_c}{E_b/N_t \times v_f \times (1+f)}\right] \times \rho \times s$$

v_f 为话音激活因子；f 为干扰因子；ρ 为负载因子；s 为扇区化因子；E_b/N_t 为解调所需门限；η_c 为功率控制因子；G_p 为扩频增益。

例如语音业务计算如下：

$$M_{max} = \left(1 + \frac{1.228\,8 \times 10^6}{9\,600 \times 3.1} \cdot \frac{0.85}{0.4 \times 1.57}\right) \times 75\% \times \frac{2.55}{3} \approx 35$$

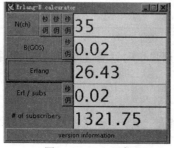

图 1-15 Erl-B 表

即在单载三扇区条件下，每扇区可带用户数为 35。如果系统要求的阻塞率为 2%，那么通过 Erl-B 表我们可以得到 35 个信道，对应的系统容量为 26.4 Erl。

如果每用户忙时话务量为 0.02 Erl，则可得基站容量为 1 321 个用户。然后可根据用户数算出所需 CDMA 载扇数量。如果有 1x 数据业务可采用坎贝尔混合业务计算方法进行 CDMA 载扇数量计算。

（2）EV-DO 容量

由于 EV-DO 前向扇区吞吐量与用户在小区的地理分布特征有关，同时与相关的调度算法也有一定关系，因此只能通过仿真和实测统计得到，现网规划中一般取值：前向业务类型时，每扇区吞吐量为 1～1.5 Mbit/s；反向业务类型时，每扇区吞吐量为 500～600 kbit/s。

先根据单扇区的吞吐量算出所需 EV-DO 载扇数量，再根据基站分布，在仿真软件里通过 monte-carlo 仿真验证是否满足要求。

2．WCDMA 容量计算

（1）R99 下各种单业务单小区极限用户计算

R99 与 CDMA2000 1x 计算方法是一致的，反向计算方法同 CDMA2000 1x。见表 1-13。

表 1-13 R99 下各种单业务单小区极限用户计算

	cs12.2k	cs64k	ps64k	ps128k	ps384k
市区 3 km/h	111	18	23	13	5
市区 50 km/h	99	16	22	12	5
市区 90 km/h	89	15	19	11	4
市区 120 km/h	81	15	19	11	4
农村 3 km/h	107	19	23	13	5
农村 50 km/h	88	16	20	11	4
农村 90 km/h	89	17	21	11	5
农村 120 km/h	83	16	19	11	5

（2）HSPA 下单小区容量仿真结果

虽然单小区的 HSUPA 理论极限吞吐率可达 5.7 Mbit/s，但实际考虑邻区干扰以及用户在小区中的随机分布，单小区的实际 HSUPA 经仿真和实测统计吞吐率仅约为 1.6 Mbit/s。经仿真和实测统计，不同负载下的吞吐率见表 1-14。

表 1-14 HSUPA 下单小区不同负载下的吞吐率

HSUPA 负载	小区吞吐量/Mbit·s^{-1}	HSUPA 负载	小区吞吐量/Mbit·s^{-1}	HSUPA 负载	小区吞吐量/Mbit·s^{-1}	HSUPA 负载	小区吞吐量/Mbit·s^{-1}	HSUPA 负载	小区吞吐量/Mbit·s^{-1}
0.03	0.019	0.18	0.123	0.33	0.48	0.48	0.85	0.63	1.212
0.04	0.025	0.19	0.14	0.34	0.51	0.49	0.87	0.64	1.255
0.05	0.031	0.2	0.158	0.35	0.54	0.5	0.89	0.65	1.298
0.06	0.036	0.21	0.175	0.36	0.568	0.51	0.91	0.66	1.339
0.07	0.042	0.22	0.193	0.37	0.599	0.52	0.93	0.67	1.378
0.08	0.048	0.23	0.211	0.38	0.633	0.53	0.949	0.68	1.412
0.09	0.053	0.24	0.232	0.39	0.658	0.54	0.955	0.69	1.444
0.1	0.058	0.25	0.26	0.4	0.681	0.55	0.969	0.7	1.475
0.11	0.065	0.26	0.29	0.41	0.704	0.56	0.99	0.71	1.504
0.12	0.072	0.27	0.329	0.42	0.726	0.57	1.017	0.72	1.532
0.13	0.081	0.28	0.364	0.43	0.745	0.58	1.046	0.73	1.559
0.14	0.089	0.29	0.38	0.44	0.758	0.59	1.077	0.74	1.584
0.15	0.096	0.3	0.39	0.45	0.769	0.6	1.108	0.75	1.608
0.16	0.1	0.31	0.41	0.46	0.813	0.61	1.138		
0.17	0.107	0.32	0.447	0.47	0.83	0.62	1.173		

虽然单小区的 HSDPA 理论极限吞吐率可达 14.4 Mbit/s,但实际考虑邻区干扰以及用户在小区中的随机分布等其他因素,单小区的实际 HSDPA 仿真和实测统计吞吐率仅约为 3 Mbit/s。

经仿真和实测统计,不同功率分配下的速率如表 1-15 所示。

表 1-15　HSDPA 下单小区不同负载下的吞吐率

HSDPA 功率	小区吞吐量/ Mbit·s⁻¹	HSDPA 功率	小区吞吐量/ Mbit·s⁻¹	HSDPA 功率	小区吞吐量/ Mbit·s⁻¹	HSDPA 功率	小区吞吐量/ Mbit·s⁻¹
0	0	5	0.997	10	1.948	15	2.765
1	0.002	6	1.174	11	2.082	16	2.957
2	0.238	7	1.398	12	2.321		
3	0.488	8	1.646	13	2.38		
4	0.783	9	1.72	14	2.569		

（3）R99 混合容量估算方法

由于在传统 Erlang-B 适用的前提是对资源的请求满足 Poisson 分布。在 R99 混合多业务情况下在建立一条连接时,要求分配超过单位资源时,资源请求不满足 Poisson 分布,此时 Erlang-B 公式不再适用。

因此在混合业务情况下有人提出 Post Erlang-B、Equivalent Erlangs、Campbell's Theorem 三种方法来计算混合业务所需资源数量,经过比较 Campbell's Theorem 是用得比较多的一种方法,下面对其进行介绍。

Campbell 理论建立了一种组合分布,让所有的业务等效成一种虚拟中间业务:

$$c = \frac{v}{\alpha} = \frac{\sum_i \text{Erlangs} \times a_i^2}{\sum_i \text{Erlangs} \times a_i}$$

$$\text{Offered Traffic} = \frac{\alpha}{c}$$

$$\text{Capacity} = \frac{(C_i - a_i)}{c}$$

其中:a_i 为业务振幅,也即业务单个链接所需的信道资源;α 为业务均值,v 为方差。

① 实例 1

考虑两种业务共享资源。业务 1:1 单位资源/连接,12 Erlang。业务 2:3 单位资源/连接,6 Erlang。

系统均值为:　　$\alpha = \sum \text{Erlangs} \times a_i = 1 \times 12 + 3 \times 6 = 30$

系统方差为:　　$v = \sum \text{Erlangs} \times a_i^2 = 12 \times 1^2 + 6 \times 3^2 = 66$

容量因子 c 为:　　$c = \frac{v}{\alpha} = \frac{66}{30} = 2.2$

组合话务为:　　$\text{Offered Traffic} = \frac{\alpha}{c} = \frac{30}{2.2} = 13.63$

满足 2% 阻塞率所需容量为 21。对满足相同 GoS 的目标业务,所需容量分别为（以业务 1 单位资源计算）。目标为业务 1:C1=(2.2×21)+1=47。目标为业务 2:C2=(2.2×21)+3=49。所以需提供的资源为 47~49。

② 实例 2

根据业务预测结果,WCDMA 容量估算工具中,Campbell's Theorem 计算表如表 1-16 所示。

表 1-16　Campbell's Theorem 计算表

密集城区					
	CS12.2	CS64	PS64/PS64	PS64/PS128	PS64/PS384
承载数据速率/kbit·s^{-1}	12.2	64	64	64	64
Eb/No/dB	4.2	2.7	1.6	1.6	1.6
Eb/No/no dB	2.63	1.86	1.45	1.45	1.45
业务所需资源数	1	6.19	4.8	4.8	4.8
激活因子	0.6	1	1	1	1
预测话务/Erl	2 688	134.4	94.92	47.46	23.73
均值(α)	4 318.01				
方差(c)	11 671.89				
容量因子	2.7				
组合 Erl(required)/Erl	1 597.44				
外部小区干扰因子	0.81				
小区负荷(R99)	30%				
可提供的容量	33				
组合容量	12				
GoS	2%				
组合 Erl(可提供的)/Erl	6.6				
小区数(R99)	243				

最后需根据小区数算出的基站数,然后在此条件下验证是否能满足下行业务需求。下行一般用功率受限公式验证,如下:

$$M = \frac{P_{\max} \cdot \eta_{发射载门限} - P_{cch} - P_{hsdpa}}{\dfrac{[(E_b/N_o)_{rx} + \nabla_{FADDING} + \nabla_{SHO}]}{G_P} \cdot \alpha \cdot [(1-\gamma+\xi) \cdot P_{\max} \cdot \eta_{发射载门限} + N_{Noise\_floor} \cdot L_{平均链路损耗}]}$$

也可根据预留资源来验证每小区下行容量是否满足要求,R99 资源分配见 R99+HSPA 混合容量估算方法部分。

(4) R99+HSPA 混合容量估算方法

确定 R99 和 HSPA 是同频还是异频处理,若是异频,则 R99 与 HSDPA\HSUPA 分别进行容量估算,取估算结果的最大值作为容量估算的最终结果即可。我们主要关注 R99+HSPA 混合载频组网的情况。步骤如下:

① 给 HSPA 预留起始资源,目前 WCDMA 多业务承载指导意见中给 HSPA 预留资源

如表 1-17 所示。

表 1-17　WCDMA 多业务承载中给 HSPA 预留资源

Node B 配置		R99			HSDPA(初始留 5 W 功率)		HSUPA		
		单扇载话音	单扇载 VT	单扇载 PS64/PS128（上行/下行）	单扇载 Code	单扇载 HS-SCCH	单基站单用户峰值速率/Mbit·s⁻¹	单扇载平均吞吐率/bit·s⁻¹	单扇载同时用户数
S111（高配置）		24	2	4	10	4	5.76	1 M	4
S111（中配置）		16	2	2	10	2	1.92	800 k	2
S111（低配置）		8	2	1	10	2	1.92	800 k	2
S11（高配置）		24	2	4	10	4	5.76	1 M	4
S11（中配置）		16	2	2	10	2	1.92	800 k	2
S11（低配置）		8	2	1	10	2	1.92	800 k	2
O1（中配置）		16	2	2	10	2	1.92	800 k	2
O1（低配置）		8	2	1	10	2	1.92	800 k	2
室内站 O1/O2	f1	8	2	1	15	4	5.76	2 M	4
	f2	8	2	1	15	4	5.76	2 M	4
S222/ S333/ S444	f1	24	2	4	10	4	5.76	1 M	4
	f2	8	2	1	15	4	5.76	2 M	4
	f3	8	2	1	15	4	5.76	2 M	4
	f4	8	2	1	15	4	5.76	2 M	4

　　根据各区域配置原则进行站型选择，目前一般情况下在密集市区和市区用高配 S111 或 S222、在郊区用中配 S111、农村用低配 S111、道路覆盖一般用低配或中配 S11、室内站用 O1/O2。

　　② 先对 R99 规划，用 R99 混合容量估算方法计算出所需小区数和基站数目，可确定满足 R99 情况下的小区。

　　③ 在 R99 估算得到的基站规模下，计算 HSUPA HSDPA 单小区吞吐率，验算上下行预留的资源能否满足 HSUPA、HSDPA 的单小区吞吐率要求。见表 1-18。

表 1-18　HSUPA HSDPA 单小区吞吐率

HSUPA 负荷	20%
HSUPA 流量/小区/kbit·s⁻¹	142.2
HSUPA 总流量/kbit·s⁻¹	23 520
小区数（HSUPA）	166
HSDPA 功率/W	5
HSDPA 流量/小区/kbit·s⁻¹	897.3
HSDPA 总流量/kbit·s⁻¹	141 120
小区数（HSDPA）	158

从此例可以看出,HSPA 需 166 个 Cell,而 R99 需 243 个 Cell,所以结果为 243 个 Cell 能满足 HSPA 要求。

④ 若是满足 HSPA 流量需求,则输出容量估算结果。

⑤ 若是不满足,则跳回第一步,增加预留资源,进行迭代运算。目前使用的规模估算工具标准版中,HSUPA 上行负荷调整步长为 5%,HSDPA 下行功率资源调整步长为 1W。

3. TD-SCDMA 容量计算

(1) TD-SCDMA 单小区容量

从网络仿真和网络测试可以得出:TD-SCDMA 系统可以满码道工作。这是由于 TD-SCDMA 是时分双工系统,智能天线减小了不同用户之间的干扰,采用联合检测能够抑制小区内的多用户干扰,TD-SCDMA 系统容量比普通的 CDMA 系统得到很大提高,因此 TD-SCDMA 系统是码资源受限。对 TD-SCDMA 不同时隙比例下单小区容量见表 1-19。

表 1-19　对 TD-SCDMA 不同时隙比例下单小区容量

业务	所需 BRU	时隙比例 2:4 时用户数			时隙比例 3:3 时用户数		
		单载频	双载频	三载频	单载频	双载频	三载频
AMR12.2 /kbit·s^{-1}	2	15	31	47	23	47	71
CS64 /kbit·s^{-1}	8	4	8	12	6	12	18
PS64 /kbit·s^{-1}	8	8	16	24	6	12	18
PS128 /kbit·s^{-1}	16	4	8	12	3	6	9
PS384 /kbit·s^{-1}	40	1	2	3	1	2	3

采用 HSDPA 技术后,单时隙峰值业务速率 560 kbit/s。平均数据吞吐率一般按照峰值速率的 60%~80% 进行估算,单时隙平均业务速率 336~448 kbit/s 左右。

根据规划原则初期一般按时隙比例 3:3 进行规划,到中后期数据业务发展起来后可按 2:4 进行规划,对于 HSDPA 的时隙比例同 R99,HSDPA 的时隙一般为单独时隙,不与 R99 时隙共用。

(2) 混合业务的容量估算

由于 TD-SCDMA 可采用加载波方式进行容量规划,所以可利用覆盖规划结果的站数算出每个扇区的容量,然后再算所需的载频数,如果最大载频不能满足要求,再考虑加站解决。具体过程如下:

① 根据业务计算结果,结合覆盖估算所得基站数,得到需要承载的话务量。

其中各种业务吞吐量与话务量换算公式如下:

$$S = A_v \times \nu \times \alpha$$

其中,A_v 为语音业务的话务量(Erl)或数据业务的等效话务量(Erl),ν 为业务平均速率,α 为业务激活因子,语音一般取 0.5,数据取 1,S 为平均数据吞吐量。

比如前面算出用户数量如下:CS 业务预测 3G 用户忙时话务量话音 2 688 Erl,可视电话 134.4 Erl。

表 1-20　数据业务取值

项目	数据业务(下行)				数据业务(上行)			
	数据业务中 PS64/PS64 承载业务流/kbit · s⁻¹	数据业务中 PS128/PS64 承载业务流量/kbit · s⁻¹	数据业务中 PS384/PS64 承载业务流量/kbit · s⁻¹	数据业务中 HSDPA 承载业务流/kbit · s⁻¹	数据业务中 PS64/PS64 承载业务流/kbit · s⁻¹	数据业务中 PS128/PS64 承载业务流量/kbit · s⁻¹	数据业务中 PS384/PS64 承载业务流量/kbit · s⁻¹	数据业务中 HSUPA 承载业务流/kbit · s⁻¹
取值	6 074.88	3 037.44	1 518.72	14 124.96	1 518.72	607.488	253.12	2 354.16

假如根据覆盖算出来要 166 个扇区,则小区内各种业务量如表 1-21 所示。

表 1-21　小区内各种业务量

业务类型	上行总业务量	下行总业务量	上行小区业务量	下行小区业务量
CS12.2K/Erl	2 688	2 688	16.192 771 08	16.192 771 08
CS64K/Erl	134.4	134.4	0.809 638 554	0.809 638 554
PS64/64/Erl	94.92	23.73	0.571 807 229	0.142 951 807
PS128/64/Erl	47.46	4.746	0.285 903 614	0.028 590 361
PS384/64/Erl	23.73	0.659 166 667	0.142 951 807	0.003 970 884
HSPA/kbit · s⁻¹	23 520	141 120	141.686 747	850.120 481 9

② 利用 Campbell's Theorem 方法算出 R99 小区等效的话务量。

从表 1-22 中可看出,上行小区等效为语音的话务高,在 GoS 为 2% 情况下,查表可得 12.16 Erl,所需的信道数所 19 个,从小区容量表可知单载时隙比例 3:3 情况下能满足要求。

表 1-22　R99 小区等效的话务量

下行小区话务/Erl	16.19	0.81	0.14	0.03	0.00
均值	20.31				
方差	34.85				
容量因子	1.72				
组合话务(所需的)/Erl	11.84				
上行小区话务/Erl	16.192 771 08	0.809 638 6	0.571 807 2	0.285 903 6	0.142 951 8
均值	23.43				
方差	45.16				
容量因子	1.93				
组合话务(所需的)/Erl	12.16				

对于 HSPA 再增加一个载波在时隙比例 3：3 情况下能满足容量要求。

因此最后容量规划结果每个小区配置 1 个 R99 载波和 1 个 HSPA 载波可满足容量要求。

③ 如果最大载波数还不能满足要求,可增加一定数量的基站来满足容量需求。

④ 用仿真软件对容量规划进行验证。

4. 容量规划难点

由于 3G 网络业务种类多,而且数据业务的话务模型还没有 CS 业务那样的经典模型参数,所以容量估算的算法仍然在不断地发展、完善过程中,有些更准确的算法如背包算法、KR 算法及仿真方法等都需要通过软件进行计算或仿真。

【想一想】

1. 请用 Campbell 方法对例题中 WCDMA 容量进行重新计算?

2. 如果例题中 TD 覆盖所需 155 个小区,请得新计算小区所需载波数?

3. 请问上述容量规划的方法是否还可以改进?

【技能实训】　站点计算

1. 实训目标

能够利用收集本地 3G 网络规划资料进行用户预测、业务预测,并根据区域中站型选择单站容量进行满足容量情况下的站点计算。

2. 实训设备

(1) 具有 Internet 网络连接的计算机一台。

(2) office 办公软件。

3. 实训步骤及注意事项

(1) 根据收集到的现有人口、GDP、移动用户的现状,结合经济、营销政策、人口发展等利用科学的方法对未来几年的用户发展进行预测。

(2) 利用用户预测和业务模型计算规划期内业务发展规模。

(3) 利用所在区域的单站容量进行满足容量情况下的站点数计算。

4. 实训考核单

考核项目	考核内容	所占比例/%	得分
实训态度	1. 积极参加技能实训操作 2. 按照安全操作流程进行操作 3. 纪律遵守情况	30	
实训过程	1. 用户预测 2. 业务预测 3. 满足容量站点计算	60	
成果验收	提交站点计算结果	10	
合计		100	

任务 4 站点布局和查勘

【工作任务单】

工作任务单名称	站点布局和查勘	建议课时	3

工作任务内容：

1. 掌握 3G 无线网络站点初始布局原则及方法；
2. 掌握 3G 站点查勘的方法及查勘工具的使用。

工作任务设计：

首先，教师讲解站点布局知识点；

其次，根据任务求进行站点布局及站点查勘；

最后，输出站点表，用于下一步仿真输入。

建议教学方法	教师讲解、分组讨论、案例教学	教学地点	实训室

【知识链接 1】 站点初始布局

站点初始布局就是在未查勘之前把站点在地图上初步定下大概位置，以帮助查勘时有的放矢地搜索符合要求的站点。

1. 站点初始布局的原则

（1）要满足容量的要求，对于有扩容需求的站点，按照相关指导意见和网管数据进行扩容，首先扩信道板，在信道板满配时可通过扩载频，如果扩载频不能满足要求情况下，通过小区分裂的方式满足容量需求。

（2）在前一步完成后，进行满足新增站点规划，新增站点站间距要同时满足容量和覆盖站间距要求，面覆盖规划要求按密集市区→市区→郊区→农村的优先级考虑覆盖。线覆盖规划按高速高铁→国道及普通铁路→省道→县道的优先级进行，点覆盖的优先级按重要的热点比如五星酒店国家级 4A 景区等往次重要点进行。

（3）对于市区站点需要满足蜂窝结构，以便于覆盖互补，不出现覆盖空洞。

（4）对于已知的自有物业、共建共享站点和关系较好单位作为优先考虑对象。

（5）面覆盖基站选择时，应选择在人口密集的乡镇、村庄中心，及道路交通便利的地方。

（6）道路覆盖时，站点宜选择在沿线乡镇、村庄。

（7）设置基站时，要充分借鉴其他运营商的基站布置情况。

2. Mapinfo 软件介绍

（1）Mapinfo 软件总体介绍

Mapinfo 是无线网规和网优最常用的一款地图软件，在规划中可以用于站点规划和站点参数规划与调整。Mapinfo 有四种窗口分别为地图窗口、浏览窗口、图表窗口、布局窗口，如图 1-16 所示。

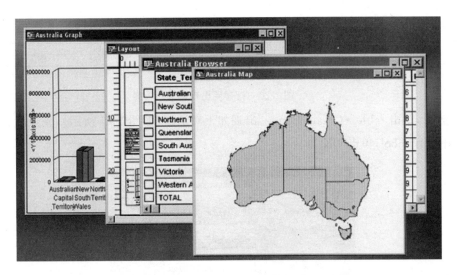

图 1-16　Mapinfo 的四种窗口

　　一个 Mapinfo 典型的表是由 5 文件组成,后缀名如下:TAB 确定表的结构,如字段名、排序、长度和类型;DAT 包含表中每一个字段的数据;MAP 描述图形对象;ID 联接表和图形数据的对照表文件;IND 包含表中索引字段信息,索引字段可以利用"查询→查找"命令。

　　(2) Mapinfo 导入原有站点方法

　　① 首先将原有站点和原自有物业做成 Excel 表格,如图 1-17 所示。其中重要的是站名、经度、纬度、方位角等信息。

基站ID	站名	扇区ID	经度	纬度	方向角	波半角	下倾角	挂高	CellRadius	KPI	Carrier	PN
14	石门二都	1	111.435 6	29.577 9	0	65	5	30	0.4	423 2.00	2	3
14	石门二都	2	111.435 6	29.577 9	130	65	2	30	0.4	423 3.00	2	171
14	石门二都	3	111.435 6	29.577 9	240	65	4	30	0.4	423 4.00	2	339

图 1-17　原有站点的 Excel 表格

　　② 然后,从 Mapinfo 里打开原站点表格,先单击 file→open,找到原站点文件,并单击打开,如图 1-18 所示。

　　注意打开时要勾选 Use Row Above Selected Range for Column Titles,然后单击 OK。如图 1-19 所示。打开后会出现表,如图 1-20 所示。

图 1-18　打开原站点文件

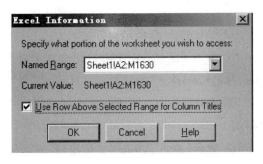

图 1-19　勾选项

基站ID	站名	扇区ID	经度	纬度	方向角	波半角	下倾角	挂高	(
14	石门二都	1	111.436	29.577 9	0	65	5	30	
14	石门二都	2	111.436	29.577 9	130	65	2	30	
14	石门二都	3	111.436	29.577 9	240	65	4	30	

图 1-20　打开后出现的表

③ 然后,单击 table→Create Points,出现如下对话框(如图 1-21 所示),先经度、纬度和自己喜好的 Symbol,单击 OK。

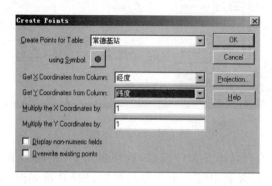

图 1-21　单击 table→Create Points 后对话框

④ 然后单击 New mapper 工具按纽,就会出现如图 1-22 所示窗口,可以看出原有站点的位置。

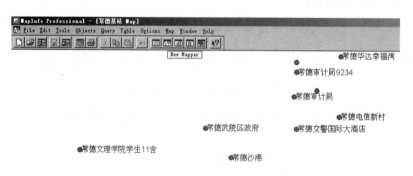

图 1-22　原有站点的位置

(3) Mapinfo 新增站点方法

① 单击 file→New Table,出现如下对话框如图 1-23 所示,勾选 Add to Current Mapper,单击 Create。

② 在对话框中增加域包括站名、经度、纬度、站型、备注等信息,注意 Type 域。如图 1-24 所示。

③ 然后,单击 symbol 工具按钮,到地图上,根据站点初始布局原则在无覆盖和弱覆盖区域加站,加站时可导入当地地图或用 Googlearth 进行辅助。如图 1-25 所示。

④ 单击 Query→SQL Select,出现一个对话框,选中新建站表,将其中站名、CentroidX(obj)、CentroidX(obj)、站型、备注、obj 等输出到新建站 1 中。如图 1-26 所示。

图 1-23　New Table 对话框图

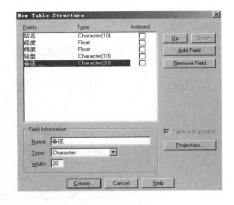

图 1-24　New Table Structure 对话框

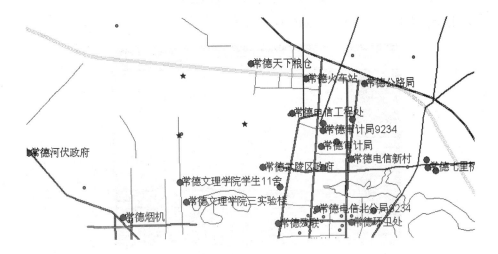

图 1-25　导入当地地图

图 1-26　SQL Select 对话框

⑤ 将新建站 1 表,用 Save Copy As 存为新建站 1. tab。再把刚才保存的表打开,然后单击 Table→Export。如图 1-27 所示。

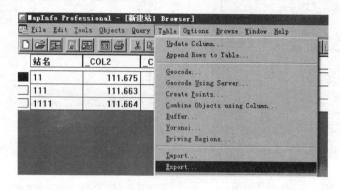

图 1-27　单击 Table→Export

⑥ 输出表存为新建站 1. csv。如图 1-28 所示。

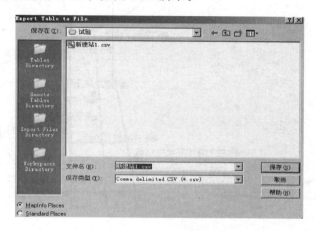

图 1-28　存为新建站 1. csv

⑦ 最后在 Excel 中打开,可见到如图 1-29 所示站点表格,将_COL2 改为经度,_COL3 改为纬度,D 列改为站型,E 列改为备注,即可得到相关站点的经纬度和站型信息,与运营商交流后,再进行修改,得到最后的初步站点表,根据其中经纬度到相关位置周围进行实地详细查勘,最后确定站点位置。如图 1-29 所示。

	A	B	C	D	E	F
站名	_COL2	COL3	___		Object
	11	111.675	29.0645	S111		Point
	111	111.663	29.0629	S111		Point
	1111	111.664	29.072	S111		Point

图 1-29　最后在 Excel 中确定站点位置

 【想一想】

1. 请说出初始布局的原则?

2. 请问站点初始布局时,为什么要先考虑扩容后考虑新建站点?

3. 请问在 Mapinfo 里进行新增站点时,哪一步是最重要的,应当怎么做才能做得比较好,有什么样的资料可以参考?

【知识链接 2】 查勘

1. 查勘工具

查勘工具包括 GPS 接收机、指南针、尺子和测距仪、照相机、当地地图、查勘本。下面我们介绍一下一些工具的使用方法。

(1) GPS 接收机使用

利用 GPS 可以确定基站的位置信息,在仿真电子地图和 Mapinfo 二维矢量地图上显示出来。利用 GPS 还可以获得基站的海拔高度信息,对地势起伏大,如山区、丘陵等地区是非常重要的数据,设备见图 1-30。

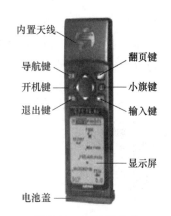

图 1-30 GPS 接收机

当 GPS 捕获 3 颗卫星可以 2D 定位,捕获 4 颗以上卫星可以 3D 定位,捕获的卫星越多定位精度越高。

① 收星页面:

卫星方位:上北下南,左西右东。卫星编号:图中数字表示卫星编号数字反白表示该卫星未收到,接收到三颗具有良好几何因子的卫星,接收到四颗具有良好几何因子的卫星。

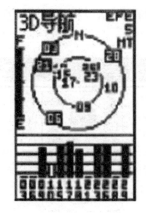

图 1-31 收星页面、信息界面和导航设定界面

② 信息界面:有方向标尺、航向和航速、航程和高度、纬度和经度值、当前的 GPS 时间。

③ 导航设定界面:

标位格式:一般设为 hddd.ddddd°;坐标系统(MAP DATUM):一般设为 WGS84;单位(UNITS):一般设为公制;方向:正北的定义。有自动、真北、用户自定义和网格这 4 种。

(2) 指南针

在无线网络勘察中,使用指南针是为了获得基站扇区的方位角和指示拍照方位。有一些指南针还有测量天线下倾角的功能。如图 1-32 所示。

图 1-32　指南针

打开指南针平行放置,指南针的零刻度线和带一点的指针在一条直线上(如图 1-32 画圈 1 所示),指针所指方向为北向(即磁北)。注意:有的指南针是白针指北,有的是黑针指北。应以指针上带一点那端为准。

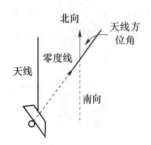

图 1-33　指南针与天线方向角

用指南针刻度盘上的北向对准所确定的方向,此时指北的指针所指的刻度读数就是天线方向角。如图 1-33 所示。注意:在使用指南针过程中,不要在强磁场周围使用,不要把指南针放在带金属的平台上(包括铁塔上)和金属物周围使用,在这些地方使用会影响指南针的定位精度。

(3) 激光测距仪

激光测距仪的使用,是为了获得基站天线挂高,天线的挂高是指天线到地面的距离。

在城市中,一般情况下基站是建在楼房天面上,这样我们就需要测量楼房的高度,以及天线到天面的高度,从而可以获得天线的挂高。当天线设在落地铁塔上时,可以直接测量天线的挂高。设备如图 1-34 所示。

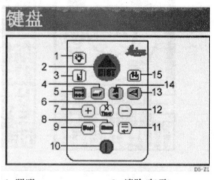

1　照明　　　　　　　　9　清除(归零)
2　测量　　　　　　　　10　开关
3　测量基准边　　　　　11　等于,回车
4　面积,体积　　　　　12　减[-]
5　距离测量,跟踪　　　13　勾股定律功能
6　乘[x]/延尺测量　　　14　最小,最大跟踪
　　　　　　　　　　　　　　测量
7　加[+]　　　　　　　15　储存,保存
8　菜单

图 1-34　激光测距仪

测量范围:从 0.2~200 m,测量精度达到 3 mm。内置望远镜:可以进行长距离精确目标的测量。内置水泡:简化水平测量。计算功能:勾股定律辅助测量,扩大了使用范围。跟踪测量、定位:确定最大和最小值。背景光照明:实现在黑暗的房间或光线暗淡的地方的测量。激光指示:可为测量点做记号。

(4) 数码相机

数码相机是重要的信息记录辅助工具,站点勘察过程中,需要用到数码相机,记录站点的环境信息,保存为以后规划分析和信息查询。

拍摄的照片是项目负责人判断勘察站点是否合适、规划区域环境适用的传播模型的重要手段。

为了获得足够清晰的环境照片,记录像素为 1 024×768。便于在计算机上清晰显示。

应将相机焦距调为最小,以保证取景范围的最大化,注意不要使用数码调焦。

在取景窗中天空应占到整个画面的 1/4~1/5,注意保持画面中地平线的水平。

注意拍照时相机不要晃动,特别是光线较暗,曝光时间较长时。

拍摄站点周围环境时,要求从正北开始,顺时针方向每 45°拍摄一张相片。

在使用指南针确定相机拍摄方向时,建议先根据指南针确定一个参照物,再使用相机根据参照物拍摄,以保证拍摄方向的准确性。

站点周围环境照片必须水平拍摄,不允许竖拍。

对于建筑物不规则的情况,建议首先根据指南针指出的方向,在准备拍摄位置画一个坐标轴,标出需要拍摄的方向,按照指定的方向进行拍摄,拍摄的位置可以不在坐标轴点。

拍摄站点周围环境时,当楼面较大,为避免楼面的遮挡,建议靠女儿墙拍摄。

楼面较小时,在保证安全的前提下,建议在建筑物最高点拍摄。

对于有铁塔的情况,要求保证拍摄点高出周围环境 10 m 以上。

拍摄楼面时,要求必须包括整个楼面 90% 以上的面积,规划的天线大致位置必须拍到。

如果共站 G 网天线、走线架位置也必须拍到。

可以通过拍摄多张照片的方式满足要求,需要在名字中说明照片为天面的哪一部分。

2. 查勘原则

(1) 基于初始布局选站

尽量满足无线通信理论中,蜂窝网孔规定的理想位置,其偏差应该尽量在初始布局基站覆盖半径四分之一左右变化,便于以后小区分裂和网络发展。这是网络规划的一个基本原则,目的在于确定网络的总体框架。

(2) 覆盖和容量要求选站

点覆盖区必须选站点;中心城区主要干道必须选站点;在"重点"站点选择之后,完成"次要"覆盖区大面积连续覆盖。

(3) 按照基站周围环境选站

对于地理环境,如平原、丘陵、山区、湖泊、海岛,我们是没有能力改变的;因此,我们可以通过对规划区的站点(建筑物或地物)筛选,以获得适应规划区的地理、地物环境的站点。

① 首先,站点的位置要足够高。基站天线挂高直接影响着小区的覆盖范围,足够高是指天线的挂高要高于其覆盖区,这样才能保证覆盖区的信号强度,城区站点应该能够使天线挂高超出周围 10~15 m,郊区或农村站点应高出 15 m 以上;根据目前的建筑物密度和平均

高度,城区天线高度选择 35 m 左右比较合适;在农村地区,要求天线高度一般选择 50 m 左右比较合适。

② 站点的位置不能过高。这完全是 CDMA 系统特性决定的,CDMA 是干扰受限系统,过高的站点常常会跨多个区覆盖,这样对其他的小区产生干扰,限制了整个系统的容量,降低了系统的整体性能。

(4) 按照基站无线环境选站

避免在大功率无线电台、雷达站、卫星地面站等强干扰源附近选站。与异系统共站址,通常要采取隔离。避免在涉及国家安全的部门附近选站。

(5) 按照基站现有资源选站

充分参考已有的移动网络,并将其作为无线网络规划的参考模型。充分利用现有或共享的机房、传输、电源等配套的资源。在基站选址时,选择交通方便的区域,为工程实施和日后维护提供便利。

3. 查勘内容

(1) 网络规划信息

① 整体信息:名称、编号、经纬度、GPS 精度、是否共站(和 GSM)、现有站型、是否有塔/高度(楼顶是否有塔/塔高是多少)、本站相对周围高度、周围有无严重遮挡。

② 分扇区情况:天线型号、天线挂高、参考方位角、机械下倾角、分集方式/距离、与其他运营商隔离/距离。

(2) 工程基本条件

分方向给出,包括地貌、干扰情况、重点覆盖区分布情况;地貌项,根据周围的地貌,对应定义中的说明,选择相应的数字;干扰情况主要是对应周围可能存在的存在的干扰,提供的干扰信息;重点覆盖区项指站点周围是否存在需要重点覆盖的区域,如有,根据类型选择相应数字。

(3) 楼顶草图

以工程要求为基础,需要满足网规对天面草图的要求。

(4) 数码相机照片

每个基站整体、进出口、天面整体、其他运营商天线情况、机房各照若干张。从 0° 开始,每 45° 照一张,共 9 张,并每个扇区覆盖方向照一张。

4. 查勘过程

① 找到准备加站的位置,根据合适站点的要求,在附近位置选择 2~3 个比较合适的站点;

② 用 GPS 定位,用测距仪量出楼面高度,用指南针得出建筑物和磁北的相对方向;

③ 根据周围环境判断规划的朝向和站点挂高能够实现;

④ 考察周围环境,得出周围高度、本站相对周围高度、周围环境、干扰信息和重点覆盖区等内容;

⑤ 用数码相机拍照;

⑥ 根据天面现有天线的情况,考虑天线设置要求、隔离要求等因素,大致确定天线位置;

⑦ 根据天面草图绘制规范画出天面草图。

5. 勘察报告

查勘完成要现场填写如下勘察报告,并对其中重要信息整理成新建基站信息表,见表

1-23,用于下一步仿真和租凭物业。

表 1-23　新建基站信息表

(　　××　　)站点勘察报告

| 勘察人员 | ×× | 勘察时间 | ××－×－× | 基站编号 | ×× | 规划站点 |

(1) 规划的站点信息

规划站点名称						
适用站型			××			
a 三扇	b 两扇	c 定向单扇	d 全向	e 光纤直放站	f 无线直放站	g 其他
规划天线位置			新建抱杆			
a 屋顶天台	b 楼梯间顶	c 铁塔第××层平台		e 楼顶水塔	f 建筑物外墙	g 其他
增高模式			可新建 15m 抱杆			
a 长抱杆	b 抱杆	c 地面塔	d 楼顶塔	e 增高架	f 其他	g 没有

(2) 位置信息

经度	×××.×××××	纬度	×××.×××××	海拔高度	×× 米
				GPS 精度	× 米

建筑物名称					
建筑物地址		××××××			
联系人		电话			
类型		高山顶			
a 运营商	b 政府部门	c 工厂	d 学校	e 居民楼	f 写字楼	g 其他
所处地貌		山区农村			
a 密集城区	b 一般城区	c 稀疏城区	d 郊区	e 农村	f 海岸	g 其他
所处地形					
a 平地	b 小山丘顶	c 斜坡中间	d 山顶	e 其他		

(3) 建筑物信息

高度	米	楼层数	层	机房楼层	层	新建机房
属性						
a G 网站点	b C 网站点	c 其他网络	d 新建站点	e 固网站点	f 其他站点	

(4) 共网站点其他网络信息(只有共站站点需要,可以有多组数据)

所属运营商		站型		网络频段	
站型					
a 三扇	b 两扇	c 定向单扇	d 全向	e 光纤直放站	f 无线直放站	g 其他
天线位置					
a 屋顶天台	b 楼梯间顶	c 铁塔第层平台	e 楼顶水塔	f 建筑物外墙	g 其他
增高模式				天线挂高	米
a 长抱杆	b 抱杆	c 地面塔	d 楼顶塔	e 增高架	f 其他	g 没有
天线朝向	/	/	下倾角		/	/

(5)分扇区参数(规划站点为规划参数,已有站点包括现有和规划参数)

天线类型	全向				
无线参数	天线朝向	下倾角	挂高	分集距离	馈线长度
第一扇区	360	0	15		30
第二扇区					
第三扇区					
与其他网络的隔离参数	××的网		××的网		
	隔离方式	隔离距离	隔离方式	隔离距离	
第一扇区					
第二扇区					
第三扇区					
特殊站型的参数	如为直放站,施主基站		如为射频拉远,主基站		如被拉走,目标点地址	是否功分
第一扇区					
第二扇区					
第三扇区					

(6)周围环境信息

	地形地貌			干扰情况		障碍物
	周围地貌	相对该方向平均高度	周围的重点覆盖区	频段/类型/运营商	干扰说明/距离	和站点距离/超出高度	障碍物大小
北面						
东北						
东面						
东南						
南面						
西南						
西面						
西北						

(7)工程信息

有无天线安装位置	有	有无馈线走线位置	有	有无传输	无/需新拉光纤
有无电源	需从路边新拉交流电	电源功率是否满足要求	无	传输容量是否满足要求	
电源类型	220 V	有无接地点	无		

(8)备注

(9)草图(见编号××)

【想一想】

1. 请谈一谈你查勘时的步骤和原则?

2. GPS 和指南针在使用过程中的注意事项?

3. 为什么要从 0 度开始每隔 45 度进行照相而且要扇区方向也要照相?

【技能实训】 站点初始布局和查勘

1. 实训目标

以某地密集城区为例,根据覆盖和容量规划结果进行初始布局和示范站查勘实习,达到掌握初始布局和站点查勘原则及要点目的。

2. 实训设备

(1) 装有 Mapinfo 的计算机一台。

(2) 指南针、当地地图、尺子和测距仪、GPS、照相机、查勘本。

3. 实训步骤及注意事项

(1) 根据初始布局原则,进行地图上布站。

(2) 利用查勘工具进行站点选取和站址信息收集。

4. 实训考核单

考核项目	考核内容	所占比例/%	得分
实训态度	1. 积极参加技能实训操作 2. 按照安全操作流程进行操作 3. 纪律遵守情况	30	
实训过程	1. 根据初始布局原则,进行地图上布站 2. 利用查勘工具进行站点选取和站址信息收集	60	
成果验收	提交站点信息表,用于仿真	10	
合计		100	

任务 5 规划仿真

【工作任务单】

工作任务单名称	站点布局	建议课时	3
工作任务内容: 　掌握 3G 无线网络仿真软件使用。			
工作任务设计: 　首先,教师讲解软件使用方法; 　其次,根据任务求无线网仿真; 　最后,输出仿真报告。			
建议教学方法	教师讲解、分组讨论、案例教学	教学地点	实训室

【知识链接1】 仿真软件介绍

仿真的作用就是利用数字地图模拟无线网环境下,无线的覆盖及容量情况,以确认规划结果是否满足规划要求,如果不满足要求,需要更改相关规划重新仿真直到满足要求。

目前使用的网络仿真软件有很多如 Aircom、Planet、U-net、Atoll 等,本课程以 Atoll 为例介绍仿真软件的使用。

Atoll 是一款基于 Windows 版本的仿真软件,能实现如下系统的仿真:GSM/TDMA/GPRS/EDGE;UMTS/HSDPA/HSUPA;CDMA2000 1xRTT/EV-DO;TD-SCDMA;WiMAX;Microwave Links;LTE。界面如图 1-35 所示。

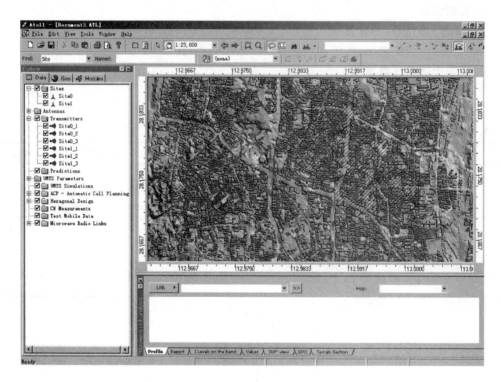

图 1-35　仿真软件 Atoll

【想一想】

请问为什么要仿真,软件有哪些?

【知识链接2】 仿真方法

1. 3G 网络仿真总流程

3G 网络仿真流程图如图 1-36 所示。

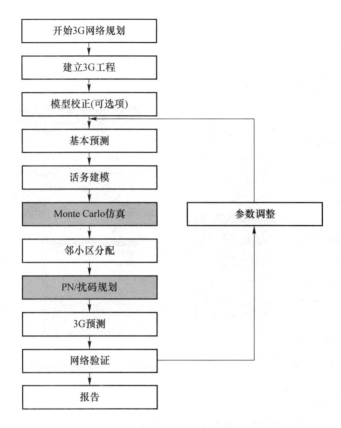

图 1-36　3G 网络仿真流程图

2. 开始 3G 网络规划

首先在工具栏中，选择图标 ▯，出现界面如图 1-37 所示。选择你要仿真的网络，单击 OK 即可。

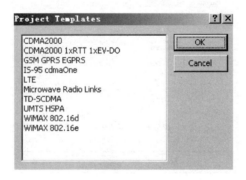

图 1-37　Project Templates 对话框

3. 建立 3G 工程

（1）导入地图数据

地图数据一般包括海拔数据\地物数据和矢量数据，这些地图一般需要从地图公司购买,导入方法是从 file 菜单下单击 import。如图 1-39 所示。

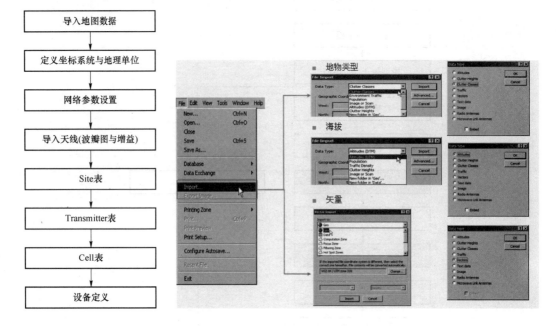

图 1-38　建立 3G 工程的流程　　　　　　　图 1-39　导入地图数据

（2）坐标系统的定义

坐标系统定义制图用的投影坐标和显示用的坐标,一般在高度数据 projection 文件中有定义,将其设成一致即可。如图 1-40 所示。

图 1-40　Options 对话框

（3）网络参数设置

其中最重要是基站模板,基站模板需根据各区域基站选型及配置进行更改。如图 1-41 所示。

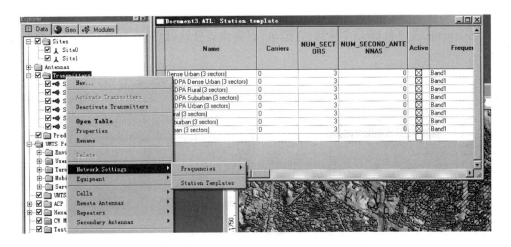

图 1-41 基站模板

（4）导入天线

根据本期所用的天线导入天线模板，一般的厂家都会提供，没有的话可参考同类型的天线，增益和半功率角要一致。如图 1-42 所示。

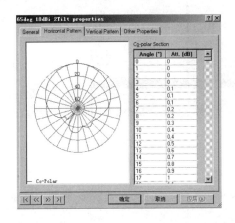

图 1-42 导入天线

（5）输入站点表

站点表里最重要是经纬度，是查勘过程中收集的。如图 1-43 所示。

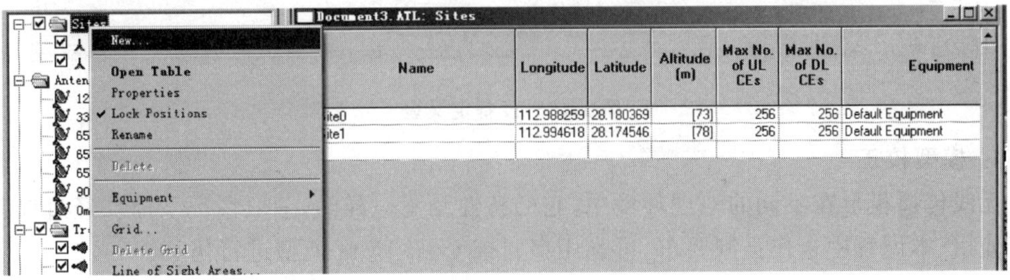

Name	Longitude	Latitude	Altitude [m]	Max No. of UL CEs	Max No. of DL CEs	Equipment
Site0	112.988259	28.180369	[73]	256	256	Default Equipment
Site1	112.994618	28.174546	[78]	256	256	Default Equipment

图 1-43 输入站点表

47

（6）输入 Transmitter 表

Transmitter 表里包括天线挂高、方位角、下倾角等参数，也是查勘过程中收集的。如图 1-44 所示。

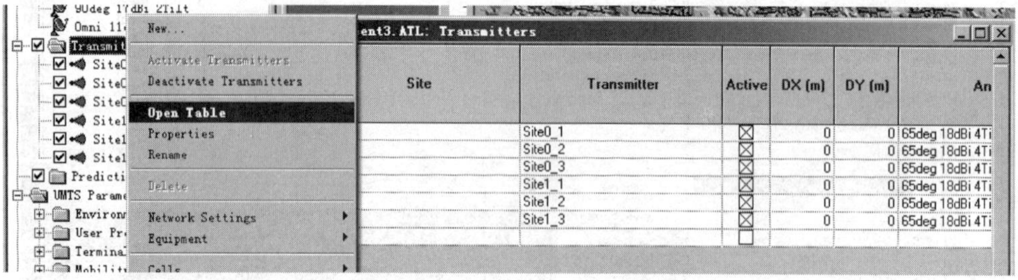

图 1-44　输入 Transmitter 表

（7）输入 Cells 表

Cells 表中包括一些基站功率分。如图 1-45 所示。

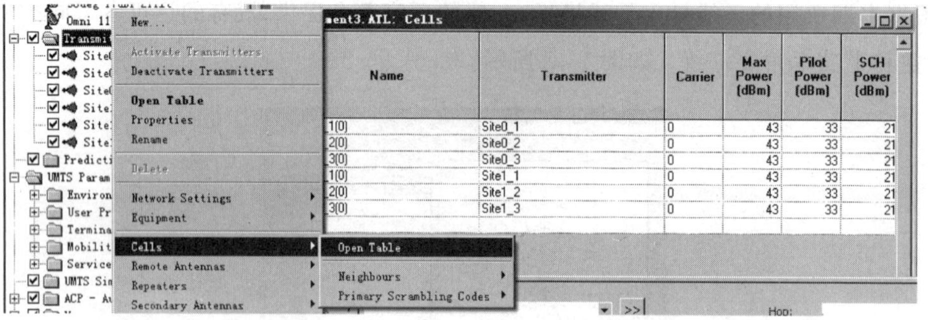

图 1-45　输入 Cells 表

（8）设备定义

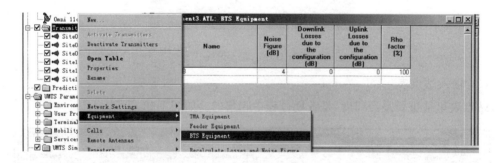

图 1-46　设备定义表

4. 模型校正

无线传播模形在不同的地理环境中，它的特性是不一样的，一般情况下需要经过校正后才能使用，本课程中未作强制要求，可利用奥村或 Cost-Hata 模型进行仿真。

设置模型在 Transmitters 表中设置，见图 1-47。

Miscellaneous Reception Losses [dB]	Main Propagation Model	Main Calculation Radius [m]	Main Resolution [m]	Extended Propagation Model
0	Cost-Hata	2,000	100	(none)
0	Cost-Hata	2,000	100	(none)
0	Cost-Hata	2,000	100	(none)
0	Cost-Hata	2,000	100	(none)
0	Cost-Hata	2,000	100	(none)
0	Cost-Hata	2,000	100	(none)

图 1-47　设置模型

5. 基本预测

（1）画 Computation Zone

在没有设置任何计算区域,覆盖图的面积由扇区的计算半径和信号下限共同决定,同时工程中所有扇区都会参与计算。

如果只需要计算部分区域或部分扇区,那么可以通过绘画计算区域来实现。计算区域可以人工绘画,或导入已有的计算区域。如图 1-48 所示。

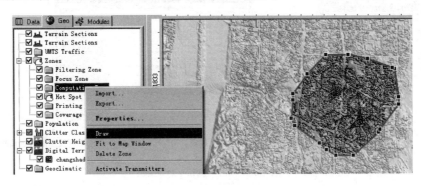

图 1-48　画 Computation Zone

（2）计算路径损耗矩阵

传播计算——计算从每个扇区至计算区域和计算半径之内的路径上每个 bin 的路径损耗值,并存储在后台的 path loss matrix 中。一个 bin 的大小就是发射机的计算精度。

在 Atoll 计算了 path loss matrix 之后,如果没有修改扇区的无线参数（如站点位置、天线型号、方向角等）,Atoll 不会自动重新计算这些小区的 path loss;如果修改了某个或多个扇区的无线参数,在进行覆盖预测时,Atoll 会自动先计算这个或多个扇区的 path loss matrix,再生成覆盖图。如图 1-49 所示。

（3）建立覆盖预测

生成覆盖图——也就是一般我们说的覆盖预测。Atoll 从之前生成的 path loss matrix 中读取数据,然后预测项目进行再处理,将结果以图像方式显示。

右击 Explorer/ Data 标签中 Predictions 文件夹,选择 New 命令,然后 Atoll 会弹出一个 Study types 对话框,里面列举了 Atoll 默认提供预测类型。其中前面 3 个预测类型只考虑下行导频信道功率,故可以在进行 Monte Carlo 仿真之前计算。如图 1-50 所示。

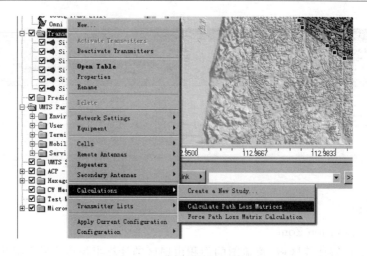

图 1-49　计算路径损耗矩阵

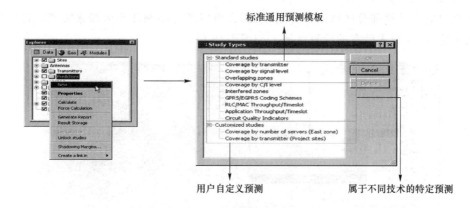

图 1-50　Study Types 对话框

6. 话务建模

（1）设置话务模型

在 Explorer/ Data 标签中的 XX 系统 Parameters 文件夹中,分类存放了与 XX 系统话务有关的参数,分别是 Environments（话务环境）、User profiles（用户行为）、Terminals（手机终端）、Mobility types（移动性类型）、Services（业务类型）。如图 1-51 所示,需根据规划中参数对其进行相关设置。

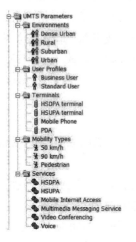

图 1-51　设置话务模型

（2）建立话务地图

① 基于用户行为的话务地图:基于用户行为的话务环境栅格地图;基于用户行为的矢量密度地图。

② 基于扇区的话务地图:基于每扇区每业务流量的矢量地图;基于每扇区每业务总用户数的矢量地图;基于每扇区每业务每一种激活状态用户数的矢量地图。

③ 基于话务密度（用户数/km²）的栅格地图:所有激活状态下用户数;上行链路激活用户数;下行链路激活

用户数；上下行链路同时激活用户数；不激活用户数。

右击 Explorer/ Geo 标签中的 Traffic 文件夹，选择 New map 命令。如图 1-52 所示。

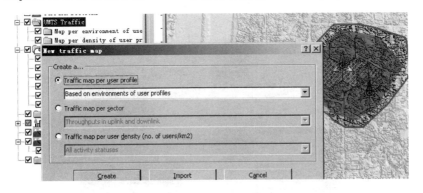

图 1-52　New traffic map 对话框

7. 进行 Monte-Carlo 仿真

当话务模型及话务地图都设置好之后，就可以进行 Monte Carlo 仿真。右击 Explorer/ Data 标签中的 XXX simulations 文件夹，选择 New。

仿真完成后，可以查看相关结果，如图 1-53 所示。

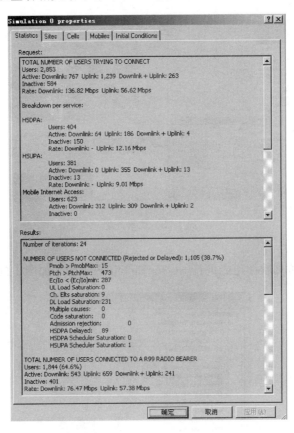

图 1-53　Simulations 属性对话框

8. 自动邻小区分配

右击 Explorer/ Data 标签 Transmitters 文件夹, 选择 Cells→Neighbours→Automatic allocation。

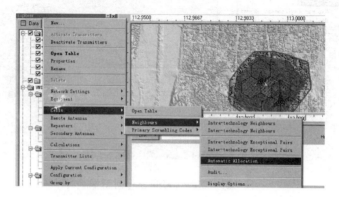

图 1-54　自动邻小区分配

9. 扰码分配

右击 Transmitters, 选择 Cells→Primary Scrambling Codes→Automatic Allocation…, 如图 1-55 所示。

图 1-55　扰码分配

10. 3G 预测

除基本预测外, 仿真软件还能进行 Ec/Io、Eb/Nt 等预测。如图 1-56 所示。

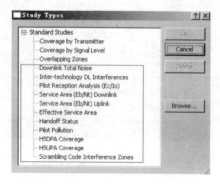

图 1-56　Study Typeset 对话框

11. 网络验证

可通过统计看指标有没有达到规划要求,如果达到要求,进入下一步,输出报告。

12. 报告输出

单击每个图层可进行图层分析和报告输出。如图 1-57 所示。

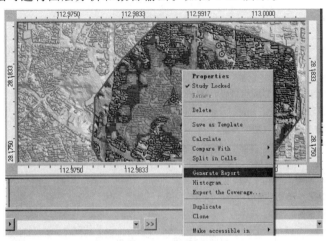

图 1-57 生成报告

【想一想】

请问怎么做仿真?

【技能实训】 网络规划仿真

1. 实训目标

以某地密集城区为例,对其进行仿真,输出仿真结果,验证是否达到覆盖、容量及质量目标。

2. 实训设备

装有仿真软件的计算机一台。

3. 实训步骤及注意事项

(1) 准备好站点数据;

(2) 按仿真步骤进行仿真;

(3) 输出仿真报告。

4. 实训考核单

考核项目	考核内容	所占比例/%	得分
实训态度	1. 积极参加技能实训操作 2. 按照安全操作流程进行操作 3. 纪律遵守情况	30	
实训过程	1. 准备好站点数据 2. 按仿真方法进行仿真	60	
成果验收	输出仿真报告	10	
合计		100	

任务 6 参数规划

【工作任务单】

工作任务单名称	参数规划	建议课时	4
工作任务内容： 掌握 CDMA2000 PN 码规划、邻区规划和 LAC 规划； 了解 TD-SCDMA 邻区规划； 学会利用软件 CNO 实现 PN 规划的方法。			
工作任务设计： 首先，教师讲解相关知识点和软件使用方法； 其次，利用软件 CNO 实现 PN 规划； 最后，输出 PN 规划报告。			
建议教学方法	教师讲解、仿真教学、分组实践	教学地点	实训室

PN 码规划及邻区规划等参数规划是实际网规网优项目的基本工作，但对 CDMA 的网络性能影响较大，规划不合适，会导致网络干扰提升、服务质量明显下降。PN 规划和邻区列表设置的结果作为网络规划的输出，在站点开通时直接加载到 BSC 后台。

【知识链接1】 PN 码规划

1. PN 规划的过程

（1）首先确定 PILOT_INC，在此基础上确定可以采用的导频集；

（2）根据站点分布情况相对位置（组成复用集站点的集合），先确定一个基础复用集，其余站点在此基础上进行划分；

（3）确定各复用集的各个站点与基础集中各站点的 PN 复用情况，即与基础集中哪个站点采用相同的 PN 偏置；

（4）给最稀疏复用集站点分配相应的 PN 资源，根据该复用集站点的 PN 规划得到其他复用集的 PN 规划结果。

2. PILOT_INC 设置

同一系统中，如果延迟估计出错，其他导频有可能被错误解调，影响网络质量。需要保证不同导频有一定的隔离，避免出现不同小区之间由于导频解调错误产生干扰。

相位差 PILOT_INC，每个单位对应 64 个码片，设置主要考虑避免邻 PN_Offset 干扰和同 PN_Offset 干扰：避免邻 PN_Offset 干扰，要求邻 PN_Offset 间的间隔比传播时延造成的不同大得多；避免同 PN_Offset 干扰，要求传播时延造成的不同大于导频搜索窗尺寸的一半。综合考虑这两方面的要求，可以得出 PILOT_INC 的合理的参数设置。

采用以下 PILOT_INC 设置，基本上可以满足干扰要求，见表 1-24。

表 1-24 PILOT_INC 典型值设置

密集区理论值	密集区建议设置值	郊区 & 农村理论值	郊区 & 农村建议设置值
2	4	4	4
3	6	6	6

密集区建议设置的 PILOT_INC 是理论值的一倍:一方面可以留出足够多的 PN 资源用于扩容,另一方面可以减少建网初期基站覆盖范围比较大导致小区之间由于传输延迟产生干扰的可能性。对于郊区和农村,由于站点之间的距离比较远,站点密度比较小,理论上不存在导频复用的问题,可以通过相邻站点不设置相邻 PN 来满足隔离要求。

实际设置的时候,可将城区和农村站点的 PILOT_INC 设置为同一个值,配置导频时,郊区 & 农村的 PN 不连续设置,如系统中将 PILOT_INC 设置为 4,城区导频按 PILOT_INC 为 4 设置,郊区 & 农村导频按 PILOT_INC 为 8 设置,这样能够同时满足城区和郊区农村的要求。

选定 PILOT_INC 后,有两种方法设置 PN,其中后一种设置方法更能够满足扩容的需求,一般建议使用后一种。

① 连续设置,同一个基站的三个扇区的 PN 分别为 $3n+1\times$ PILOT_INC、$3n+2\times$ PILOT_INC、$3n+3\times$ PILOT_INC;

② 同一个基站的三个导频之间相差某个常数,各基站的对应扇区如都是第一扇区之间相差 n 个 PILOT_INC:如 PILOT_INC=3 时,同一个站点三个扇区的 PN 偏置分别设为 $n\times$ PILOT_INC、$n\times$ PILOT_INC+168、$n\times$ PILOT_INC+336;PILOT_INC=4 时,三个扇区的 PN 偏置分别设为 $n\times$ PILOT_INC、$n\times$ PILOT_INC+168、$n\times$ PILOT_INC+336。

无论采用哪一种 PN 设置方式,只要 PILOT_INC 确定,可以提供的 PN 资源是一定的:

① 如果 PILOT_INC 设置为 3,可以提供的 PN 资源为 512/3=170,每组 PN 使用三个 PN 资源假设站点使用三扇区,对于新建网络留出一半用作扩容,这样可以提供的 PN 组为 170/(3×2)=28,也就是对于新建网络,每个复用集可以是 28 个站点;

② 如果 PILOT_INC 设置为 4,可以提供的 PN 资源为 512/4=128,每组 PN 使用三个 PN 资源假设站点使用三扇区,对于新建网络留出一半用作扩容,这样可以提供的 PN 组为 128/(3×2)=21,也就是对于新建网络,每个复用集可以是 21 个站点。

3. 站点的 PN 规划

选定每个复用集的规模后,根据站点的分布情况考虑相对位置和地形起伏,将所有站点划分到各复用集中,根据网络的规模可以划分为多个复用集,可以首先划定一个基础复用集,在此基础上将周围的站点划分为多个复用集。

所有站点划分到复用集后,根据站点之间的相对位置确定不同复用集中,各站点和基础复用集中的哪一个站点采用同样的 PN 集如复用集 2 中的站点 B1、复用集 3 中的站点 C1和基础复用集中的站点 A1 采用同一个 PN 集,避免出现复用集之间相邻站点采用同一个 PN 集的情况。

在此基础上,首先确定最稀疏复用集各站点的 PN 规划,要求根据相邻站点之间的距离,采用适当的间隔,避免出现站点之间的干扰;确定该复用集的 PN 规划后,所有站点采用的 PN 集得到。

对于不到 3 个扇区的站点,后面的 PN 资源可以不用,对于超过 3 个扇区的情况,该站点占用两个连续的 PN 集,其余复用集中两个站点和该站点对应。

【想一想】

1. 实际计算一下,实际网络中可以提供的 PN 资源为多少?
2. PN 规划的过程?

【知识链接2】 邻区规划

PN 设定后,需要进行邻区列表设置,邻区列表设置是否合理影响基站之间的切换。系统设计时初始的邻区列表参照下面的方式设置,系统正式开通后,根据切换次数调整邻区列表。

1. CDMA2000 邻区规划

(1)初始邻区设置原则

① 同一个站点的不同扇区必须设为邻区;

② 周围相交的第一层小区设为邻区,扇区正对方向的第二层小区设为邻区;

③ 邻区要求互配,可以在 OMC 后台配置过程中,选中要求互配的项。

(2)一个邻区设置的例子

PILOT_INC 实设为 4,导频设置按照前面介绍的两种方法中的第一种设置;

如图 1-58 所示,红色箭头标示的为当前基站的三个小区,导频号分别设为 4、8 和 12;粉红色箭头标示的为第一层小区,蓝色箭头标示的为第二层小区。

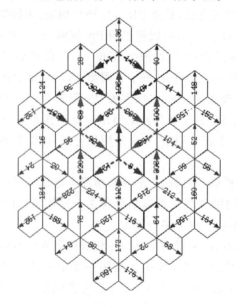

图 1-58 邻区设置示意图

当前小区第一扇区的邻区可以设为,见表 1-25。图 1-58 中用加粗虚线箭头标示的小区即为当前扇区的邻区。

表 1-25　邻区设置示例

扇区号	导频号	邻区列表
1—1	4	8(1—1)、12(1—2)、32(3—2)、48(4—3)、88(8—1)、92(8—2)、100(9—1)、108(9—3)、112(10—1)、128(11—2)、140(12—2)、144(12—3)、156(13—3)、196(17—1)、200(17—2)、204(17—3)、208(18—1)、220(19—1)

根据各小区配置的邻区数情况及互配情况,调整邻区,尽量做到互配,邻区的数量尽量不要超过 18 个,邻区互配率必须大于 90%。调整的顺序是首先调整不是完全正对方向的第二层小区,然后是正对方向的第二层小区。

对于站点比较少的业务区(6 个以下),可将所有扇区设置为邻区,只要邻区数目不超过 18 个。

对于搬迁网络,在现有网络邻区设置基础上,根据路测情况调整。如果存在邻区没有配置导致的掉话等问题,在邻区列表中加上相应的邻区,调整后的邻区列表作为搬迁网络的初始邻区。

(3) 双载频邻区设置

双载频系统初始邻区按照如下的原则进行设置:

① 基本载频同前面的原则;

② 对于第二载频中心小区非临界小区,其邻区列表配置和原来基本载频的配置一样;

③ 对于第二载频临界小区,需要配置用于换频切换的优选邻区,选择的方法主要通过邻区切换统计找出与本小区切换最多的、单载频的小区,所能选择的个数取决于该小区的换频切换模式,在 hand-down 模式下只能选 3 个优选邻区,切换时往本小区基本载频及另外三个小区上切,在 handover 模式下可选 4 个优选邻区,切换时往四个非本小区的小区上切,一般选用第一种模式;

④ 对于临界小区的初始优选邻区,可以按照地理位置选择三个最接近的,正式开通后再根据切换的情况调整。

2. TD-SCDMA 邻区规划

(1) 邻区配置注意事项

TD 网络开通向 GSM 进行重选和切换的功能后,需要通过正确配置邻接小区,实现 UE 选择目标小区,顺利完成重选或切换操作。

从 TD 手机角度,根据邻区列表(BA)对 GSM 频点进行电平强度检测(RXLEV),并不检测信号载干比(C/I)。这样就有可能因为 GSM 目标小区强度满足要求,但是 C/I 不满足要求,造成接入失败。

UE 侧,是以小区 BCCH 频点+NCC+BCC 标识小区的,亦会有同频同色码造成错误选择目标小区的可能。

(2) 小区规划和优化原则(针对在未开通 HCS 功能小区 GSM 邻区配置)

① 2G 邻区原则上配置不少于 3 个且不多于 6 个,即要避免邻区过少造成切换或重选困难,又要避免过多的邻区造成 UE 测量性能下降。中移 GSM 经过多年建设,覆盖较好,2G 邻区无须配置过多,就可以保证切换或重选的成功。

② 宏小区应当将共站点的 GSM 宏小区全部互配为邻区,并优选临近 1～2 个宏小区互配邻区。邻区不得有同频同色码。

③ 室内覆盖及微小区,应当将同覆盖的 GSM 室内小区互配为邻区,并同区域将 GSM 室外小区单向配置为邻区(这一条建议修改为互配)。

④ 对于已经配置完成的 3G 小区,需要检查其 2G 邻接小区列表中有无同频点的情况。如有,3G 宏小区,应当将 GSM 同频邻区一律删除;3G 微小区,应当将 GSM 同频同色码邻区一律删除。并重新合理配置邻区。

⑤ 受限于系统消息块 SIB11 分段数限制(协议规定最大 16 段、3 552 b),完成邻区配置后,还需要检验邻区数量是否超出协议限制(同频、邻频、GSM 邻区)。计算方法如下:110 ＋ 62×N1 ＋ 46×N2 ＋ 61×N3＜3 552。其中,N1 为 TD 同频邻区数、N2 为 TD 异频邻区数、N3 是 GSM 邻区数。

⑥ 后续的优化过程中,对切换成功率较低的 3G 小区,首先检查门限和迟滞时间,再适当降低切换触发门限或增加调整 GSM 邻区。还需要检查其 GSM 邻区附近有无同 BCCH 或 TCH 的其他 GSM 小区,如有也需要规避,并视 2G 覆盖情况删除该邻区。

⑦ HCS 开通后,将 GSM 邻区配置为第一层邻区。

⑧ 23G 邻区表中邻区顺序号不能有重复项,若有则修改为不同值,注意值需要小于 31。对于新增的 23G 邻区顺序号,从界面上添加会自动分配一个和已配置的数据不同的值,不会冲突。通过导入 Excel 的方式,清空这一列,也会自动生成不冲突的值。

【想一想】

1. 简述 CDMA2000 初始邻区设置原则?
2. 简述 TD-SCDMA 小区规划原则?

【知识链接3】 LAC 规划

1. 寻呼信道容量

(1)基本概念

LAC 大小的设置跟寻呼信道容量、接入信道容量和 SPU 负荷密切相关。如果 LAC 太大了,可能引起 SPU 负荷偏高,也可能会引起寻呼信道上下发的消息过多,从而造成寻呼困难等一系列问题。如果 LAC 太小了,可能引起 SPU 负荷偏高,也可能会引起接入信道上登记消息频繁,从而造成接入困难等一系列问题。

(2)寻呼信道时隙结构

寻呼信道被划分成 80 ms 的寻呼时隙,且每个时隙由 8 个半帧组成,每个半帧为 10 ms。如图 1-59 所示。每个半帧都以同步的体标志(Syn-Capusle Indicator,SCI)比特开始,并且寻呼时隙中的第一个新消息必须紧跟在 SCI 比特之后,此时 SCI 比特设置为 1。寻呼信道消息是在寻呼信道体中传输的,寻呼信道体包括消息体,表明整个信道体长度的 8 bit 字段以及 30 bit 的 CRC 码。由于寻呼信道上的消息,如 GPM(General Page Message)或者 CAM(Channel Assignment Message)、OM(Order Message)长度在 100～150 bit 范围,对于一个寻呼时隙,包括 760 bit(8 个半帧,每个半帧由 95 个有效载荷比特,其余是 SCI 比特),因此它具有传输多个 GPM 或 CAM、OM 消息的能力。

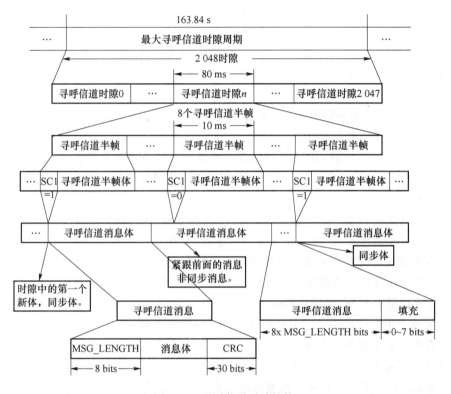

图 1-59　寻呼信道时隙结构

同时,由于大部分消息体都占据一个半帧外加第二个半帧的一部分,因此所有要同步的消息体都会浪费掉第二个半帧的很大一部分。为了避免这种对寻呼信道的低效利用,协议规定只允许在一个寻呼时隙内对第一个新消息体进行同步,而时隙中随后的消息体可被附加在前面的体后边。消息体中的消息长度字段表明时隙中下一个消息体开始的位置。如果消息体从 SCI 比特到结束少于 8 bit,则表明时隙中的下一个消息必须是同步的。因此下一个消息的 SCI,就是 1。(需要同步,SCI 就为 1,反之 SCI 就为 0。)每条寻呼信道消息体的长度必须是字节的整数倍,如果未满,则有 0~7 bit 进行填充。

对于多个寻呼信道时隙组成在一起,并周期性的更替,就成了时隙周期。协议规定一个时隙周期的最短时间是 16 个时隙,最长是 2 048 个时隙。具体的时隙周期长度 T 跟时隙周期指数 Slot_Cycle_Index i 的设置相关,它们存在以下关系 $T=16\times0.08\times2i$,$i=0\sim11$,一般取 0 或 1。

(3) 寻呼信道流量计算

① 寻呼信道常用消息

通用寻呼消息(General Page Message)、总体消息(Overhead Message)、信道指配消息(Channel Assignment Message)、命令消息(Order Message)和数据突发消息(Data Burst Message for SMS),余下的消息目前在寻呼信道上的使用率很小,暂不考虑。

② 流量计算

计算寻呼信道占用率时,首先将各类消息所占用的寻呼信道速率计算出来,然后相加,除以寻呼信道速率 9 600 bit/s,就可以获得总的寻呼信道占用率。各类消息的寻呼信道速率占用＝消息长度(bits)×消息的发送频率(ps,每秒消息条数)。

短 GPM 消息及 SCI 比特、总体消息寻呼,这些都是恒定值,与 LAC 大小无关,信道指配消息与命令消息消息的流量都比较小,也与 LAC 大小无关。影响 LAC 规划的主要是通用寻呼消息(General Page Message)、短消息(Data Burst Message)。

③ 通用寻呼消息与短消息

GPM 消息的发送频率跟本 LAC 的 BHCA 有关。假设本 LAC 的 BHCA 为 B,被叫比例为 Pt,阻塞率为 Pb,平均每用户寻呼数为 N(考虑到不可能所有用户都一次寻呼成功),GPM 消息的发送频率(每秒 GPM 消息的发送条数)为 A,则 GPM 消息占用寻呼信道比例为 $128 \times [B \times (Pt-Pb) \times N]/(3\ 600 \times 9\ 600)$,因此通用寻呼消息占用率主要跟忙时试呼次数和寻呼策略相关。

短消息则是由短消息中心通过 MSC,然后经由 BSC,到 BTS 通过空口的 DBM(Data Burst Message)发送出去,短消息有三种发送方式:直接在寻呼信道发送、先寻呼定位再在寻呼信道发送和先寻呼定位再在业务信道发送,三种短消息发送方式对寻呼信道负荷影响排序如下:直接在寻呼信道发送＞先寻呼定位再在寻呼信道发送≈业务信道发送。

(4) 寻呼信道对 LAC 规划的影响

寻呼信道占用率＝通用寻呼消息的占有率＋总体消息的占有率＋信道指配消息与命令消息的占有率＋短消息的占有率＋短 GPM 与 SCI 比特的占有率≤1。

当寻呼信道速率为 $a=9\ 600$ bit/s,寻呼信道所允许的最大利用率 $b=0.9$ 时,根据可以确定的数据,总体消息的占有率＋信道指配消息与命令消息的占有率＋短 GPM 与 SCI 比特的占有率＝0.089 6＋0.022 54＋0.116＝0.228。

通用寻呼消息的占有率＋短消息的占有率≤0.772。

寻呼速率为 9 600 bit/s,不考虑短消息时,一个 LAC 中可以设计的扇区载频数量为 272 个。

寻呼速率为 9 600 bit/s,考虑短消息时,一个 LAC 中可以设计的扇区载频数量为 105 个。

2. SPU 负荷

SPU 是 CIPS 机框的信令处理板,其负荷能力决定了其规格,而 SPU 负荷是由信令层面的呼叫频度指标 BHCA 决定的。

SPU 规格为 60 K 的 BHCA。此处指的是广义的 BHCA,包括各类信令行为,如切换、登记等。根据经验值,呼叫行为大约占的比例为 30%～40%,以 33% 为例,也就是说呼叫的次数为 60 k×33%＝20 k。按照业界通用值每次呼叫 72 秒(即 0.02 Erl)来计算,对应成话务量大约为 20 k×0.02＝400 Erl。

按照业界的通用原则,信令处理板的负荷依据是 50% 这个点。如果 SPU 的忙时 CPU 占用率平均值(即 SPU 负荷)大于 50%,则按照以下原则处理:如果该框对应的网络性能不正常,则排查问题并进行调整。如果该框对应的网络性能正常,则进行 CIPS 扩容。

目前广义的 BHCA 指标,暂时还没有做入话统(话统中的 BHCA 为纯呼叫次数),在分析中,可以简化为每小时话统中各类广义呼叫的累加:BHCA ＝ 登记次数×加权系数 ＋

寻呼次数×加权系数 ＋ 公共信道短消息×加权系数 ＋ 业务信道短消息×加权系数 ＋ 始呼次数 ＋ 被叫次数×加权系数 ＋ 软切换次数×加权系数 ＋ 硬切换次数×加权系数。通过测试获取了以下业务流程的拟合经验方程:Y 表示负荷提升(%),X 表示速率(次/小时)。

表 1-26　SPU 负荷计算

信令行为	对 SPU 负荷的提升公式/%	速率取值范围/次·小时$^{-1}$
始呼速率(包括上行业务信道短消息)	$Y=1.643X/3\,600+0.662$	$X=\{7\,200,57\,600\}$
被叫速率(包括下行业务信道短消息)	$Y=2.031X/3\,600+0.796$	$X=\{7\,200,57\,600\}$
登记速率	$Y=0.259X/3\,600+0.458$	$X=\{36\,000,288\,000\}$
短消息信速率(仅指公共信道短消息)	$Y=0.178X/3\,600+0.921$	$X=\{36\,000,5\,760\}$
单寻呼	$Y=0.253X/3\,600+0.353$	$X=\{7\,200,57\,600\}$
软切换速率	$Y=0.505X/3\,600-0.076$	$X=\{7\,200,79\,200\}$
空闲态 SPU 负荷	17(空闲态 SPU 负荷为 17%)	
总计 SPU 负荷	以上各行数值相加即得	

3. REG 概念

(1) REG_ZONE 基本概念

基于区域登记(ZONE_BASED Registrater)是指当移动台进入一个新的区域时,所进行的登记。

一个 REG_ZONE 包括一个或多个扇区载频,它的范围在一个 NID 内,也就是一个 NID 下可以包含一个或多个 REG_ZONE。REG_ZONE 通过 SID/NID/ZONEID 来唯一标识。

TOTAL_ZONEs 为移动台可以保留的登记区的个数,当 TOTAL_ZONEs 为 0 时,关闭基于登记区的登记;TOTAL_ZONES 为 1 时,MS 从一个 ZONE(设为 ZONE1)移动到另外一个 ZONE(设为 ZONE2)时,会立即发起登记(大约 10 秒后)。

手机将 SPM 消息中的 REG_ZONE 保存到 ZONE 列表中。如果超过 ZONE_TIMER 规定的时间内没有收到包括该 REG_ZONE 的消息,手机删除该 REG_ZONE。

(2) LAC 对登记的影响——REG_ZONE

登记共有十种(IS95 为前九种),分别是开机登记、关机登记、定时登记、距离登记、基于区域的登记、参数改变登记、命令登记、隐含登记、业务信道登记、用户区登记,其中与位置相关的是距离登记、区域登记与用户区登记,其他的登记与位置无关。

距离登记是当移动台所在当前 BTS 与它最后一次登记的 BTS 之间的距离超过一定的门限时发生,这与 LAC 无关。

用户区登记当移动台选择一个活动用户区时发生。用户区当移动台需要分等级进行服务时存在,用来区分不同区域间的服务等级。目前来说,用户区登记不用,所以也不用考虑与 LAC 的关系。

所以在登记中真正需要考虑与 LAC 关系的是基于区域的登记(ZONE_BASED Register)。

4. LAC 规划意义

如果一个 REG_ZONE 跨越两个 LAC,则从 LAC1 移动到 LAC2 时,移动台不会发起登记,这时如果寻呼移动台,则会寻呼不到。

LAC 设置过大,容易导致出现如下问题:对 BSC 的消息分发等处理能力要求过高,对 BSC 中各框中硬件处理板如 SPU 等的 CPU 占用率过高;在 LAC 包含的小区上下发的寻呼消息过多,就会增加对各小区上的寻呼信道的占用,严重时甚至造成某些小区的寻呼信道拥塞。

如果 LAC 设置过小,由于 REG_ZONE 设置一般与 LAC 一致,REG_ZONE 相应也过小,容易出现以下问题:边界区域的移动台频繁登记,增加接入信道的占用,影响反向容量,严重时影响移动台接入速度和成功率;边界区域的寻呼成功率可能会下降;登记频繁会导致 SPU 负荷上升。

5. LAC 规划原则及方法

(1) LAC 划分原则

① 容量原则:LAC 不能过大(由寻呼信道容量、SPU 负荷共同决定其最大值)。LAC 不能过小(由接入信道容量、SPU 负荷共同决定其最小值)。LAC 不能跨信令点,否则会加重 SPU 负荷和多占用 A 口资源,同时导致寻呼成功率下降。一个模块下最好不要带多个 LAC,否则对多个 LAC 的消息和信令进行处理,会使得该模块的 CPU 负荷处于较高的水平。LAC 同信令点和模块之间的范围大小顺序:模块≤LAC≤信令点。LAC 不能跨 MSC,也尽量不要跨 BSC(会造成寻呼时在多个 BSC 下发,增加信令的流量及处理的难度)。

② LAC 与 REG_ZONE 一致原则。

③ 同一扇区不同载频归属同一 LAC。

④ 郊县和城区 REG_ZONE 不一致原则:LAC 边界选取原则,用户少,话务小,登记少,涉及基站数目少的区域;利用地理环境,如山体、河流等,使得交接区域窄而短;城区划分时,边界不要与街道平行或垂直,而是斜交;密集城区划分时,保证高话务场所的完整行,避免将话务场所作为边界区进行分割;高话务区的分割,要选择信号覆盖重叠层数较少的区域,避免渗透率过高,造成手机频繁注册;城郊结合部划分时,边界放在外围一线的基站。

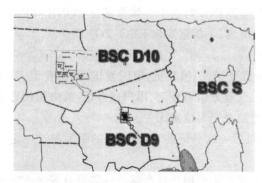

图 1-60 DHAKA 密集城区 LAC 划分

(2) DHAKA 密集城区 LAC 划分

DHAKA 地区除郊区 BSCD10 和 BSCD9 划分为两个 LAC 区之外,其他部分都是以 BSC 边界作为界限来划分 LAC 区的。这样 LAC 划分即保证了 LAC 不跨信令点,而且避免了一个模块下带多个 LAC,满足 LAC 划分的原则。

从图 1-60 LAC 划分的边界可以看出,LAC 区的边界基本划分在了话务较少、人流量较少的郊区,对于密集城区的划分,也基本保证了划分的边界远离人流量大的主要道路和大的商品集散地,对于需要跨主要街道的边界,也基本采用与边界与街道斜切的方式,保证 LAC 的一次性过渡,避免两个 LAC 区的频繁切换,造成 SPU 资源的浪费。

对于一个网络 LAC 划分是否合理科学,除了要看 LAC 区划分的边界是否合理外,各个 LAC 话务均衡,也是考验一个网络质量的主要指标,这样可以避免某些 LAC 区过于繁忙,造成寻呼信道超负荷,造成被叫成功率降低,而有些 LAC 又过闲,造成资源的浪费,结果是网络在局部地区的指标异常恶劣。

表 1-27　对 DHAKA 各个 LAC 区的话务统计和基站个数统计

MSC	BSC	LAC	FMR	Traffic	BTS NUM	MSC	BSC	LAC	FMR	Traffic	BTS NUM
D1	D1	111	7	2 147	29	D4	D7	147	7	2 615	19
	D2	112	5	1 146	20		D8	148	4	1 959	15
D2	D3	123	5	1 636	16	D5	D9	151	3	962	21
	D4	124	5	1 521	15			152	3	997	18
D3	D5	135	7	2 548	24	D6	D10	161	2	715	18
	D6	136	7	1 939	22			162	4	1 346	23

(3) BSC D7 SUP 负荷

根据上述计算方式,达卡市区负荷最大的 D7 的 SPU 负荷见表 1-28。

表 1-28　达卡市区负荷最大的 D7 的 SPU 负荷

信令行为	次数	对 SPU 负荷的提升公式/%	对 SPU 负荷的提升/%
本框主叫次数	21 350	$Y=1.643X/3\,600+0.662$	10.41
本框被叫次数	3 331	$Y=2.031X/3\,600+0.796$	2.68
本框登记次数	14 861	$Y=0.259X/3\,600+0.458$	1.53
本框上行接入信道短消息	129	$Y=0.178X/3\,600+0.921$	0.93
本框下行寻呼信道短消息	208	$Y=0.178X/3\,600+0.921$	0.93
本框上行业务信道短消息	115	$Y=1.643X/3\,600+0.662$	0.71
本框下行业务信道短消息	115	$Y=2.031X/3\,600+0.796$	0.86
本框软切换次数	33 902	$Y=0.505X/3\,600-0.076$	4.68
单寻呼	112 797	$Y=0.253X/3\,600+0.353$	8.28
空闲态			17
合计			48.01

图 1-61 显示的是 BSCD7 各信令对 SPU 所贡献的比例,从图上可以明显地看出,主叫和单寻呼所占的比例最大,其次是软切换。可以看出,DHAKA 地区的用户主要以语音业务为主,位置登记的比例不大,但软切换所贡献的比例比较大,后期可以从降低软切换量入手,来优化 DHAKA 网络,提高 DHAKA 的网络性能。

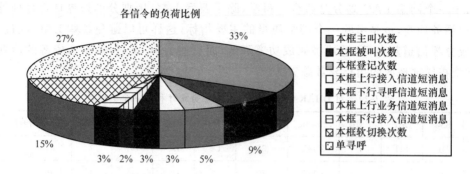

图 1-61　BSCD7 各信令对 SPU 所贡献的比例

【想一想】

1. 简述 CDMA2000 LAC 区设置原则。
2. 简述寻呼信道对 LAC 规划的影响。

【技能实训】　PN 规划

1. 实训目标

以某地密集城区为例,利用 CNO1 导频规划功能进行 PN 规划,达到掌握 PN 规划原则及要点目的。

2. 实训设备

已加载带有基站地理信息(经纬度、扇区朝向等)的 CNO1 数据文件或 ZRC 数据文件的系统。

3. 实训步骤及注意事项

(1) 导频规划参数设置;

(2) 可复用导频基站设置;

(3) 导频复用及偏移信息查询;

(4) 提交 PN 规划报告。

4. 实训考核单

考核项目	考核内容	所占比例/%	得分
实训态度	1. 积极参加技能实训操作 2. 按照安全操作流程进行操作 3. 纪律遵守情况	30	
实训过程	1. 根据初始布局原则,进行地图上布站 2. 利用查勘工具进行站点选取和站址信息收集	60	
成果验收	提交 PN 规划结果	10	
合计		100	

项目 2　CDMA2000 无线网络优化

【知识目标】掌握 3G 无线网络优化总体流程；掌握 CDMA2000 接入信令流程、切换信令流程；掌握影响 CDMA2000 覆盖的因素及主要干扰；领会掉话机制与模板；了解 CDMA2000 多载波；掌握 CDMA2000 EV-DO 信令流程。

【技能目标】能够做一个网络优化的工作计划；能够进行 CDMA2000 覆盖问题分析；能够进行 CDMA2000 接入问题分析；能够进行 CDMA2000 切换问题分析；能够进行 CDMA2000 掉话问题分析；能够进行 CDMA2000 干扰问题分析；能够进行 CDMA2000 多载波问题分析；能够进行 CDMA2000 EV-DO 问题分析。

任务 1　3G 无线网络优化总体流程

【工作任务单】

工作任务单名称	站点布局	建议课时	3
工作任务内容： 　　掌握 3G 无线网络仿真软件使用。			
工作任务设计： 　　首先，教师讲解软件使用方法； 　　其次，根据任务求无线网仿真； 　　最后，输出仿真报告。			
建议教学方法	教师讲解、分组讨论、案例教学	教学地点	实训室

【知识链接 1】　网络优化基本概念

无线网络优化是通过对运行的网络进行现场测试数据采集、话务数据分析、参数分析、硬件检查等手段，找出影响网络质量的原因，并且通过参数的修改、网络结构的调整、设备配置的调整等手段，确保系统高质量的运行，使现有网络资源获得最佳效益，以最经济的投入获得最大的收益。

无线网络优化的目的就是对投入运行的网络进行参数采集、数据分析，找出影响网络质量的原因，通过技术手段或参数调整使网络达到最佳运行状态的方法，使网络资源获得最佳效益，同时了解网络的增长趋势，为扩容提供依据。

无线网络优化按不同的阶段分为单站验证、RF 优化和业务优化三大类。不同类型优化的具体工作见表 2-1。

表 2-1　不同类型优化的具体工作

单站验证	① 验证站点业务功能是否正常,数据配置是否和无线网络规划一致。 ② 熟悉站点情况,收集站点周围信息,为后续优化打下基础。
RF 优化	① RF 优化用于保证网络中的无线信号覆盖,并解决因 RF 原因导致的业务失败问题。 ② RF 优化以 Cluster(簇,指多个站被分配到一个基站簇里一起优化)为单位进行优化。 ③ RF 优化主要参考路测数据。 ④ RF 分区优化时,各个区域之间的网络边缘也需要关注和优化。
业务优化	① 业务优化包括对路测数据的分析和对话统数据的分析,用于弥补 RF 优化时没有兼顾到的无线网络问题。 ② 通过业务优化,解决网络中存在的各种接入失败、掉话、切换失败等与业务相关的问题。

【想一想】

1. 无线网络优化是什么?

2. 无线网络优化的目标是什么?

【知识链接2】　3G 无线网络优化总体流程

完整的无线网络优化流程如图 2-1 所示,实际的网络优化项目需要根据客户的需求和项目的实际情况,在此基础上进行裁减,基于网络优化合同选择必需的阶段。

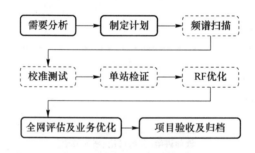

图 2-1　无线网络优化流程

网络优化的过程是首先确保无线传播环境正常,然后从小到大(单站到基站簇到全网),逐步解决网络中的问题。

网络优化各主要阶段作用如下。① 频谱扫描:确保无线环境正常无干扰;② 单站验证:确保单个站点工作正常;③ RF 优化:确保小片区域网络工作正常;④ 业务优化:确保整网工作正常。

1. 需求分析

需求分析目的是获取项目的具体需求,包括客户对优化效果的预期,优化验收标准等。本阶段主要需要收集的信息或需确认的内容包括如下几个方面。

（1）了解覆盖和容量需求

包括优化区域的范围、重点覆盖区域范围、优化区域的无线传播环境等，尤其是对话音和数据容量有重点需求的区域信息，这些区域在优化中应该重点保证。

（2）获取现有网络站点信息

包括经纬度、站型、天线挂高、扇区朝向、下倾角、天线型号、馈线长度、小区额定发射功率、PN、邻区列表等参数。

收集系统参数设置情况，包括话音和数据业务相关参数，如切换参数、搜索窗口、PCF 和 PDSN 参数配置、网络 IP 地址配置方案等。

（3）收集现有网络中存在的问题

包括客户投诉和其他途径反馈得到的问题，尤其是客户重点提出反映最为强烈、客户最不能容忍的问题，需要在优化中重点解决。

（4）确认各子项目的验收标准

如果有网络优化合同，应该规定各项目的验收标准，在合同上应已明确；如果没有明确这些信息，需要在需求分析阶段明确；网络优化合同中选定的每个子项目都应该有验收标准，否则很难界定网优工作是否已经达到目标。

（5）确认验收测试各项目的参数设置

包括测试过程中测试路线路测和测试点定点测试的选择标准、呼叫方式要求、测试时段设置（忙时、无载、有载等）。

（6）确认与客户的分工界面

明确客户需要承担的工作及客户需要提供的资源等信息。

2. 制定计划

包括项目的目标、人员组织及安排、设备及车辆要求、项目进度要求等。

3. 频谱扫描

频谱扫描用于了解系统使用频段是否存在干扰，包括扫描和干扰查找两部分内容，一般只作扫描工作，干扰查找需要由具备相关资质的单位实施。本规程可根据客户要求进行裁减。

4. 单站验证

单站验证的目的是确保单站工作正常，避免单站问题影响整体网络性能。

单站验证主要包括以下内容。

（1）天馈系统和无线参数检查：包括经纬度、天线挂高、扇区朝向、下倾角、馈线长度、驻波比等内容；

（2）前后台配置及告警检查：包括单板软件版本、PN 规划和邻区列表、搜索窗口参数设置、天线锁定、RSSI 数值、后台告警等内容；

（3）性能检查：包括话音和数据方面的功能检查，如话音呼叫、话音切换、数据呼叫、Ping PDSN、数据业务更软切换等。

5. 校准测试

校准测试用于测试各种环境的相对损耗，以便根据一种环境下的测试数据推算出其他环境下的覆盖效果。

网络优化过程中,一般包括以下几种校准测试:室内穿透损耗测试、车载天线校准测试、移动台外接天线测试、车体平均穿透损耗测试。

所有的校准测试都需要用多个测试点的数据求平均,得到该项目的值。本规程可根据客户要求进行裁减。

6. RF 优化

RF 优化的目的是分区域定位、解决网络中存在的问题,主要解决分簇测试和其它途径发现的本簇内的问题。常见问题包括:覆盖问题、话音质量差、掉话高、呼叫接续困难、数据业务速率低、数据呼叫不成功或建立时间过长、数据切换成功率低等。

基站簇优化主要包括以下工作。

(1)基站簇划分

优化前需要对全网进行分簇,一般每簇不超过 18 个 BTS(标准网络拓扑结构中三层基站的数目),相邻簇之间需要有重叠;

基站簇主要基于以下几种标准划分:地形地貌;业务需求,如对数据或话音业务有特别需求的成片区域,最好划分到同一簇,以方便同类问题的解决;前期发现的网络中存在的问题,对于存在相同问题的成片区域,可以划分到一个簇。

(2)基站簇优化

根据可提供资源情况和优化的时间需求,多个基站簇的优化可以并行或串行执行;

可以分专题解决问题:如覆盖问题、话音质量、掉话、起呼、被呼、数据业务等;

根据优化前网络评估、簇内测试或其他途径得到的本簇存在问题信息,优化工程师对问题进行分析定位,给出调整方案;

实施调整方案后(包括站点的调整和后台参数的调整),测试工程师对存在问题的区域重新测试;如果问题已经得到解决,进入下一个问题,否则重新分析;

当前基站簇所有问题解决后,测试工程师对整个基站簇进行测试,收集项目验收关注的指标;如果达到验收标准,转入下一基站簇的优化,否则分析可能影响指标的因素,进一步执行优化;

所有基站簇都达到网络优化的验收标准后,进入全网业务优化。

7. 全网评估及业务优化

网络评估通过了解优化前网络的状况,有两方面的作用:一是可以和优化后网络状况进行比较,了解优化的效果;二是可以找出现有网络存在的问题,为后续的网络优化提供指导。

业务优化工作内容:

① 明确优化目标,也就是要求达到的指标;

② 确定测试路线,应该包括所有重要覆盖区域;

③ 进行全面路测;

④ 分析测试数据,找出网络中存在的问题,形成调整方案;

⑤ 实施调整方案,进行验证测试;

⑥ 分析测试数据,是否达到预期目标?如果达到转入下一问题,否则进一步优化;

⑦ 如所有问题解决,转入优化后的网络评估,按照验收测试的标准,对优化区域执行评估测试。

8. 项目验收和报告提交

项目验收就是根据合同或双方的约定,对验收项目执行测试,验收标准在合同中体现,或根据双方约定确定。本阶段主要包括以下工作:

① 制定计划,得到客户负责人确认后,开始验收测试;

② 测试任务下达后,开始确定测试路线,进行参数设置;测试路线和参数设置根据合同约定确定;如果合同中没有规定,和客户协商确定;根据合同约定可能需要进行 CQT 测试;

③ 执行测试,并对后台数据进行统计,根据测试数据撰写《验收测试报告》;若网络指标达到验收标准,撰写《无线网络优化报告》;若达不到验收标准,分析并解决问题后再进行验收;测试和数据分析过程需要客户相关人员参与,以确保最终的测试结果和报告得到客户认可。

④ 报告经审核合格后,提交客户,并组织汇报交流,向客户介绍项目执行的过程、发现的问题、采取的优化措施、取得的效果等信息,客户相关负责人根据汇报情况、《验收测试报告》和《无线网络优化报告》对优化的效果进行审核确认。

 【想一想】

1. 完整的无线网络优化包括哪些阶段?

2. 网络优化的需求分析需要了解哪些信息?

3. 什么条件下进行项目验收?

4. 单站验证需要检查哪些项目?

【技能实训】　做一个网络优化的工作计划

1. 实训目标

某地有基站 700 个,本次优化目标如下:

① 掉话率(实际忙时)指标:目标值 0.3%。

② 寻呼成功率大于 96%,无线系统接通率大于 97.5%。

③ 网络质量类日每万用户网络投诉率小于等于 0.3 次。

④ EV-DO DT 测试要求:下行大于 300 kbit/s 的比例大于 75%,上行大于 150 kbit/s 的比例大于 75%;掉话率小于 2.5%;连接成功率大于 97%;PER 误包率小于 2.5%。

⑤ EV-DO 无线连接成功率大于 98.5%。

⑥ 高速公路 DT 掉话要求:大于 60 千米/次。

⑦ 4A 及以上风景区和高校 CQT 满足集团测评要求。

请做一个网优的工作计划。

2. 实训设备

计算机一台。

3. 实训步骤及注意事项

包括项目的目标、人员组织及安排、设备及车辆要求、项目进度要求等。

4. 实训考核单

考核项目	考核内容	所占比例/%	得分
实训态度	1. 积极参加技能实训操作 2. 按照安全操作流程进行操作 3. 纪律遵守情况	30	
实训过程	1. 优化目标确认 2. 人员组织及安排 3. 设备及车辆要求 4. 项目进度要求	60	
成果验收	网优计划	10	
合计		100	

任务 2　CDMA2000 网络覆盖优化

【工作任务单】

工作任务单名称	CDMA2000 网络覆盖优化	建议课时	2

工作任务内容：

1. 掌握 CDMA2000 网络测试中用来衡量覆盖效果的各项指标；

2. 掌握 CDMA2000 网络覆盖问题的分类及优化方法；

3. 能对 CDMA2000 网络覆盖问题进行案例分析。

工作任务设计：

首先，教师讲解覆盖优化所需知识点；

其次，根据实际覆盖问题进行案例分析；

最后，由学生独立进行案例分析。

建议教学方法	教师讲解、分组讨论、案例教学	教学地点	实训室

【知识链接1】　衡量覆盖效果的测试指标

CDMA2000 网络通常通过路测数据中的 Rx 与 Ec/Io 来评价网络的前向覆盖能力。Rx 为 MS 在 1.23 MHz 的带宽上所接收到的总的功率（包含接收机热噪声、小区内外其他用户的干扰及外界干扰）；Ec 表示码片能量，Io 表示功率密度；Ec/Io 表示码片能量与总的噪声干扰谱密度之比。Rx 与 Ec/Io 在评价网络的前向覆盖能力时应结合在一起。如果区域的 Rx 很高,但不能说覆盖就很好,此时还应该参考 Ec/Io 的情况。Rx 与 Ec/Io 相加的结果可以表示为真正有效的码片接收电平的大小,这个有效接收电平要满足接收机的灵敏度要求。

CDMA2000 网络通常通过路测数据中的 Tx 来评价网络的反向覆盖能力。CDMA 系统反向信道采用快速功率控制机制,在反向链路不好时会迅速提高移动台得发射功率。因此,移动台的发射功率的大小可以衡量出反向覆盖能力的大小。如果某区域移动台的发射功率小,则说明反向覆盖好;如果发射功率大,则说明反向覆盖差;如果发射功率已经接近于移动台的最大发射功率,则表明已经接近覆盖的边缘。

电信测试标准中定义城区 Rx 要大于 -90 dBm 且 Ec/Io 要大于 -12 dBm,农村地区 Rx 要大于 -95 dBm 且 Ec/Io 要大于 -12 dBm。

【知识链接2】　覆盖问题分类及优化方法

1. 信号盲区(无覆盖或弱覆盖)

问题现象:导频信号低于手机的最低接入门限的覆盖区域,比如,凹地、山坡背面、电梯井、隧道、地下车库或地下室、高大建筑物内部等。

解决方案:新建基站;增加覆盖面积;RRU、直放站;泄露电缆、微蜂窝。

2. 覆盖空洞

问题现象:导频信号低于全覆盖业务的最低要求但又高于手机的最低接入门限的覆盖区域。

解决方案:新建微基站或直放站;选用高增益天线、增加天线挂高和减少天线的机械下倾角。

3. 越区覆盖

问题现象:指某些基站的覆盖区域超过了规划的范围,在其他基站的覆盖区域内形成不连续的满足全覆盖业务的要求的主导区域。

解决方案:调整天线下倾角和方位角;避免天线正对道路传播;利用周边建筑物的遮挡效应;调整导频功率,减小基站覆盖面积。

4. 导频污染

问题现象:手机收到 4 个或更多个 Ec/Io 的强度都大于 T_add(一般为 -12)的导频,且其中没有一个导频的强度大到可作为主导频时所发生的。这种情况下容易造成起呼困难和掉话。

解决方案:调整布局和天线参数;降低导频功率的方法;在不影响容量的条件下,合并基站的扇区或删除冗余的扇区。尽量在规划设计阶段克服,方便以后的网络优化。

5. 上下行不平衡

问题现象:一般指目标覆盖区域内,业务出现上行覆盖受限或下行覆盖受限的情况。

上行干扰产生的上下行不平衡;下行功率受限产生的上下行不平衡。

解决方案:调整功率或排查干扰。

【知识链接3】 覆盖问题案例分析

1. 案例分析 1(弱覆盖)

（1）问题现象

测试终端在从桃源钟家铺杜坪基站至桃源理工港基站路段发生掉话，整个路段的 Rx、Tx、Total Ec/Io 等参数的覆盖图如图 2-2 所示，该路段的地形图如图 2-3 所示。

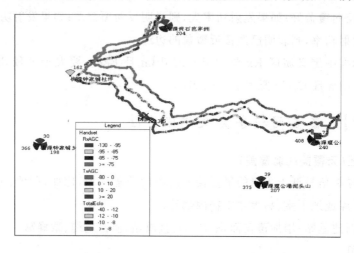

图 2-2　Rx、Tx、Total Ec/Io 等参数的覆盖图

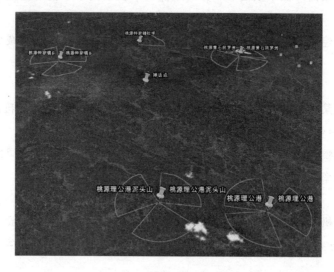

图 2-3　问题路段的地形图

（2）问题分析

通过图 2-2 可知，掉话路段的 Rx 绝大部分为红色（低于－95dB），Total Ec/Io 也不好，为典型的弱覆盖导致的掉话。而通过图 2-3 所示的地形图可以看出，掉话点位于山谷之中，周边基站的信号很难覆盖至此。通过图 2-2 也可以看出，虽然山谷外面 Rx 同样很低，但 Total Ec/Io 并不很差，所以勉强能维持通话，而周围基站距离山谷口都较远，因此山谷中很

难有较好 Total Ec/Io,导致掉话。

（3）解决方案

在山谷口增加基站或者射频拉远来增强该区域的覆盖。

2.案例分析 2(越区覆盖)

（1）问题现象

大障镇麦田至社水泥厂路段,发生了一起被叫掉话。如图 2-4 所示。

（2）问题分析

测试车辆沿着麦田至社水泥厂的县道由东往西行驶时,测试终端在大背岭基站第三扇区(PN423)上被呼成功,从地理位置上可以看出,PN423 距离被呼地点约 9.6 千米。

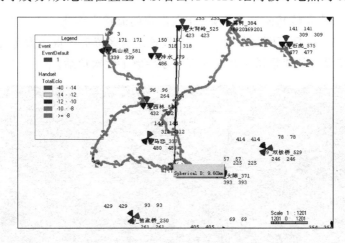

图 2-4　掉话位置示意图

随后,测试车辆继续往西行驶,贺家桥基站第一扇区(PN93)的信号也不断增强,但由于大背岭基站第三扇区未与贺家桥基站第一扇区互配邻区(如图 2-5 所示),导致 PN93 无法进入激活集而变成强干扰,造成此次掉话。

图 2-5　大背岭基站第三扇区邻区列表

73

掉话后,手机同步贺家桥第一扇区上。如图 2-6 所示。

TotalEclo	RxAGC	TxAGC	ReferPN	ReferenceE...	FER_fch
-19.83	-99.58	27.58	423	-19.83	100.00
-19.83	-99.58	27.58	423	-19.83	100.00
-19.83	-99.58	27.58	423	-19.83	100.00
-19.83	-99.58	27.58	423	-19.83	100.00
-19.83	-99.58	27.58	423	-19.83	100.00
-12.56	-101.58		93	-12.56	
-12.56	-101.58		93	-12.56	
-12.56	-101.58		93	-12.56	
-12.56	-101.58		93	-12.56	

图 2-6　掉话后各参数情况表

由图 2-7 可知,大背岭基站为高山站,所在山顶的海拔高度为 280 m 左右,比掉话区域海拔 100 m 高了 180 m,且下倾角仅为 3 度,导致该站越区覆盖严重。大背岭基站第二扇区就是因为越区覆盖没有与贺家桥基站互配邻区才导致了此次掉话。

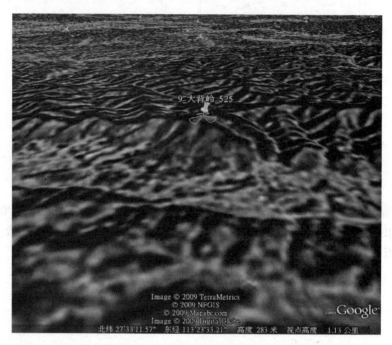

图 2-7　大背岭基站地形图

（3）解决方案

将大背岭第二扇区的天线由 3 度调整至 9 度,以控制覆盖至合理范围。

【技能实训】　覆盖问题分析

1. 实训目标

根据已给的数据以及基站信息表,使用鼎力的 Navigator 对其进行分析,找到掉话事件发生的原因,提出解决方案。

2. 实训设备

装有鼎利后台分析软件 Navigator 的计算机一台。

3. 实训步骤及注意事项

（1）在鼎利 Navigator 中导入数据及基站信息表；

（2）根据自己的需要打开信令窗口、事件窗口及其他窗口；

（3）输出分析报告。

4. 实训考核单

考核项目	考核内容	所占比例/%	得分
实训态度	1. 积极参加技能实训操作 2. 按照安全操作流程进行操作 3. 纪律遵守情况	20	
实训过程	1. 软件使用熟练 2. 分析思路、方法正确	40	
成果验收	输出仿真报告	40	
合计		100	

任务3 CDMA2000 网络接入问题优化

【工作任务单】

工作任务单名称	CDMA2000 网络接入问题优化	建议课时	4
工作任务内容： 1. 掌握接入流程； 2. 理解接入参数的含义和作用； 3. 了解与接入有关的定时器； 4. 掌握接入的每个阶段可能造成接入失败的原因。			
工作任务设计： 首先，教师讲解接入流程、接入参数、定时器相关知识点； 其次，分析接入的每个阶段可能造成接入失败的原因并讲解典型案例； 最后，根据路测数据分析造成接入失败原因及解决措施（以某个接入失败为例）。			
建议教学方法	教师讲解、分组讨论、案例教学	教学地点	实训室

【知识链接1】 接入流程

接入就是由移动台向基站发出消息的一种尝试，包括起呼与被呼，下面我们对接入流程、接入探测、接入定时器、接入参数等进行介绍。

1. 语音呼叫流程

（1）移动台接入流程

移动台接入流程可以大体分为 5 个不同的阶段：

① 移动台在接入信道上发送起呼消息。基站收到起呼消息后，在寻呼信道上发送确认消息；

② 基站为移动台分配业务信道在寻呼信道上发送信道指配消息,并在前向业务信道上发送空帧;

③ 移动台在收到信道指配消息后开始识别前向业务信道,即移动台在收到信道指配消息后 0.2 秒内必须识别前向业务信道;

④ 在前向业务信道成功解调后,移动台开始在反向业务信道上发空业务帧,然后基站在识别反向业务信道后必须在前向业务信道上发送确认消息;

⑤ 基站在前向业务信道上发送业务连接消息给移动台。

(2)移动台发起呼叫的流程

移动台发起呼叫的流程如图 2-8 所示。

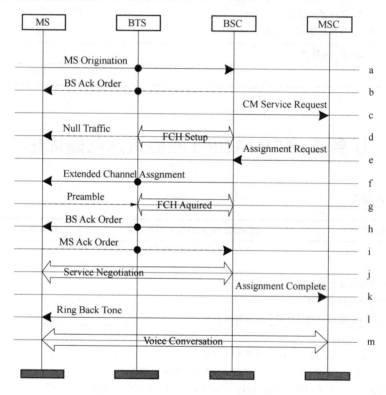

图 2-8　语音呼叫流程——移动台起呼

对照图 2-8 的动作描述见表 2-2。

表 2-2　语音呼叫流程——移动台起呼

动作	动作描述	动作	动作描述
a	移动台发起呼叫。	h	基站证实。
b	基站证实。	i	移动台证实。
c	基站向 MSC 发送 CM 业务请求消息。	j	业务协商过程。
d	同时基站开始建立业务信道。	k	基站向 MSC 发送指配完成消息。
e	MSC 向基站发送指配请求消息。	l	MSC 通过业务信道向 MS 发送回铃音。
f	基站向移动台发送扩展信道指配消息。	m	被叫方摘机,MS 进入话音通话状态。
g	基站捕获移动台。		

（3）移动台被呼的信令流程

移动台被呼的信令流程与起呼流程基本一致，不同的是移动台在寻呼信道监听到自己的寻呼消息后发起寻呼响应，接着的信令流程就与起呼完全一致，如图 2-9 所示。

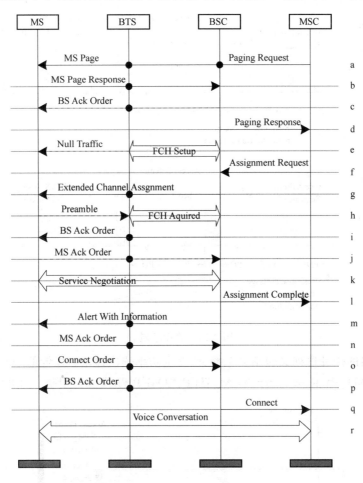

图 2-9　语音呼叫流程——移动台被呼

对照图 2-9 的动作描述见表 2-3。

表 2-3　语音呼叫流程——移动台被呼

动作	动作描述	动作	动作描述
a	MSC 发起寻呼移动台。	j	移动台证实。
b	移动台发寻呼响应消息。	k	业务协商过程。
c	基站证实。	l	基站向 MSC 发送指配完成消息。
d	基站向 MSC 发送寻呼响应消息。	m	MSC 通过业务信道向 MS 发振铃音。
e	同时基站开始建立业务信道。	n	移动台证实。
f	MSC 向基站发送指配请求消息。	o	移动台摘机。
g	基站向移动台发送扩展信道指配消息。	p	基站证实。
h	基站捕获移动台。	q	基站向 MSC 转发移动台摘机消息。
i	基站证实。	r	通话双方进入通话状态。

2. 接入探测

移动台发起起呼或寻呼响应时,移动台会发出多个探针序列,如图 2-10 所示,探针序列的个数相应的受 SeqMAX_RSP_SEQ 或 Seq MAX_REQ_SEQ 参数的限制。

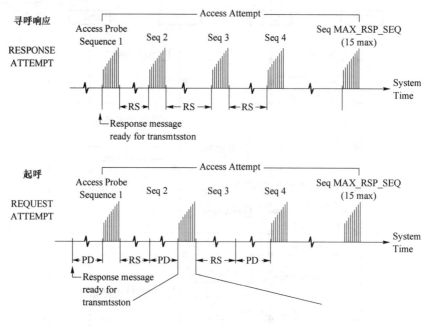

图 2-10　探针序列

移动台发出的探针序列又包括多个探针,发生功率依次递增。探针的个数为 1＋NUM_STEP,功率受 INIT_PWR、pwr_step、NUM_STEP、NOM_PWR 等参数限制。如图 2-11 所示。

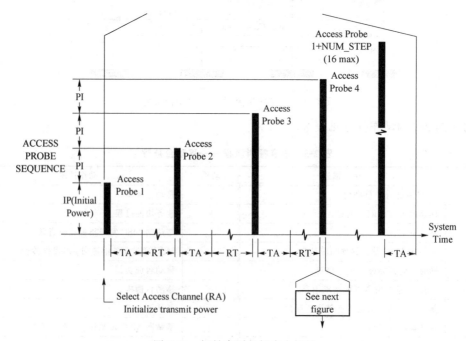

图 2-11　探针序列包括多个探针

手机初始发射功率(dBm)＝ － 手机接收功率(dBm) － 73(76)＋ 标称发射功率偏置(NOM_PWR)＋ 接入的初始功率偏置(INIT_PWR)

参数的设置应当使最后一个探针达到移动台的最大发射功率 23 dBm。

每个探针的内容如图 2-12 所示,探针的内容及时长为 4＋PAM_SZ＋MAX_CAP_SZ 帧。

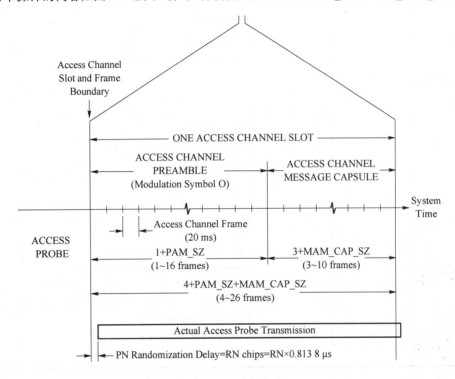

图 2-12　探针的内容

3. 接入参数

前面介绍了接入探测的概念及接入探针发射的过程,下面我们就接入探测过程中的各个参数进行详细介绍,研究各个接入参数对于接入的影响。

在寻呼信道周期下发接入信道信息 Access channel message 中包含了手机接入时使用的参数,消息结构如图 2-13 所示。

（1）接入信道发射功率控制参数

接入信道发射功率控制参数包括：标称发射功率偏置（NOM _ PWR）、接入的初始功率偏置（INIT_ PWR）、功率增量（PWR _ STEP）、接入试探次数（NUM_STEP）、前反向路径路损补偿常数（73/76）。前反向路径损耗补偿常数取值见表 2-4。

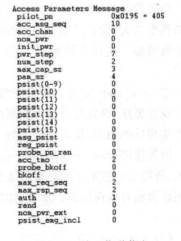

图 2-13　接入信道信息

手机初始发射功率(dBm)＝－手机接收功率(dBm) － 73(76)

＋ 标称发射功率偏置(NOM_PWR)

＋ 接入的初始功率偏置(INIT_PWR)

表 2-4　前反向路径损耗补偿常数取值

Band Class	Forward Spreading Rate	Reverse Spreading Rate	Reverse Channels	Offset Power3
0,2,3,5and 7,9	1	1	Access Channel Reverse Traffic Channel(RC=1 or 2)	−7.3
			Enhanced Access Channel Reverse Common Control Channel Reverse Traffic Channel(RC=3 or 4)	−81.5
	3	1	Reverse Traffic Channel(RC=3 or 4)	−76.5
		3	Enhanced Access Channel Reverse Common Control Channel Reverse Traffic Channel(RC=5 or 6)	−76.5
1,4and 6,8	1	1	Access Channel Reverse Traffic Channel(RC=1 or 2)	−76.5
			Enhanced Access Channel Reverse Common Control Channel Reverse Traffic Channel(RC=3 or 4)	−84.5
	3	1	Reverse Traffic Channel(RC=3 or 4)	−79.5
		3	Enhanced Access Channel Reverse Common Control Channel Reverse Traffic Channel(RC=5 or 6)	−79.5

① pwr_step：定义了一个探测序列中连续探测脉冲之间的功率增量。

设置思路：设置过高会使当 MS 需要发射连续的探测脉冲时，反向链路上产生附加的干扰的概率增大；设置过低，在基站能够成功获取 MS 探测脉冲所需要的 MS 发射的探测脉冲的个数增加。这样会导致接入信道的负载增大，随之增加了接入碰撞的概率，增加接入时间。

② num_step：定义为每个探测序列的接入探测数减 1。

设置思路：设置高将增大探测序列成功接入的概率，但会增加反向链路的干扰；设置低将产生相反的结果：反向链路上的干扰降低，但是探测序列的接入成功率会降低。

因为使用 pwr_step 和 num_step 都是为了实现相同的目的，即保证基站成功接收 MS 接入，所以在这些值之间存在折衷值。换言之，如果 pwr_step 设为一个低值，则 num_step 必须设为相对较高的值。反之，如果 pwr_step 设为一个高值，则 num_step 必须设为较低的值。

（2）Acc_chan

此参数设置为与每个寻呼信道相对应的接入信道的数目减 1。

（3）max_cap_sz

定义为每消息中接入信道消息包数减 3。

设置思路：设置高会浪费接入信道容量，因为无论实际信息需要多少帧，每个消息都发送 3＋max_cap_sz 个帧,max_cap_sz 太小会导致被叫号码不全。

(4) pam_sz

定义为接入信道前缀数减 1。

设置思路:设置高会浪费接入信道容量,因为每个消息发送 1＋pam_sz 个前缀;设置低会降低基站成功获取 MS 探测脉冲的概率,从而导致移动台重发。

(5) probe_pn_ran

定义接入信道探测脉冲的时间随机化,移动台将滞后系统时间 RN 个 PN 码片进行它的传送。

探测脉冲在 RN ＝ 0～2 的 probe_PN_ran 次幂码片的时间内做随机时延。

设置思路:如果设为低值(例如 0 或 1),相邻移动台的接入探测脉冲在接入信道发生碰撞的概率将不可忽视。

(6) acc_tmo

此参数决定了接入信道探测脉冲的确认超时:实际接入超时 $TA＝(2＋acc\_tmo)×80$ msec。

acc_tmo 设置思路:如果设置过低,移动台在发射一个接入探测脉冲之后等不及基站发出确认就发射下一个探测脉冲。因此,可能会发射一些不必要的探测脉冲,造成接入信道负载过重,并加大碰撞的概率。CDMA2000 使用 acc_tmo 设置限制基站发送确认(ack)的时间,即 ack 应在 acc_tmo×80 msec 内发射。这样,如果 acc_tmo 很小,基站可能无法满足规定要求,尤其是在重载条件下。如果设置过高,当每个接入尝试要求多个接入探测脉冲时,接入尝试的过程会放慢。

(7) probe_bkoff

定义了发送接入探测脉冲的最大延时,相当于所使用的最大延时减 1。如图 2-12 中的 RT。

设置思路:如果设置过高,当每个接入尝试要求多个接入探测脉冲时,接入尝试的过程会放慢;如果设置过低,同一序列的探测脉冲重发和重新碰撞的概率得不到有效减少。尤其是当没有使用 PN 随机或持续值时更是如此。但是对于负载较轻的系统,是可以接受的。

0－probe_bkoff＋1 时隙时间内随机发送脉冲。

RT:单位是时隙(探针长度,取决于 max_cap_sz 和 pam_sz)

(8) bkoff

该参数决定发送一个探测脉冲序列的最大延迟,并被设为所用的最大延迟减 1。如图中的 RS。

Backoff 的单位也是以时隙(探针长度)来为单位的。

设置思路:如果设置过高,当每个接入尝试要求多个接入探测脉冲时,接入尝试的过程会放慢;如果设置过低,同一序列内的探测脉冲重发和重新碰撞的概率得不到有效减少。但对于负载较轻的系统来说,是可以接受的。

(9) max_req_seq

此参数定义了为某个请求最多发送的接入探测脉冲序列数。

(10) max_rsp_seq

此参数定义为移动台为某个响应最多发送的接入探测序列数。

4. 系统接入状态定时器

（1）5 种定时器

移动台在发起接入的过程中会有以下 5 种定时器作用与接入过程。

T40m：系统丢失定时器，协议规定为 3 s。

T41m：一种系统接入状态定时器。协议规定为 4 s。

T42m：一种系统接入状态定时器。协议规定为 12 s。

T50m：一种定时器。IS-95A 规定为 200 ms，IS-95B 增加为 1 s，2000 1x 为 2 s。

T51m：一种定时器。协议规定为 2 s。

定时器在接入过程中的作用时间段如图 2-14 所示。

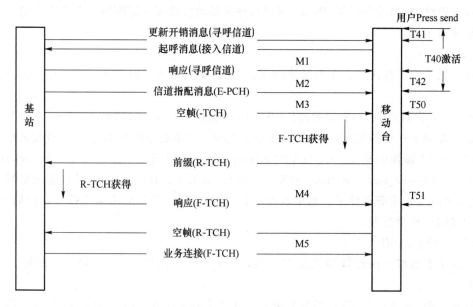

图 2-14 定时器在接入过程中的作用时间段

（2）5 种定时器作用与接入过程

手机在按下发送之后，第一应当先在 4 s 之内接受我的寻呼信道开销消息，如果接受不到则脱网，并且要求在 3 s 之内必须收到一个寻呼信道的子消息，否则也脱网，收到了则清零，当接受完了开销消息之后才会发送起呼消息，并且一直监听寻呼信道的所有消息，只要 3 s 内能收到一个好消息一样 OK，直到收到了一个 ACK 信息，收到了以后开启 T42＝12 s，此时还是一样 3 s 应当收到一个好消息。直到 12 s 内收到我的 ECAM 消息。此时开始开启 T50＝2 s，当手机能捕获前向业务信道的两个好帧则开启 T51＝2 s，在 T51 内必须收到基站对捕获了反向业务信道的 ACK。

① T40m：系统丢失定时器。

当用户起呼后至收到信道指配消息前，称为接入过程的开始阶段。在此阶段，MS 会不停监听寻呼信道且每隔 T40m 时间 MS 就必须从寻呼信道上收到一个好的消息。若在 T40m 时间内一直没有收到消息，这时移动台返回空闲状态，接入失败。

协议规定为：3 s。

该定时器与 T42m 同时终止。

② T41m:一种系统接入状态定时器。

当用户起呼后,在此定时器时间限制内,MS 未能更新开销消息,定时器超时,MS 将重新初始化并指示系统丢失。

协议规定为:4 s。

③ T42m:一种系统接入状态定时器。

当 MS 在收到基站的接入响应消息后,若在 T42m 的时间限制内没有收到信道指配消息,手机就会返回空闲状态。

协议规定为:12 s。

④ T50m:定时器。

当移动台收到信道指配消息后,若在 T50m 时间内没有捕获到前向业务信道(两个连续的好帧),手机将会重新初始化并指示系统丢失。

IS95A 中为 200 ms,IS95B 系统中定义为 1 s,1x 为 2 s。

⑤ T51m:定时器。

当移动台捕获到前向业务信道后,若在 T51m 时间内没有得到基站的证实响应,移动台就会重新初始化。

协议规定为:2 s。

 【想一想】

1. 请说出语音信令呼叫流程。
2. 手机发起接入的初始功率如何计算?
3. 手机起呼时的第一件事是做什么?
4. 请说出接入参数、定时器及其作用。

【知识链接 2】 接入问题及原因分析

当一个用户拨打另一个号码时,称为一次接入(Origination)。当有资源可用,但是不能在指定的时间内完成起呼者到被呼者之间的呼叫连接的呼叫建立过程就称为一次接入失败。在标准中明确的规定了一些与呼叫过程相关的定时器。如果在规定的时间内,移动台没有收到相应基站的消息,移动台就会放弃一次接入尝试,那么这就导致一次接入失败。

1. 接入过程中的 5 个里程碑

接入过程中的 5 个里程碑及其原因分析,如图 2-15 所示。

M1,基站证实响应:基站必须响应移动台的起呼消息。如果起呼消息没有响应,移动台将会重发起呼消息。系统可以指定在移动台声明接入失败前允许的最大发送次数。

M2,信道指配消息:如果用户在收到基站响应消息后,在 12 s 内(T42m)没有收到基站的信道指配消息,移动台将会返回到空闲状态。

M3,获得前向业务信道:在移动台获得了信道指配消息后,必须在 T50m 内获得 F-TCH(acquisition=2 个连续好帧)。IS-95A 为获得前向业务信道应许等待(T50m) 200 ms,2000 1x 中这个参数延长到了 2 s。

M4,基站证实消息:如果在 2 s 内(T51m)移动台未收到基站证实消息,移动台将会返回重新初始化。

M5,服务连接消息。

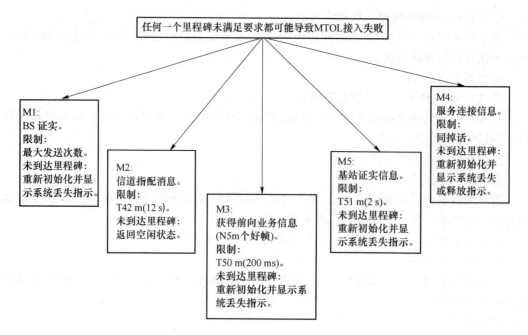

图 2-15　接入过程中的 5 个里程碑及其原因分析

2. 未达到 M1 的原因

(1) 没有收到起呼消息,就不会发 ACK。

接入试探都达到最大。分为两种情况:1. 手机发射没有达到满功率(解决:参数修改);2. 手机发射达到了满功率(碰撞参数,覆盖区外,干扰,搜索参数,以及接入参数如 PAM_SZ 的大小的设置,呼吸效应)。

(2) 基站发了 ACK 消息,但是手机没有收到。

接入试探没有达到最大。Ec/Io 低:边缘覆盖区(或者呼吸效应引起的收缩),导频污染,前向干扰。Ec/Io 高:空闲切换。或者三个开销的覆盖不一样,如导频＞寻呼。

3. 未达到 M2 的原因

(1) 基站已发出 CAM(信道指配消息)

导频信道失败导致;

寻呼信道失败导致。

(2) 基站未发出 CAM(信道指配消息)

异常释放:这时交换中心认为第一次的呼叫仍然存在,所以就不会分配第二个信道;

容量限制:若此时没有信道可用或保留作为切换信道时,我们称为呼叫阻塞而不是接入失败。

4. 未达到 M3 的原因

(1) 业务信道失败导致

前向业务信道增益不够;相关干扰。

(2) 导频信道失败导致

5. 未达到 M4 的原因

(1) 基站已发出了证实消息:前向链路较弱

当前向业务信道获得后,MS 开始在反向业务信道上发送前缀。当基站获得了反向业务信道后,就会在 F-TCH 上发送响应消息。若 MS 在 2 s 内未收到基站的证实消息,就会重新初始化。若查看系统日志,就可以分析在 T51m 失败中基站证实消息是否发送。

（2）基站未发出证实消息:由于反向链路没有被检测到造成的

① 搜索问题:当业务信道搜索窗太小,就会导致反向链路不能被检测到。

② 覆盖问题:移动台移出反向业务覆盖区。

③ 功率控制问题:反向外环功率控制反映不适当,反向链路没有以足够的功率发射。

【想一想】

1. 请说出接入过程的五个里程碑。

2. 请问未达到 M1 时有哪些可能的原因?

【知识链接 3】　接入问题案例分析

1. 接入入口切换 T40m 到期导致呼叫失败

（1）问题现象与分析

接入入口切换 T40m 到期导致呼叫失败,如图 2-16 所示。

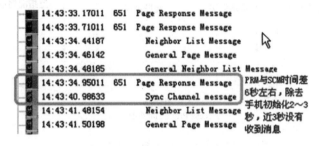

图 2-16　接入入口切换 T40m 到期导致呼叫失败

接入时的导频如图 2-17 所示,接入失败前后重新搜索的导频如图 2-18 所示。

图 2-17　接入时的导频

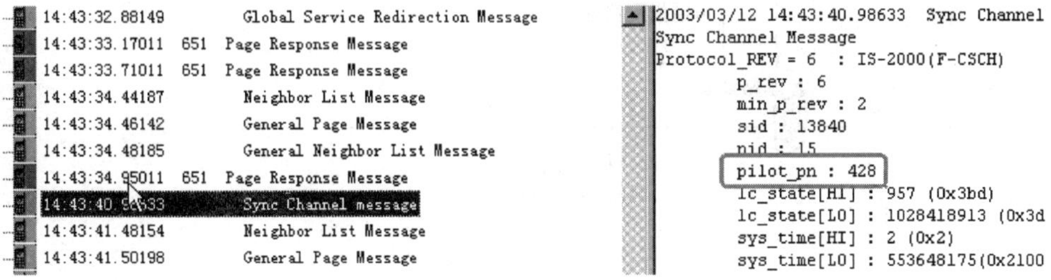

图 2-18　接入失败前后重新搜索的导频

从图 2-16 中可以看出,手机发起最后一条 page response message 时,启动 T40m,连续 3 s 没有收到一条完好的寻呼消息,T40m 定时器到期导致呼叫失败。因此,接入失败原因是接入过程突然有强导频加入导致解调性能下降无法收到完好的寻呼消息导致失败,如果支持接入入口切换将可避免此中类型的接入失败。

（2）接入切换

① 在手机等待原基站证实起呼消息期间,如果手机监听到原基站对应的寻呼信道丢失,将会在新基站上重新发起接入,该过程称为接入探测切换（Access Probe Handoff）,如图 2-19 所示。

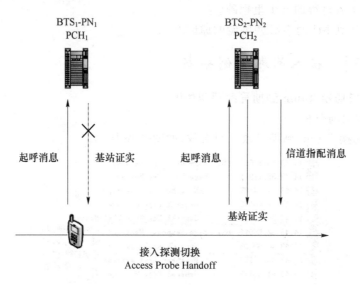

图 2-19　接入探测切换

② 在手机等待原基站指配业务信道期间,如果手机监听到原基站的寻呼信道丢失,将转向新基站的寻呼信道等待业务信道的指配,该过程称为接入切换,如图 2-20 所示。

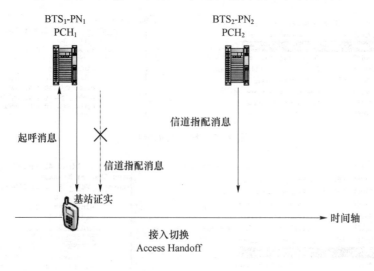

图 2-20　接入切换

接入切换的目的是允许手机在等待 CAM/ECAM 消息时选择最强导频,从而使手机接入基站的成功率更高,减少接入尝试的失败次数。

③ 在手机向原基站回寻呼响应之前,如果手机监听到原基站对应的寻呼信道丢失,将在新基站上发寻呼响应消息,这一过程称为接入入口切换(Access Entry Handoff)。如图 2-21 所示。接入入口切换的目的是允许手机在开始接入尝试之前选择最强的导频,从而使手机成功接入基站的可能性更大,减少了接入尝试失败率。

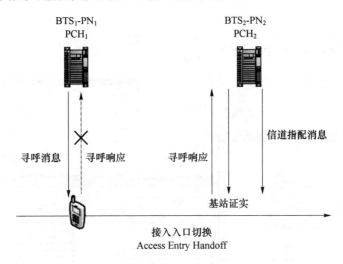

图 2-21　接入入口切换

2. 邻区漏配(空闲状态)导致接入失败

(1) 问题现象

2010 年 11 月 25 日,在汉寿朱家铺往汉寿朱家铺伍宝路段,出现被叫接入失败现象,如图 2-22 所示。

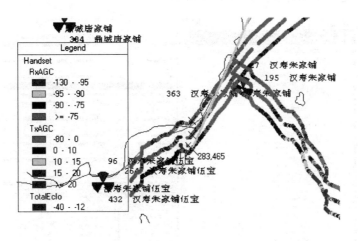

图 2-22　被叫接入失败现象

(2) 问题分析

事件路段 RX、TX 良好,Ec/Io 都差,被叫接入失败由过覆盖、邻区漏配导致。如图 2-22所示。

本次通话前手机从朱家铺 PN363 空闲切换至官桥坪 3PN465,再空闲切换至朱家铺伍宝 PN264,再切至唐家铺 PN216,最后切至官桥坪 3PN465 并发起被叫接入。被叫失败后同步在朱家铺 PN363。

本路段从地形来看,应该由朱家铺 PN363、伍宝 PN264 分别主导,但是 MS 却未在这两个导频间进行空闲切换。检查邻区发现,汉寿朱家铺伍宝-2PN264、官桥坪 3PN465、鼎城唐家铺-2PN216 都未配置朱家铺 PN363 为邻区,导致 MS 在起呼前一直未切换至强导频朱家铺 PN363。如图 2-23 所示。

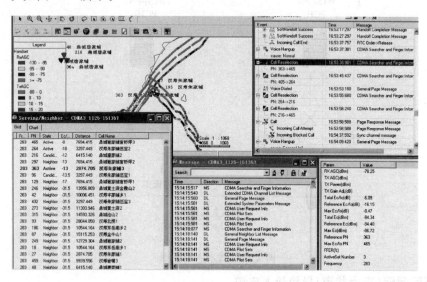

图 2-23　问题分析

从寻呼响应消息来看,其已包含另外一个 PN264 的强导频,但由于系统未开启接入试探切换导致接入过程不能切换。如图 2-24 所示。

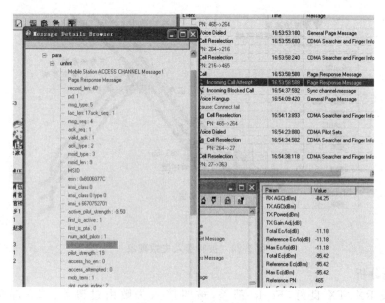

图 2-24　寻呼响应消息

（3）调整措施

汉寿朱家铺伍宝-2PN264、官桥坪 3PN465、鼎城唐家铺－2PN216 都配置朱家铺 PN363
为邻区。调整后复测，如图 2-25 所示。

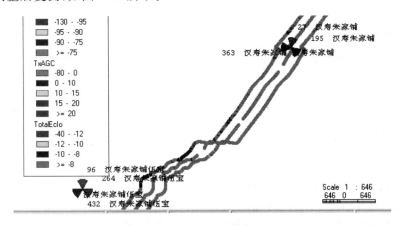

图 2-25　调整后复测结果

（4）对比分析建议

调整后 Ec/Io 指标很好很干净，无事件发生，问题得到解决。

【技能实训】　接入问题分析

1. 实训目标

以某地接入失败路测数据为例，根据路测数据分析信令，找出原因，提出解决方案，达到
掌握接入失败分析方法的目的。

2. 实训设备

（1）装有路测分析软件的计算机若干；

（2）接入失败的路测数据若干。

3. 实训步骤及注意事项

（1）根据接入失败的路测数据，分析原因。

（2）提出可行的解决方案。

（3）编制案例分析报告。

4. 实训考核单

考核项目	考核内容	所占比例/%	得分
实训态度	1. 积极参加技能实训操作 2. 按照安全操作流程进行操作 3. 纪律遵守情况	30	
实训过程	1. 根据接入失败事件找到相关信令 2. 通过分析信令内容找出接入失败原因 3. 提出解决方案	60	
成果验收	编制案例分析报告	10	

任务 4　CDMA2000 网络切换问题优化

【工作任务单】

工作任务单名称	CDMA2000 网络切换问题优化	建议课时	4
工作任务内容： 　　1.掌握切换的相关概念； 　　2.理解切换的过程； 　　3.掌握切换失败的分析方法； 　　4.理解案例的分析解决过程。			
工作任务设计： 　　首先,教师讲解切换流程、切换参数等相关知识点； 　　其次,分析切换失败失败的原因并讲解典型案例； 　　最后,根据路测数据分析造成切换失败原因及解决措施(以某个切换失败为例)。			
建议教学方法	教师讲解、分组讨论、案例教学	教学地点	实训室

【知识链接1】　切换流程

1. 切换分类

移动台在空闲状态下需要根据无线环境更新其驻留的导频,称为空闲切换。移动台在呼叫期间的切换包括软切换、更软切换、硬切换等。如图 2-26 所示。

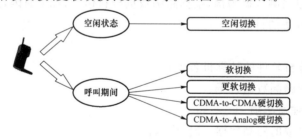

图 2-26　切换分类

（1）空闲切换

空闲切换既不是软切换也不是硬切换,空闲切换如图 2-27 所示。

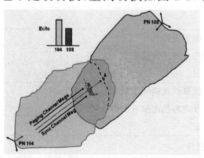

图 2-27　空闲切换

90

如果接入发生在空闲切换的过程中(小区边界交界区域)则容易发生接入失败。如图 2-28 所示。

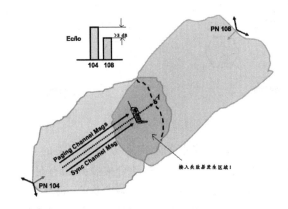

图 2-28　接入失败易发生区域

(2) 软切换

软切换:移动台在从一个基站覆盖区域移向另一个基站时,开始与目标基站通信但不中断与当前提供服务的基站的通信。可以同时包括与多个基站保持通信,移动台合并从每个基站发送来的信号帧。如图 2-29 所示。

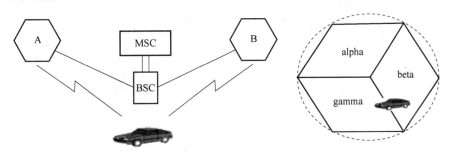

图 2-29　软切换和更软切换

(3) 更软切换

更软切换是软切换中更为特殊的一种,是发生在同一个基站的不同扇区间。跨越两扇区时始终保持与两个扇区的同时通信直到移动台切换完全完成,可能频繁发生。从两个扇区接收到的信号可以被合并以改善信号质量。如图 2-29 所示。

(4) 硬切换

硬切换与软切换是相对的,移动台在从一个基站覆盖区域移向另一个基站时,先中断与当前提供服务的基站的通信,才开始与目标基站通信但不中断。根据不同的情况,硬切换种类繁多,典型的有不同载频间硬切换、不同 MSC 间硬切换、异厂家 BSC 间硬切换等。如图 2-30 所示。

2. 导频信号集

MS 中有四个存储器,用于存放短 PN 码的偏移序号,关机后清零,开机后从系统获取信息。四个存储器储存的导频集合分别为有效导频集、候选导频集、相邻导频集、剩余导频集。

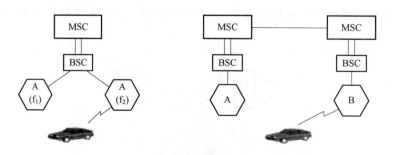

图 2-30　硬切换

有效导频集:分配给移动台的与当前的前向业务信道相关的导频集合(最多 6 个导频)。

候选导频集:当前不在有效导频集里,由移动台接收到的有足够的强度显示与该导频相对应的基站的前向业务信道可以被成功解调的导频的集合(最多 5 个导频)。

相邻导频集:当前不在有效导频集或候选导频集里,但根据某种算法可能进入候选导频集的导频集合(最多 20 个导频)。

剩余导频集:当前系统中,当前 CDMA 载频中的所有其他可能的导频。

导频集中的所有导频具有相同的频率,这些导频集可以在切换期间由基站更新。

(1) 有效导频集的维持

有效导频集的维持如图 2-31 所示。

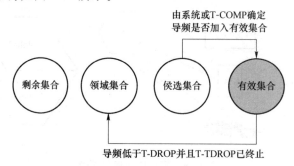

图 2-31　有效导频集的维持

(2) 候选导频集的维持

候选导频集的维持如图 2-32 所示。

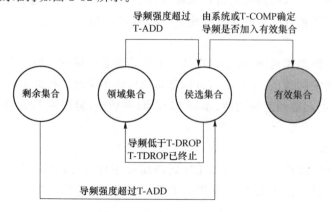

图 2-32　候选导频集的维持

3. 切换参数

主要切换参数如下：T_ADD、T_DROP、T_TDROP、T_COMP、SOFT_SLOPE、ADD_INTERCEPT、DROP_INTERCEPT、SRCH_WIN_A、SRCH_WIN_N 和 SRCH_WIN_R。

（1）T_ADD

T_ADD 是导频切换加门限。如果一个相邻集或者剩余集的导频的强度达到了 T_ADD，MS 将该导频移入候选集，并发送 PSMM。

T_ADD 必须足够小，才能保证很快加入一个有用的导频；但是 T_ADD 又必须足够大，才能防止无用的干扰导频的加入。

推荐值：−13 dB

（2）T_DROP 和 T_TDROP

T_DROP 和 T_TDROP 一起控制切换去。

T_DROP 必须足够小，才能阻止一个强导频不会过早的退出有效集；但是又必须足够大，才能让一个弱导频很快的退出有效集或者候选集。

T_TDROP 必须大于建立一次切换的时间，防止乒乓切换；但是又必须足够小才能让无用的弱导频很快地切换去。

T_DROP 推荐值：−15 dB；T_TDROP 推荐值：3 s。

（3）T_COMP

T_COMP 是一个比较门限，用来决定一个导频是否进入有效集。其判断依据是：如果候选集的导频强度比有效集中最弱的导频还大 T_COMP。

T_COMP 推荐值：2.5 dB。

4. 导频搜索窗

① 搜索窗设置值与实际窗口大小的对应关系

当一个导频到达手机时，由于经过空中传播产生了延迟，手机可能无法识别该导频。因此，手机必须使用一个合理的延迟窗口来帮助它识别这个导频。手机用来识别导频的窗口宽度成为搜索窗口。搜索窗口设置过大，将会影响手机搜索导频的时间；搜索窗口设置过小，手机将无法搜索到时延过长的有用导频。

搜索窗设置值与实际窗口大小的对应关系见表 2-5。

表 2-5　搜索窗设置值与实际窗口大小的对应关系

SRCH_WIN_val	Width,Chips	SRCH_WIN_val	Width,Chips
0	4(±2)	8	60(±30)
1	6(±3)	9	80(±40)
2	8(±4)	10	100(±50)
3	10(±5)	11	130(±65)
4	14(±7)	12	160(±80)
5	20(±10)	13	226(±113)
6	28(±14)	14	330(±165)
7	40(±20)	15	452(±226)

② 搜索窗口参数

SEARCH_WIN_A,有效集和候选集搜索窗口。SRCH_WIN_A 用于手机搜索有效集和候选集导频的多径。SRCH_WIN_A 必须足够大,才能保证手机能识别出到达的导频多径分量。

SEARCH_WIN_N,相邻集搜索窗口。SRCH_WIN_N 是手机搜索相邻集导频多径的窗口宽度。SRCH_WIN_N 必须足够大,才能保证手机搜索到相邻集中较强的导频多径分量。SRCH_WIN_N 如果设置的过大,会降低手机搜索的速度并增加切换失败的风险。

SEARCH_WIN_R,剩余集搜索窗口。SRCH_WIN_R 是手机搜索剩余集导频多径的窗口宽度。SRCH_WIN_R 用于手机搜索一个不在相邻集内的、强度足够的导频多径分量。剩余集内的导频在手机搜索过程中的优先级是非常低的,因此在搜索过程中,剩余集的导频经常不会被搜索到。

5. 切换参数设置

表 2-6　切换参数设置

参数名	取值范围	推荐范围	高通推荐值
T_ADD	0～31	24～28	28
T_DROP	0～31	28～32	32
T_TDROP	0～15	2～4	3
T_COMP	0～15	4～6	5
SRCH_WIN_A	0～15	7～9	8
SRCH_WIN_N	0～15	9～11	10
SRCH_WIN_R	0～15	9～11	10
SOFT_SLOPE	0～63	0～63	18
ADD_INTERCEPT	0～63	0～63	6
DROP_INTERCEPT	0～63	0～63	2～6

6. 邻区优化

前面我们已经知道移动台存储器将所有导频分成有效导频集、候选导频集、相邻导频集、剩余导频集,其中相邻导频集是进行 CDMA 无线网络优化的重要导频集,相邻导频集受 BSC 邻区设置和邻集合并算法确定。邻区设置是网规网优工程师根据网络情况在 BSC 后台给具体小区配置邻区,通过邻区列表消息下发给移动台,移动台从而获得其相邻导频集。在当前 CDMA2000 网络中,没有配置为源小区邻区的导频无法进入有效导频集,所以邻区优化是一项非常重要的优化工作。

7. 切换消息

(1) 导频强度测量消息(PSMM)

导频强度测量消息(PSMM)如图 2-33 所示。Ref-PN,参考小区 162。时间参考、相位参考都是从 162 来的。

```
Pilot Strength Measurement Message
    ack_seq 5, msg_seq 3, ack_req 1, encryption 0
    ref_pn 0xa2 = 162 ( 162 )
    pilot_strength 7  ( -3.5 dB )
    keep

    pilot_pn_phase[0] 0x543 => 21 + 3 chips ( 21 )
    pilot_strength[0] 63 ( -31.5 dB )
    drop
```

图 2-33　导频强度测量消息(PSMM)

（2）切换指示消息（HDM）

切换指示消息（HDM）如图 2-34 所示。

```
Extended Handoff Direction Message
    ack_seq 3, msg_seq 6, ack_req 1, encryption 0
    implied action time, hdm_seq 1
    PN 0xa2 = 162 ( 162 ), combine 0, code channel 17
```

图 2-34　切换指示消息（HDM）

（3）切换完成消息（HCM）

切换完成消息（HCM）如图 2-35 所示。

```
Handoff Completion Message
    ack_seq 6, msg_seq 4, ack_req 1, encryption 0
    last_hdm_seq 1
    pilot_pn 0xa2 = 162 ( 162 )
```

图 2-35　切换完成消息(HCM)

（4）邻区列表更新消息（NLUM）

邻区列表更新消息（NLUM）如图 2-36 所示。

```
Neighbor List Update Message
    ack_seq 4, msg_seq 7, ack_req 1, encryption 0
    pilot_inc 3
    nghbr_pn 0x198 = 408 ( 408 )
    nghbr_pn 0xf0 = 240 ( 240 )
    nghbr_pn 0x15 = 21 ( 21 )
    nghbr_pn 0xbd = 189 ( 189 )
    nghbr_pn 0x165 = 357 ( 357 )
    nghbr_pn 0x195 = 405 ( 405 )
    nghbr_pn 0xed = 237 ( 237 )
    nghbr_pn 0x183 = 387 ( 387 )
    nghbr_pn 0x186 = 390 ( 390 )
```

图 2-36　邻区列表更新消息（NLUM）

8. 切换算法

（1）移动台软切换的过程

在进行软切换时,移动台首先搜索所有导频并测量它们的强度。移动台合并计算导频的所有多径分量(最多 K 个)的 Ec/Io(一个码片的能量 Ec 与接收总频谱密度噪声加信号 Io 的比值)来作为该导频的强度,K 是移动台所能提供的解调单元数。当该导频强度 Ec/Io 大于一个特定值 T_ADD 时,移动台认为此导频的强度已经足够大,能够对其进行正确解调,但尚未与该导频对应的基站相联系时,它就向原基站发送一条导频强度测量消息,以通知原基站这种情况,原基站再将移动的报告送往移动交换中心,移动交换中心则让新的基站安排一个前向业务信道给移动台,并且原基站发送一条消息指示移动台开始切换。可见 CDMA 软切换是移动台辅助的切换。

当收到来自基站的切换指示消息后,移动台将新基站的导频纳入有效导频集,开始对新基站和原基站的前向业务信道同时进行解调。之后,移动台会向基站发送一条切换完成消息,通知基站自己已经根据命令开始对两个基站同时进行解调了。

接下来,随着移动台的移动,可能两个基站中某一方的导频强度已经低于某一特定值 T_DROP,这时移动台启动切换去掉计时器移动台对在有效导频集和候选导频集里的每一个导频都有一个切换去掉计时器,当与之相对应的导频强度比特定值 T_DROP 小时,计时器启动。当该切换去掉计时器 T 期满时(在此期间,其导频强度应始终低于 T_DROP),移动台发送导频强度测量消息。两个基站接收到导频强度测量消息后,将此信息送至 BSC,BSC 再返回相应切换指示消息,然后基站发切换指示消息给移动台,移动台将切换去掉计时器到期的导频将其从有效导频集中去掉,此时移动台只与目前有效导频集内的导频所代表的基站保持通信,同时会发一条切换完成消息告诉基站,表示切换已经完成。

(2) IS-95 的软切换过程

IS-95 的软切换过程如图 2-37 所示。

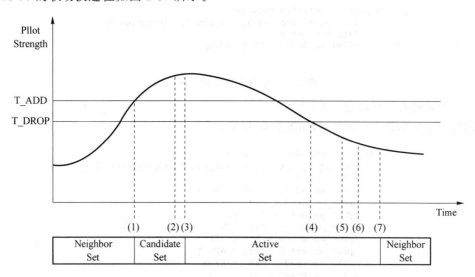

图 2-37 IS-95 的软切换过程

① 导频强度达到 T_ADD,移动台发送一个导频强度测量消息,并将该导频转到候选导频集;

② 基站发送一个切换指示消息;

③ 移动台将此导频转到有效导频集并发送一个切换完成消息;

④ 导频强度掉到 T_DROP 以下,移动台启动切换去掉计时器;

⑤ 切换去掉计时器到期,移动台发送一个导频强度测量消息;

⑥ 基站发送一个切换指示消息;

⑦ 移动台把导频从有效导频移到相邻导频集并发送切换完成消息。

（3）IS2000-1x 的软切换流程

在 IS2000-1x 中,采用动态门限,而非 IS-95 中采用的绝对门限。IS2000 软切换算法如图 2-38 所示。

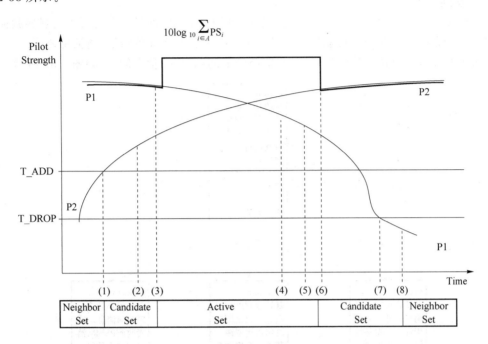

图 2-38　IS2000-1x 的软切换流程

① 导频 P2 强度超过 T_ADD,移动台把导频移入候选集。

② 导频 P2 强度超过 [(SOFT_SLOPE/8)×10×log10(PS1) + ADD_INTERCEPT/2],移动台发送 PSMM。

③ 移动台收到 EHDM,GHDM 或 UHDM,把导频 P2 加入到有效集,并发送 HCM。

④ 导频 P1 强度降低到低于[(SOFT_SLOPE/8)×10×log10(PS2) +DROP_INTER-CEPT/2],移动台启动切换去掉定时器。

⑤ 切换去掉定时器超时,移动台发送 PSMM。

⑥ 移动台收到 EHDM,GHDM 或 UHDM。把导频 P1 送入候选集并发送 HCM。

⑦ 导频 P1 强度降低到低于 T_DROP,移动台启动切换去掉定时器。

⑧ 切换去掉定时器超时,移动台把导频 P1 从候选集移入相邻集。

注意:在 CDMA2000-1x 系统中,前反向 FCH 都是采用的软切换,但对于 SCH 来说,前向 SCH 不支持软切换,采用的是硬切换,主要是考虑到前向 SCH 软切换太消耗资源(Walsh 资源,功率资源及 CE 资源)。而反向 SCH 支持软切换,这是由于在商用系统中一般容许起的反向 SCH 速率都比较低的缘故。

【想一想】

1. 空闲切换是硬切换还是软切换?

2. 搜索窗是以什么为中心来进行搜索的,搜索窗的大小各有何利弊?

3. 说出软切换流程及相关信令?

【知识链接 2】 切换问题分类及优化方法

1. 切换失败

切换失败是指移动台接收功率正常,服务导频 Ec/Io 低,但是有其他可用的强导频而不能作为服务导频。切换失败可能导致移动台 Ec/Io 恶化甚至导致掉话,通话感差等。

切换失败可分成切换算法许可问题、资源分配问题、切换信令问题,如图 2-39 所示。

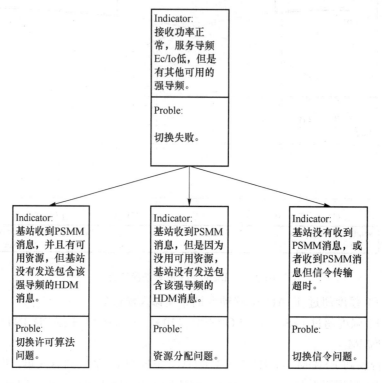

图 2-39 切换失败分析

2. 切换许可算法问题

切换许可算法问题如图 2-40 所示。

3. 资源分配问题

基站收到 PSMM 消息,但是因为没有可用资源,基站没有发送包含该强导频的 PSMM 消息,造成无可用资源的原因如下:

① 呼叫阻塞门限;

② 切换阻塞门限;

③ T_DROP 太低;

④ T_TDROP 太高;

⑤ 切换允许算法的有效性太差。

4. 切换信令问题

切换信令问题如图 3-41 所示。

(1) 移动台没有发送 PSMM 消息

移动台没有发送 PSMM 消息,如图 2-42 所示。

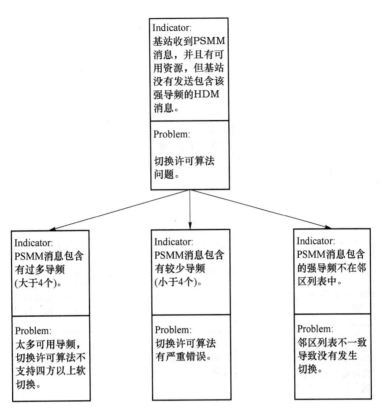

图 2-40　切换许可算法问题

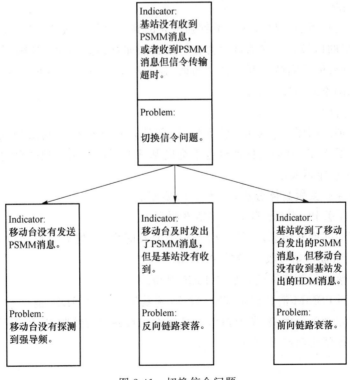

图 2-41　切换信令问题

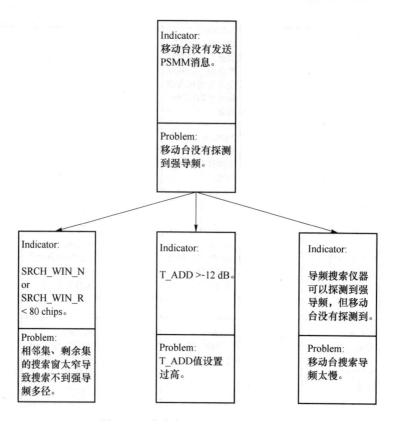

图 2-42　移动台没有发送 PSMM 消息

① 搜索窗问题

太窄的搜索窗口可能会导致探测不到强导频的到达多径。从基站到移动台有一定的距离,所以基站发出的信号到达移动台就会有时延。假如基站离移动台比较远,这个时延就会比较大,如果移动台的搜索窗口开得太窄的话,强导频的到达多径就可能落在搜索窗之外,这样移动台就探测不到强导频了。

② T_ADD 问题

如果软切换加入门限(T_ADD)设置过高,即使是移动台探测到某导频的强度已经较大,足够解调(但低于 T_ADD),移动台也不会向基站上报该可用导频的探测情况。

③ 移动台搜索导频太慢

移动台搜索导频太慢具体分析,如图 2-43 所示。

(2)移动台发送 PSMM 消息但是基站没收到

当服务导频的强度开始衰落,切换信令必须要及时发送,但如果反向链路衰落得太快,PSMM 消息就无法被基站接收,导致切换失败。

反向链路衰落的显著特征就是反向 FER 很高。

(3)基站收到 PSMM 消息但是移动台没收到基站发出的 HDM 消息

如果前向链路衰落得太快,切换指示消息就无法被移动台接收,导致切换失败。前向链路衰落的显著特征就是前向 FER 很高。

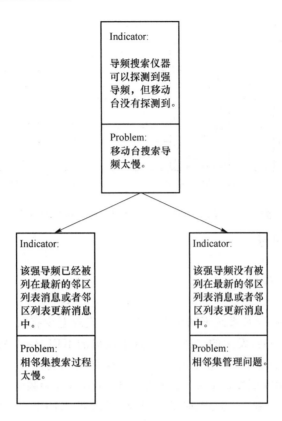

图 2-43　移动台搜索导频太慢

【想一想】

1. 移动台没有发送 PSMM 消息有哪些原因?

2. 移动台发送了 PSMM,但是基站没发送 HDM 消息,可能有哪些原因?

【知识链接3】　切换问题案例分析

1. 软切换比例高

(1) 现象描述

某业务区市区 BSC 由于基站密集,所以整体的软切换比例较高,达到90%以上,占用了大量的系统资源。

(2) 解决过程

在对市区做了细致的路测后,采用降低天线挂高、调整天线方位角、下倾角、加大或减小小区的定标功率,或调整开销信道的增益来减小越区覆盖和导频污染区域,但是这对整体的指标影响不大。

最后采用以下措施:T_ADD 由 26(−13 dB)调整为 24(−12 dB),T_DROP 由 3024(−15 dB)调整为 28(−14 dB),软切换加入截距由 26 调整为 24,软切换去掉截距由 30 调整为 28。

调整后软切换比例对比如图 2-44 所示。

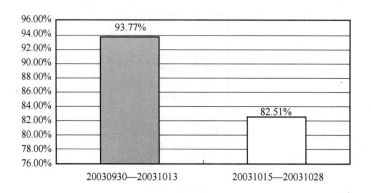

图 2-44　BSCO 切换参数调整前后软切换比例对比

2. 硬切换及切换参数

（1）现象描述

移动硬切换成功后掉话。

（2）问题分析

从手机成功切换到 ZTE 系统下到手机最终掉话，发现至少有以下 3 个问题，不合常理。

① 手机在切换成功后，发送的 PSMM 消息字段里的 KEEP＝FALSE。要使该消息里的 KEEP＝FALSE，必须满足：导频强度小于 T_DROP，并且持续 T_TDROP 的时间。

但是从手机开始切换到发送 PSMM 仅耗时约 700 ms，且导频强度为－12 dB。ZTE 系统下的设置分别是：3 s 和－15 dB，所以此时是不满足 KEEP＝FALSE 的条件的。如图 2-45 所示，8927＜ID＜8936。

ID	TimeStamp	Channel	ARQ	Message	EventState
8921	11:12:21.079	RTCH	061	Pilot Strength Measurement Message	
8922	11:12:21.131	FTCH	510	Pilot Measurement Request Order	
8923	11:12:21.171	FTCH	620	Base Station Acknowledgment Order	
8924	11:12:21.210	FTCH	510	Pilot Measurement Request Order	
8925	11:12:21.251	FTCH	620	Base Station Acknowledgment Order	
8926	11:12:21.331	FTCH	620	Base Station Acknowledgment Order	
8927	11:12:21.631	FTCH	611	Extend Handoff Direction Message	Hard HOS
8928	11:12:21.679	RTCH	110	Mobile Station Acknowledgment Order	
8929	11:12:21.828	RTCH	701	Handoff Completion Message	Hard HOS
8930	11:12:21.888	RTCH	711	Long Code Transition RequestOrder	
8931	11:12:21.928	RTCH	721	Pilot Strength Measurement Message	
8932	11:12:22.089	RTCH	700	Power Measurement Report Message	
8933	11:12:22.220	RTCH	120	Base Station Acknowledgment Order	
8934	11:12:22.288	RTCH	701	Handoff Completion Message	
8935	11:12:22.368	RTCH	710	Power Measurement Report Message	
8936	11:12:22.428	RTCH	721	Pilot Strength Measurement Message	
8937	11:12:22.528	RTCH	720	Power Measurement Report Message	
8938	11:12:22.708	RTCH	701	Handoff Completion Message	
8939	11:12:22.759	FTCH	240	Base Station Acknowledgment Order	
8940	11:12:22.788	RTCH	730	Power Measurement Report Message	
8941	11:12:22.860	FTCH	050	Base Station Acknowledgment Order	

Message | LogMask

TimeStamp 2007-02-14 11:12:22.428
Channel RTCH
Message Pilot Strength Measurement

⊟ RTCH:Pilot Strength Measurement Me
ACK_SEQ=7
MSG_SEQ=2
ACK_REQ=1
ENCRYPMODE = 0x00
REF_PN = 28
PILOT_STRENGTH = 24(-12dB)
KEEP = false
NUM_PILOTS = 0
PILOT_STRENGTH_RECORD_LI

图 2-45　发送的 PSMM 消息字段里的 KEEP＝FALSE

② 此时的前向误帧率在 9.95 到 14 之间，手机是有可能无法正常捕获前向业务信道。如图 2-46 所示。

③ 手机没有发送 PSMM 消息将第二扇区 PN＝196 加入到激活集当中去。如图 2-47 所示，邻集 PN＝196 的强度已经达到－7 dB 左右，但是仍然看不见手机发送 PSMM 消息。

导致手机掉话的直接原因是手机没有发送 PSMM 消息将 PN＝196 加入到激活集当中去，使 PN＝196 在前向形成强干扰，使 FCHFER 升高，触发了手机的掉话定时器，并最终掉话。如图 2-48 所示。

	RxPower	TxPower	TxAdj	FFCHFER	RxVocRa	TxVocRa	Aggregate E	Active PN	
11:12:12.555	-78.58	1.58	-4.00	28.72	1	1	-19.82	28	-
11:12:13.790	-77.58	-3.42	-8.00	28.35	1	1	-17.61	28	-
11:12:15.055	-76.91	1.91	-2.00	23.81	5	1	-16.14	28	-
11:12:16.071	-77.25	-1.75	-6.00	42.42	4	1	-17.61	28	-
11:12:18.415	-76.58	4.58	1.00	32.98	1	1	-11.58	28	-
11:12:19.430	-77.25	9.25	5.00	19.90	1	1	-12.04	380	-
11:12:20.555	-77.91	6.91	2.00	0.00	1	4	-13.46	380	-
11:12:21.696	-78.25	8.25	3.00	2.86	1	4	-5.35	380	-
11:12:22.852	-78.58	1.58	-4.00	9.95	1	4	-18.57	380	-
11:12:24.024	-83.25	13.25	3.00	14.00	1	1	-13.80	28	-
11:12:25.149	-80.58	9.58	2.00	15.26	1	4	-9.41	28	-
11:12:27.649	-80.58	3.25	-4.00	6.32	1	4	-12.55	28	-
11:12:28.837	-81.25	-3.75	-12.00	5.15	1	1	-13.80	28	-
11:12:31.352	-81.25	4.25	-4.00	11.41	1	4	-10.62	28	-
11:12:32.399	-81.25	9.25	1.00	13.76	1	4	-7.43	28	-
11:12:33.696	-79.58	3.58	-3.00	10.48	1	4	-9.82	28	-
11:12:34.899	-78.25	5.25	0.00	7.73	1	4	-7.97	28	-
11:12:39.743	-72.58	3.58	4.00		5	1	-16.14	28	-

图 2-46　路测信息

TxPower	TxAdj	FFCHFER	RxV	Tx	Aggregate	Acti	Active Ec/I	Ca	Ca	Neighbor PN	Neighbor Ec/Io
-15.75	0.00	0.88	1	3	-5.40	28	-6.00			196 364 64 380 232 44 4	-7.00 -27.50 -31
-16.42	-5.00	0.60	1	4	-3.77	28	-7.00			196 364 64 380 232 44 4	-7.00 -28.00 -29
-12.09	-4.00	2.14	1	1	-7.43	28	-6.50			196 364 64 380 232 44 4	-7.00 -28.50 -29
-9.09	3.00	6.74	1	1	-10.45	28	-8.00			196 364 64 380 232 44 4	-7.00 -27.50 -31
-12.09	-1.00	6.35	1	1	-6.74	28	-7.50			196 364 64 380 232 44 4	-7.00 -27.50 -31
-14.42	0.00	1.61	1	4	-5.67	28	-8.50			196 364 64 380 232 44 4	-7.00 -28.50 -31
-11.75	4.00	1.69	5	1	-11.81	28	-6.50			196 364 64 380 232 44 4	-7.00 -29.00 -31
-9.75	4.00	2.03	1	1	-3.95	28	-6.50			196 364 64 380 232 44 4	-7.00 -28.00 -31
-24.09	-2.00	5.70	1	1	-9.41	28	-8.00			196 364 64 380 232 44 4	-6.50 -29.50 -31
-18.09	0.00	10.92	1	1	-7.61	28	-8.50			196 364 64 380 232 44 4	-6.00 -31.00 -31
-13.42	5.00	8.82	1	1	-8.47	28	-9.00			196 364 64 380 232 44 4	-6.00 -31.50 -28
-14.75	-7.00	9.69	1	1	-9.97	28	-9.00			196 364 64 380 232 44 4	-6.00 -31.50 -28
-16.42	3.00	9.68	1	1	-11.17	28	-8.00			196 364 64 380 232 44 4	-6.00 -31.50 -31
-18.09	2.00	8.63	1	1	-9.41	28	-8.00			196 364 64 380 232 44 4	-6.00 -27.50 -31
-13.75	2.00	10.82	1	1	-14.18	28	-10.50			196 364 64 380 232 44 4	-6.00 -27.50 -31
0.58	17.00	14.80	5	4	-15.05	28	-11.50			196 364 64 380 232 44 4	-6.00 -26.50 -31
-10.75	7.00	30.09	1	1	-9.15	28	-14.00			196 364 64 380 232 44 4	-6.00 -27.00 -28
-12.09	10.00	42.11	1	1	-16.81	28	-13.00			196 364 64 380 232 44 4	-5.50 -28.50 -30

图 2-47　邻集 PN＝196 的强度

	Table	Phone Table									
TxPower	TxAdj	FFCHFER	RxV	Tx	Aggregate	Acti	Active Ec/I	Ca	Ca	Neighbor PN	Neighbor Ec/Io
-6.09	20.00	75.36	5	4	-18.57	28	-18.50			196 364 64 380 232 44 4	-5.50 -26.50 -31
-2.09	20.00	73.60	1	1	-11.81	28	-19.50			196 364 64 380 232 44 4	-5.00 -25.50 -31
-8.09	19.00	79.78	5	1		28	-25.00			196 364 64 380 232 44 4	-5.00 -26.00 -31
-6.09	19.00	86.10	5	1		28	-22.00			196 364 64 380 232 44 4	-5.00 -26.50 -31
-11.42	19.00	89.80	5	1	-18.57	28	-27.00			196 364 64 380 232 44 4	-5.00 -27.00 -31
-20.75	19.00	93.81	5	1		28	-19.50			196 364 64 380 232 44 4	-4.50 -27.50 -31
-4.42	19.00	95.77	5	1		28	-26.50			196 364 64 380 232 44 4	-4.50 -29.00 -31
-16.09	9.00	92.56	1	4	-16.14	28	-27.50			196 364 64 380 232 44 4	-4.50 -29.50 -31
-10.09	19.00	94.86	5	1	-21.58	28	-27.00			196 364 64 380 232 44 4	-4.50 -31.50 -31
-16.09	16.00	93.37	5	1		28	-25.00			196 364 64 380 232 44 4	-4.50 -31.50 -27
-14.42	16.00	94.44	5	1		2(	-31.50			196 364 64 380 232 44 4	-4.50 -31.50 -28
-22.75	16.00	97.99	5	1		28	-26.00			196 364 64 380 232 44 4	-5.00 -31.50 -31
		99.50	0	0	-24.60	28	-31.50			196 364 64 380 232 44 4	-4.50 -31.50 -31
			0	0	-4.34	0	-5.00			196 364 64 380 232 44 4	-4.50 -31.50 -31
			0	0	-2.89	196	-4.50			196 364 64 380 232 44 4	-5.00 -31.50 -31
-29.09	-1.00		0	1	-3.29	196	-4.50			196 364 64 380 232 44 4	-5.00 -31.50 -31
-32.09	-7.00		1	4	-3.80	196	-4.50			196 364 64 380 232 44 4	-5.00 -31.50 -31
-16.09	6.00	0.00	1	4	-4.06	196	-4.50			364 28 64 380 36 372 80	-27.00 -24.00 -2

图 2-48　PN＝196 在前向形成强干扰,使 FCHFER 升高

但是在正常的情况下，该手机从基站起呼，并不存在手机不发 PSMM 消息的情况，所以极有可能是手机在硬切换的过程中，发生了一些不合乎规范的事情。

重新检查手机从一开始切换时收到的 EHDM 消息，发现消息有异常：消息里的 SEARCH_INCLUDED 里的字段是不正常的：T_ADD=0，T_DROP=0，T_COMP=0，T_TDROP=0。如图 2-49 所示。

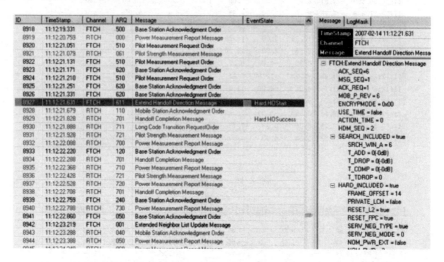

图 2-49　EHDM 消息异常

（1）T_DROP=0 和 T_TDROP=0 可以解释问题：为何手机在不到 700 ms 的时间，就在那条 PSMM 消息里将 KEEP 置为 FALSE。因为此时激活集的导频强度已经满足了该条件。

（2）T_ADD=0 可以解释问题：为何手机始终不发送 PSMM 消息将强导频加入到激活集当中去。因为任何导频的强度都会小于 0 dB，所以就不会触发手机发送 PSMM。

3. GPS 故障

（1）故障现象

2010 年 11 月 30 日，在汉寿鸭子港，发生主叫掉话 2 次、被叫掉话 1 次。

（2）故障分析

如图 2-50 所示，掉话路段 RX、TX 很好，Ec/Io 差。

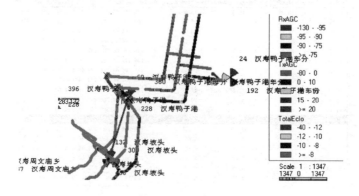

图 2-50　掉话路段 RX、TX 很好，Ec/Io 差

先看鸭子港基站下的掉话（主被叫均掉话），该次通话是在汉寿坡头的 PN132 发起，从 PN132 掉话后同步至鸭子港 PN228，如图 2-51 所示。

查阅邻区发现汉寿坡头与鸭子港 PN228 均互配了邻区。

本次通话 MS 从汉寿坡头往鸭子港方向移动，该处是平原，在通话过程中，MS 一直未搜索到 PN228，直至 MS 移动至汉寿鸭子港站下 PN132 受到强干扰而 Ec/Io 变得很差而掉话。

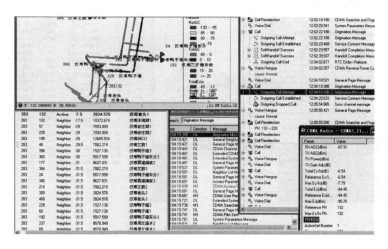

图 2-51　PN132 掉话后同步至鸭子港 PN228

再看汉寿鸭子港车分基站附近的掉话，该次通话在鸭子港 PN60 上发起，随着往鸭子港车分基站的移动，鸭子港车分移动，MS 一直未搜索到车分的信号，最后受车分的强干扰而掉话，掉话后同步在车分 PN360。查阅邻区列表，并没有漏配邻区。如图 2-52 所示。

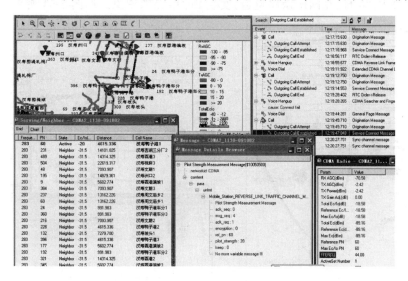

图 2-52　没有漏配邻区

综合以上分析，可以看出鸭子港基站不能与周围基站进行切换，也不能搜索到其他基站的信号，可以判断该基站在时钟硬件模块上存在问题。

（3）调整措施

重新拔插时钟板，两次重启后复测问题解决。

（4）调整后复测

调整后复测如图 2-53 所示。

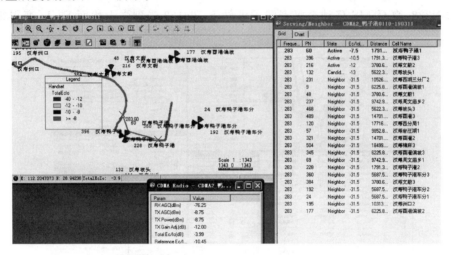

图 2-53　调整后复测

（5）对比分析建议

调整后 Ec/Io 指标很好，无事件发生，问题得到解决。

4. 邻区漏配

（1）故障现象

2011 年 4 月 28 日，在国庆南路隧道，发生 Ec/Io 差的现象。如图 2-54 所示。

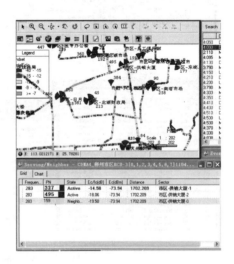

图 2-54　发生 Ec/Io 差的现象

（2）故障分析

国庆南路隧道内收的主要导频信号来自市区供销大厦基站 PN327 扇区，Ec/Io 差，隧道南口有梨树山大道惠民小区 PN123 进行覆盖，分析邻区列表发现，供销大厦基站 PN327 和惠民小区 PN123 没有互配邻区，导致在隧道内发生切换不成功的现象。

（3）建议

供销大厦 PN327 扇区方位角由 140 度调整至 160 度，供销大厦基站 PN327 和惠民小区 PN123 互配邻区，如果 Ec/Io 指标还是没有改善的话，建议新建一个直放站加强对隧道内的覆盖。

（4）实施过程

调整供销大厦 2 扇方位角为 160，互配供销大厦基站 PN327 和惠民小区 PN123 为邻区。优化前后对比如图 2-55 所示。

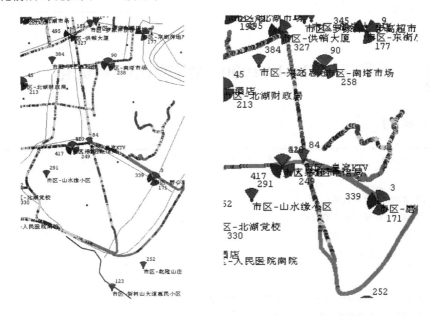

图 2-55　优化前后对比

（5）优化结果

调整效果明显，但是隧道内 RX 较差。

【技能实训】　切换问题分析

1. 实训目标

以某地切换失败路测数据为例，根据路测数据分析信令，找出原因，提出解决方案，达到掌握切换失败分析方法的目的。

2. 实训设备

（1）装有路测分析软件的计算机若干；

（2）切换失败相关路测数据若干。

3. 实训步骤及注意事项

（1）根据切换失败的路测数据，分析原因。

（2）提出可行的解决方案。

（3）编制案例分析报告。

4. 实训考核单

考核项目	考核内容	所占比例/%	得分
实训态度	1. 积极参加技能实训操作 2. 按照安全操作流程进行操作 3. 纪律遵守情况	30	
实训过程	1. 根据切换失败事件找到相关信令 2. 通过分析信令内容找出切换失败原因 3. 提出解决方案	60	
成果验收	编制案例分析报告	10	

任务 5　CDMA2000 网络掉话问题优化

【工作任务单】

工作任务单名称	CDMA2000 网络掉话问题优化	建议课时	4
工作任务内容： 　1. 掌握 CDMA2000 掉话机制； 　2. 熟悉 CDMA2000 掉话分析模板； 　3. 熟悉 CDMA2000 掉话处理流程； 　4. 掌握应用掉话分析模板分析掉话。			
工作任务设计： 　首先，教师讲解 CDMA2000 掉话机制、分析模板、处理流程； 　其次，通过应用掉话分析模板分析掉话案例； 　最后，技能实训，学生结合所学知识分析案例。			
建议教学方法	教师讲解、分组讨论、案例教学	教学地点	实训室

【知识链接1】　掉话机制

1. 移动台的掉话机制

（1）移动台错帧计数器

移动台中有一个错帧计数器，如果移动台从前向基本信道连续收到 N2m 个错帧，则移动台关闭其发射机。在此之后，如果移动台在 T5m 时间内连续收到 N3m 个好帧，则移动台重启其发射机。

在 95 标准中，N2m 定义为常数 12，N3m 定义为常数 2，T5m 定义为常数 5 s，在 CDMA2000 1x 的空口协议中，仍然没有改变。

（2）移动台的衰落计时器

协议规定移动台中维持着一个长为 T5m 的衰落计时器。如果移动台连续收到 N2m 个坏帧，移动台则停止发射机工作，同时衰落计时器开始计时。如果在衰落计时器到期之前，移动台连续收到了 N3m 个好帧，移动台重置该衰落计时器，并重新激活发射机。如果衰落计时器在期满之前没有被重置，移动台将重新初始化。

在 95 标准中，N2m 定义为常数 12 ，N3m 定义为常数 2，T5m 定义为常数 5 s，在 CDMA2000 1x 的空口协议中，仍然没有改变。

（3）移动台接收确认消息失败

移动台发送一条需要证实的消息，如果在 T1m 时间内没有收到基站给移动台的 ACK，移动台将重新发送这条消息；如果在 N1m 次发射后还没有收到证实消息，移动台就会重新初始化。

N1m 在 IS-95A 中定义为 3，在 CDMA2000 1x 协议中定义为 13，T1m 定义为 400 ms。

2. 基站的掉话机制

（1）基站错帧计数器

基站在收到一系列反向错帧后，前向业务信道会停止发射，这就是错帧机制。具体的参数协议中没有规定，各设备厂家定义得不一样。

（2）基站证实失败

基站在消息被多次发送后，如果还没有得到响应，会产生证实失败，停止向业务信道的发射，类似于移动台证实失败机制。具体的参数协议中没有规定，各设备厂家定义得不一样。

【想一想】

请分别阐述移动台和基站的掉话机制。

【知识链接 2】　掉话分析模版

知道了掉话的产生机制，但是掉话机制并不能明确地看出究竟是前向链路失败还是反向链路失败导致掉话，以及掉话的原因。为了明确这些因素，需要从掉话点向后察看数据。如果有可利用的掉话分析模版，将方便快捷的确定掉话原因。模版主要是列举各种原因造成的掉话现象，分析各种掉话现象发生之前的一段时间内一些重要参数的特征；这样在以后的掉话分析中，只需要比较某一种实际掉话情况与哪一种标准模版列举的情况相近，就会很快地得到掉话的原因。

1. 接入/切换掉话模板

（1）接入/切换掉话的定义

当移动台处于一个小区覆盖边缘时有可能发起呼叫，而此时切换也即将进行，而在 IS-95A 中不支持接入过程中进行切换。因此在目前的 CDMA2000 1x 系统中使用 IS-95A 手机或者 CDMA2000 1x 接入切换开关关闭的情况下，如果移动台在接入过程中朝着走出服务小区的覆盖范围的方向移动，接入与切换不能同时进行，只能在接入过程结束后才能进行;如果接入过程太长,有可能在切换过程中失败,发生接入/切换掉话。

（2）接入/切换掉话模版描述

在接入/切换掉话过程中,可以观察到随着移动台接收功率 Rx 增加而导频强度 Ec/Io 在不断减小。当导频强度 Ec/Io 跌至 -15 dB 以下的时候,前向链路的质量会严重下降,表现为 FER 变高。如果这种情况发生在接收到信道指配消息 CAM 之后的 $1\sim2$ s 内,很容易发生业务信道初始化失败,移动台将重新初始化,且通常在一个新的导频上进行初始化。

当前向链路的质量严重下降,不能成功解调,移动台会关闭发射机,此时的反向闭环功控比特会被忽略。TX_GAIN_ADJ 的幅度保持平坦,一般是正的几 dB。由于移动台的接收功率很高,开环功控会低估移动台所需要发射的功率水平。

2. 前向干扰掉话(长时干扰)

（1）长时定义

长时是指持续时间超过移动台的衰落计时器的期满值(例如,大于 5 s)。

（2）前向干扰掉话(长时干扰)模版描述

在前向链路干扰造成的掉话中,可以观察到随着移动台接收功率 Rx 的增加而导频强度 Ec/Io 在不断减小。这往往表示存在干扰源在前向链路造成强干扰。当导频强度 Ec/Io 低于 -15 dB 时,前向链路的质量严重下降,当其不能成功解调时,移动台会关闭发射机,此时的反向闭环功控比特会被忽略。TX_GAIN_ADJ 的幅度保持平坦,一般是正的几 dB。由于移动台的接收功率很高,开环功控会低估移动台所需要发射的功率水平。

3. 前向干扰掉话(短时干扰)

（1）短时定义

短时是指持续时间低过移动台的衰落计时器的期满值(例如,小于 5 s)。

（2）前向干扰掉话(短时干扰)模版描述

在前向链路干扰造成的掉话中,可以观察到随着移动台接收功率 Rx 的增加导频强度 Ec/Io 在不断减小。这往往表示存在干扰源在前向链路造成强干扰。当导频强度 Ec/Io 低于 -15 dB 时,前向链路的质量严重下降,当其不能成功解调,移动台会关闭发射机,此时的反向闭环功控比特会被忽略。TX_GAIN_ADJ 的幅度保持平坦,一般是正的几 dB。由于移动台的接收功率很高,开环功控会低估移动台所需要发射的功率水平。

如果这种情况的持续时间很短(不超过 5 s),移动台的衰落计时器可能会重新启动,掉话不会发生。如果导频强度 Ec/Io 在 5 s 内恢复到 -15 dB 以上,但是 TX_GAIN_ADJ 的幅度仍然保持水平,这表示移动台的发射机并没有启动,衰落计时器仍然在计时。当计时器溢出时,移动台重新初始化。发生这种情况是因为基站的掉话机制比移动台的反应要快(例如,是在 2 s 内而不是 5 s 内)。当导频恢复时基站已经停止在业务信道上发射信号,一般来说在这种情况下,移动台会在同一个导频上重新初始化。

4. 前反向链路不平衡导致的掉话

（1）前反向链路不平衡模版描述

在这种情况中,导频强度 Ec/Io,移动台发射功率到最大。很强的导频信号意味着前向链路很好,而移动台的发射功率却已经调整到了最大,这说明反向链路很差。这两项指标说明了存在前反向链路的不平衡。持续一定的时间(例如,3～5 m),基站将放弃反向业务信道,并且停止发送前向业务信号。当然此时,移动台的前向业务 FER 变得极高,很快会关闭发射机,参数 TX_GAIN_ADJ 的幅度变得平坦。

(2)前反向链路不平衡原因

前反向链路不平衡可能存在以下原因:①反向链路阻塞;②分配给导频的功率比例过高。

5. 覆盖不好造成的掉话(长时覆盖不好)

覆盖不好造成的掉话(长时覆盖不好)模版描述:导频强度 Ec/Io 与移动台接收功率 Rx 同时下降是这种掉话的显著特征。当导频强度 Ec/Io 低于－15 dB 时,前向链路的质量严重下降。当前向链路不能成功解调,移动台会关闭发射机,此时的反向闭环功控比特会被忽略。TX_GAIN_ADJ 的幅度保持平坦,它的大致范围一般在 0～10 dB 的范围内。在负载很重的小区内,可能会更高。

如果这种情况持续时间很长(超过 5 s),那么移动台的衰落计时器将在到达 5 s 时超时溢出,移动台将重新初始化。这时候,移动台进入一个长时间的搜索模式(例如,大于 10 s)。在掉话之前,移动台的发射功率一般接近最大值限制。当移动台关闭发射机的时候,从分析工具看到的发射功率大小的记录和显示值仍然保持不变(虽然实际上发射机已经被关闭了)。此时移动台的接收功率 Rx 基本上接近－100 dB 或者更低。

6. 覆盖不好造成的掉话(短时覆盖不好)

覆盖不好造成的掉话(短时覆盖不好)模版描述:覆盖不好造成的掉话(短时覆盖不好)的现象和覆盖不好造成的掉话(长时覆盖不好)的现象一样。

如果这种情况出现的时间很短(小于 5 s),移动台的衰落计时器有可能在掉话之前重新启动。如果导频强度在短于 5 s 的时间内恢复到－15 dB 以上,但是 TX_GAIN_ADJ 的幅度仍然保持平坦,说明移动台的发射机并没有重新启动。衰落计时器仍然在继续倒计时。当衰落计时器在 5 s 时溢出时移动台重新初始化。发生这种情况是因为基站的掉话机制比移动台的反应要快(例如,是在 2 s 内而不是 5 s 内)。当导频恢复时基站已经停止在业务信道上发射信号。在掉话之前,移动台的发射功率一般接近最大值限制。当移动台关闭发射机的时候,从分析工具上看到的发射功率大小的记录和显示值仍然保持不变(虽然实际上发射机已经被关闭了)。此时移动台的接收功率基本上接近－100 dB 或者更低。

7. 业务信道发射功率受限造成的掉话

(1)业务信道发射功率受限造成的掉话模版描述

在前向链路中分配给业务信道的功率和反向链路设置的 Eb/No 目标值都限定在一定的范围内。当分配给业务信道的功率太低,使移动台不能成功解调时,造成前向链路受限掉话;当反向业务信道能量不足,达不到基站设置的 Eb/No 目标值,造成反向链路受限掉话。

在业务信道受限所导致的掉话中,前向和反向链路受限掉话现象是一样的。可以看到导频强度 Ec/Io 和移动台的接收功率 Rx 都在可接受的门限之上(例如,导频的 Ec/Io 大于

-15 dB,移动台接收功率 Rx 大于-100 dB)。在这种情况中,TX_GAIN_ADJ 会在 5 s 内保持水平,之后移动台重新初始化。

(2)当前向链路受限掉话分析

当移动台接收到前向业务信道能量不足,使移动台不能成功解调时,移动台将关闭了发射机,衰落计时器开始计时,在 5 s 之后溢出时,移动台重新初始化。如果在同一个导频信道上初始化,则明确地表明掉话的原因是前向业务信道发射功率不足。

(3)当因反向链路受限掉话分析

基站设置的反向业务信道 Eb/No 目标值是反向信道的一个限制。当基站所接收到的反向业务信道的能量达不到一定的值,基站将掉话,从而中断前向业务信道的发送。

【想一想】

1. 请问为什么要使用掉话分析模板?

2. 请问典型的掉话分析模板有哪些?分别有什么特点?

【知识链接3】 掉话处理的参考流程

1. 是否为新开站或周围有新开站(宏基站? 微基站? 直放站?);

2. 邻区配置检查,确认无错配、漏配;双载频基站需注意临界小区以及优选邻区的设置要正确;

3. 检查本小区或者相邻小区有无告警和历史通知(GPS、CHM、射频链路、传输尤其需要注意),基站发射功率是否正常(双载频是否一致);

4. 检查基站主控模块和受控模块版本是否正确? 注意信道板混插的现象;

5. 确认当前小区是否处于 BSC 边界处?

6. 相应小区以及周围相邻小区 RSSI 是否过高?

7. 确认后台无线参数设置正确,包括搜索窗大小、小区半径、切换参数等需要重点检查;

8. 从释放观察中观察异常释放特点:某块信道板? 某些 CE? 某些用户(IMSI)? 某些 SVE?

9. 若以上方法都不奏效,建议安排路测(前后台结合进行),详细了解覆盖状况以及掉话时的无线环境。

【想一想】

怎么处理掉话?

【知识链接4】 掉话问题案例分析

1. 案例1

(1)问题现象

2011 年 2 月 28 日,在中南汽车大世界往星沙高速涵洞边,测试车辆从中南汽车大世界往星沙方向经过高速涵洞边,发生被叫接入失败一次。如图 2-56 所示。

（2）问题分析

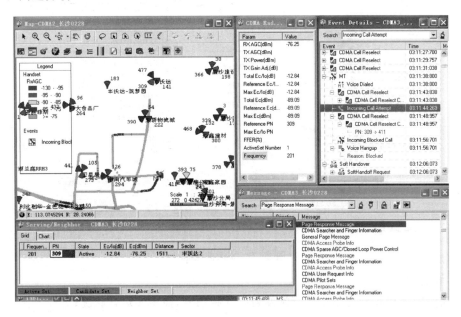

图 2-56 被叫接入失败

通过分析发现，被叫在沃丰达二扇区 PN309 响应寻呼后，Ec/Io 快速劣化，发送多个探针均未收到基站应答，当这一序列探针发送完成后小区重选至星沙公园三扇区 PN411，Ec/Io 较好，重新响应寻呼，但已超过仪表限定的接入时限 15 s。经与厂家核实，没有开放接入切换。原因：接入过程，服务导频因阴影效应引起的信号变差，因未开放接入切换，导致被叫接入失败。

对照掉话分析模板，可以判断为接入/切换掉话。

（3）解决措施

建议考虑开放接入切换。

2. 案例 2

（1）问题现象

2011 年 2 月 28 日，在长沙市欢天喜地基站南侧 900 m，测试车辆经过欢天喜地基站附近，车辆在由星欣机械基站往欢天喜地基站方向行驶过程中，发生主叫掉话 1 次。

（2）问题分析

掉话前手机在星欣机械三扇区 PN348 上通话，如图 2-57 所示。行进过程中，星欣机械三扇区 PN348 信号变差，发生掉话，手机重选到欢天喜地基站二扇区 PN237 上。分析：星欣机械三扇区 PN348 信号变差过程中，按道理应该切换到鄱阳小区二扇区 PN213，但手机并没有搜索到鄱阳小区二扇区 PN213，核实发现鄱阳小区基站没有信号；此过程中手机也没有搜索到欢天喜地二扇区 PN237 导频，核实发现星欣机械三扇区 PN348 没有配置天喜地二扇区 PN237 为邻区。原因：有基站没有工作，而二层邻区又没配置，从而引起的掉话。

对照掉话分析模板，可以判断为前向干扰掉话（长时干扰）。

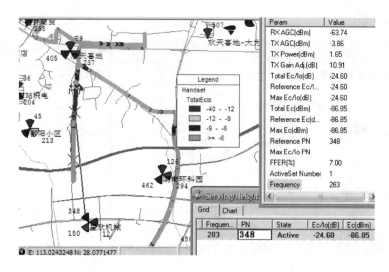

图 2-57　掉话前指标

（3）解决建议

① 测试中未接收到鄱阳小区基站发射的导频信号,需核实运营状况;

② 将欢天喜地二扇区 PN237 与星欣机械三扇区 PN348 互配邻区。

3. 案例 3

（1）问题现象

2011 年 3 月 2 日,在京珠高速安沙到青山铺之间,测试车辆在京珠高速上,从安沙到青山铺之间路段,被叫发生接入失败一次,掉话一次;事件发生路段,Rx 很好,Ec/Io 很差。如图 2-58 所示。

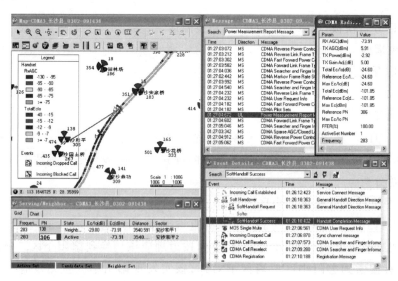

图 2-58　问题现象

（2）问题分析

① 接入失败分析

接入失败过程如下:手机在安沙鼎功三扇区 PN477 收到寻呼消息,随后在安沙鼎功三扇区 PN477、安沙鼎功一扇区 PN141、安沙花桥三扇区 PN501 之间切换，并在安沙鼎功一扇区 PN141 上发起接入请求，但因为安沙鼎功一扇区 PN141 的 Ec/Io 急剧变差，又切换到唐田林场二扇区 PN186，几个导频 Ec/Io 都很差，接入失败。

原因：事件路段收到来自安沙鼎功三扇区 PN477、安沙鼎功一扇区 PN141、安沙花桥三扇区 PN501、唐田林场二扇区 PN186 的信号，且 Rx 较强在 −80 dBm 左右，但没有一个强导频，属于弱覆盖，无主导频引起掉话引起的被叫接入失败。

② 被叫掉话分析

被叫掉话过程如下：手机在安沙和平二扇区 PN306 上建立通话，随后安沙和平二扇区 PN306 信号急剧变差，切换到安沙和平一扇区 PN138，但安沙和平一扇区 PN138 信号也很差，发生掉话，掉话后手机重选到安沙宋家桥三扇区 PN351。

测试中安沙和平基站的有效覆盖范围很小，可能存在功率输出方面的问题。对照掉话分析模板，可以判断为覆盖不好造成的掉话（长时覆盖不好）。

（3）解决建议

① 核查安沙和平基站是否存在阻挡和功率输出方面的问题；

② 新增 RRU 或直放站加强该路段覆盖。

【技能实训】 掉话问题分析

1. 实训目标

根据路测数据分析信令，找出掉话原因，提出解决方案，达到掌握掉话问题分析方法的目的。

2. 实训设备

（1）装有路测分析软件的计算机若干；

（2）掉话问题相关路测数据若干。

3. 实训步骤及注意事项

（1）根据掉话问题的路测数据，分析原因。

（2）提出可行的解决方案。

（3）写出路测分析报告。

4. 实训考核单

考核项目	考核内容	所占比例/%	得分
实训态度	1. 积极参加技能实训操作 2. 按照安全操作流程进行操作 3. 纪律遵守情况	30	
实训过程	1. 根据掉话事件找到相关信令 2. 通过分析信令内容找出掉话原因 3. 提出解决方案	60	
成果验收	写出路测分析报告	10	

任务 6　干扰问题优化

【工作任务单】

工作任务单名称	CDMA2000 网络掉话问题优化	建议课时	3

工作任务内容：

　　1. 掌握 CDMA2000 系统干扰的分类；

　　2. 掌握干扰的定位和排除。

工作任务设计：

　　首先,教师讲解干扰的分类知识点；

　　其次,教师讲解干扰的定位和排除,结合案例分析；

　　最后,技能实训,学生结合所学知识分析案例。

建议教学方法	教师讲解、分组讨论、案例教学	教学地点	实训室

【知识链接 1】　干扰的分类

　　干扰可能是系统内部产生,也可能是外部施加于系统的。系统内部干扰,是由于多个用户使用相同的无线接口或系统内不同设备间所引起的；外部干扰是由不受系统操作影响的干扰源产生的干扰。

1. 系统内部干扰分析

　　CDMA 系统是一个自干扰的系统,根据目前现网的配置规划,所有小区工作在同一频率上,在覆盖区域内,每个手机终端对与其他来手机终端来讲都是系统内干扰。根据 CDMA 原理,CDMA 系统容量前向为功率受限,反向为干扰受限。自干扰是限制系统容量和系统性能的非常重要的因素,因此 CDMA 系统有着先进的、准确严格的前反向功率控制算法,在保证手机用户通话质量的同时,尽可能的降低前反向功率。

　　CDMA 系统内部干扰从存在的链路上可分为前向链路的干扰和反向链路的干扰。

　　（1）前向链路的干扰

　　前向链路的干扰主要是来自相邻小区的干扰,导频污染,同 PN、邻 PN 干扰,越区覆盖等是我们非常熟悉的干扰类型。

　　CDMA 系统前向链路中,不同基站扇区使用周期为 $2^{15}-1$ 的 M 序列的不同相位来区分,定义相位偏置单位为 64 个码片,即共有 512 个相位可用。每个扇区的相位称为 PN OFFSET（简称 PN 码）。在确定的 PN 相位偏置增长系数（PILOT_INC）及 PN GROUP 情况下,如何合理分配不同基站扇区 PN 码就至关重要。如果相邻扇区被分配了相同或邻近相位的 PN 码,会造成移动台无法识别应该为其提供服务的扇区,造成移动台无法正常登录、经常脱网、起呼成功率低、掉话率升高的后果。

　　此外,由于城区存在一些高站,易形成越区覆盖,或者是几个相邻扇区天线位置（如方位角、俯仰角）、天馈连接或功率设置不合理,会造成某一地点 PN 码杂乱,移动台无法识别一个稳定的主导频,从而产生信号不稳定,呼叫接续时间偏长、掉话增加等问题。

（2）反向链路的干扰

反向链路的干扰主要也有两种干扰源,第一种干扰源是来自当前服务小区移动台的干扰,由于 CDMA 系统自身存在"呼吸效应"特性,在前期网络规划的基础上,减小服务小区的覆盖范围,从而减小服务的移动台的总数是解决此类干扰的方式,对于反向链路表征出来的"远近效应",我们通过严格的功率控制（每秒 800 次）来消除该干扰带来的负面影响。第二种干扰源是来自其他小区移动台所发射的业务信道而产生的干扰功率,一般来讲,在采用全向天线的前提下,来自相邻小区的其他移动台总的干扰相对于来自其他基站总干扰的比例在 35％左右,因此通过适当的控制其他服务小区的覆盖范围,降低其服务的移动台的干扰功率,来达到降低此类干扰的目的。

为了确保系统有比较好的处理增益,单扇区、单载频的用户数受到了限制。理论上,基站的平均接收功率应该在热噪声功率以上的 0～5 dB 内,如果一个小区满载时,会导致噪声基底增加 5 dB 左右。在 IS-95 系统中,可以推算得到,每当用户增加 1 倍,信道处理增益就要下降 3 dB。当扇区内手机用户接近于极限时,手机的发射功率就容易失控。在极限状况下,额外的手机用户所带来的附加手机发射功率,会将总功率提高到热噪声水平之上,这会导致所有的其他手机用户提高发射功率,以保持适当的 Eb/No 值,这最终会产生"雪球"效应。特别是在一些突发话务热点地区,会比较容易发生因 RF 总噪声的增加而导致呼叫困难、话音质量差、无线上网速度变慢的现象。

（3）直放站干扰

直放站作为网络深度、广度覆盖的有效手段,因其建设周期短,价格低廉,灵活性好,目前正被大量采用。通过直放站干扰分析,将使我们更加了解干扰的产生,在应用中尽量减少干扰,充分发挥直放站的优越性,直放站干扰可以分为上行干扰和下行干扰,分别存在于CDMA 系统的反向链路和前向链路中。

① 上行干扰

在 CDMA 系统中,接入到基站接收机入口的噪声功率应小于-113 dB。当直放站的反向增益设置过大时,上行背景噪声被不合理地放大,形成较强的上行背景噪声干扰,经有效路径损耗后进入基站,和施主扇区接收机的噪声叠加就会提高基站噪声电平,使接收机灵敏度降低,反向误帧率上升,施主基站覆盖范围缩小,严重的会造成整个施主扇区无法工作。目前性能好的直放站上下行的噪声系数都应小于 5 dB。

② 下行干扰

通常下行干扰发生在无线同频直放站,当施主天线和重发天线隔离度不足时,经重发天线发射的放大后的信号会经其旁瓣或后瓣被施主天线的旁瓣或后瓣接收,从而形成一个反馈环路,造成直放站自激,产生下行干扰。直放站自激时,会造成覆盖区通话音质变差,起呼成功率下降,掉话率上升;严重时使施主基站和其周围的基站发生瘫痪。当隔离度大于直放站增益时,才能保证不产生自激。

2. 系统外部干扰分析

当 CDMA 网络下行或者上行有较强的外来干扰时,干扰会造成系统的基底噪声（Noise Floor）抬高,使得基站或者手机不得不加大发射功率以对抗外来的干扰,这种情况会对网络性能造成负面影响,使网络性能质量下降。强烈的外来干扰产生后,可以从普通手机用户的实际感受和系统性能的统计数据中得到直观的反映。

外部干扰可分自然界的和人为产生的两大类。

（1）来自自然界的干扰

来自自然界的干扰是由某些自然现象引起的。最常见的是雷电、太阳黑子活动、火山喷发和地震引起的磁暴等产生的电磁干扰。雷电会在广大地区从几千赫到几百兆赫以上的极宽频率范围内产生严重电磁干扰。而太阳黑子活动会对 CDMA 的 GPS 卫星时钟同步系统造成干扰，严重的会造成网络中断。当然，来自自然界的干扰的影响面毕竟有限，而且概率也很低，在日常网络优化过程中，不会将其作为工作重点。

（2）人为产生的干扰

与系统内部干扰不同，人为产生的干扰由于存在"不可预见性"和"不易控制性"，因此往往只能事后补救，但其对网络质量的影响却不容忽视。

① 射频电磁干扰

目前，人为产生的射频电磁干扰已经成为 CDMA 系统干扰的重要组成部分。人为产生的干扰可分为窄带干扰和宽带干扰。

窄带干扰指干扰源产生的干扰信号带宽比 CDMA 单载频的带宽窄，但中心频率落在了 CDMA 的上行频带（825～835 MHz）或者下行频带（870～880 MHz）的某个工作频道内，如某些大功率无绳电话，不规范使用的集群通信系统，电视放大器，违法使用的广播电台，会产生辐射的微波治疗仪器等；宽带干扰信号是能够引起 CDMA 前向或反向的一个或多个频道背景噪声整体提升的干扰，如大功率军用通信设备、为了保密需要使用的宽带干扰机等。

其中，反向链路最容易受到干扰的影响，一旦反向链路受到干扰，会使基站无法对移动台做出正确的功率控制，从而影响整个扇区范围内的网络质量，甚至无法进行正常通话。对前向链路的干扰一般只会对局部区域的少数用户产生影响，除非干扰信号非常强。

② 脉冲放电

主要来自电源开关器、绝缘击穿、电焊机和点火设置的脉冲能量，例如切断大电流电路时产生的火花放电，其瞬时电流变率很大，会产生很强的电磁干扰；在城市中，车辆点火干扰也很常见。但这种干扰是在非常短的脉冲中包含了极少的能量，因此对 CDMA 网络的影响非常小，可以忽略。

【想一想】

1. 请问干扰有哪些类型，怎么产生的？

2. 请问直放站会引入哪些干扰？ 如何减小直放站对系统影响？

3. 请问哪些外部干扰需要关注？

【知识链接 2】 干扰定位和排除

1. 干扰的侦测

干扰的存在必然在一定程度上导致性能质量下降，因此如何及时发现干扰也是优化工作和解决问题的关键。判断、确定干扰的存在，通常采用以下方法：

（1）各类性能报表分析

① 在每日话务指标的分析中，关注局部区域扇区或全系统是否存在反向误帧率

(FER)、系统呼叫建立失败率、系统掉话率、反向 RSSI、手机的发射功率等指标异常升高的情况。在排除硬件故障的情况下，可以初步认为干扰的存在。

② 对个别基站的软切换统计数据、基站接收噪声统计数据等性能指标进行深度分析。一个扇区的软切换话务突然减少表明该小区可能存在干扰；在朗讯公司的 SMART 分析工具中，可以通过 RSSI(Receive Signal Strength Index) Avg 和 RSSI Peak 两项统计数据研究基站所受到干扰的程度。

正常情况下，RSSI Avg 和 RSSI Peak 的值都小于 10。如果 RSSI Avg 小于 10 而 RSSI Peak 大于 10，则可能是受到一个突发的脉冲干扰；如果 RSSI Avg 和 RSSI Peak 均大于 10，则可能存在一个较强的稳定的干扰。

(2) 用户投诉分析

用户投诉是发现网络问题的重要手段。在干扰管理工作中，应重点关注用户的以下方面投诉：

① 起呼时间较正常起呼时间长；经常出现起呼失败，或根本无法起呼。

② 做被叫时经常会提示联系不上；短信无法正常发送、接收。

③ 话音质量差，有严重的断续、杂音等现象，掉话现象严重。

④ 手机在起呼失败后可能伴随有脱网现象。

对于上述投诉，必须要了解清楚所反映现象发生的具体时间、地点、规律性，以便优化人员有针对性地进行现场测试。

(3) 现场测试

现场测试包括拨打测试(CQT)、路测(DT)和通过专用干扰分析仪表测试等手段。拨打测试是一种比较简单的手段，通过测试手机的测试模式的使用，可以初步确定干扰现象的存在；通过路测，可以有效找出一些直放站设置不当、邻区设置不当或过覆盖产生的干扰，结合扫频模块的使用，可以初步确定干扰源的位置；目前常用的干扰测试仪表有泰克公司的 YBT250 干扰分析仪、罗德斯瓦茨频谱分析仪，由于可以对接收点位置相当宽范围内的频谱进行分析，因此在日常干扰分析中非常有用。

2. 干扰的排除

(1) 系统内部干扰的排除

① 对于导频污染、同 PN 和邻 PN 干扰、越区覆盖等来自邻小区的前向链路干扰，可以通过 RF 优化、PN 检查、新建基站等方式优化解决。

② 对于因单载频负载过高，导致 RF 总噪声的增加，形成反向链路干扰，从而引起系统整体性能下降的情况，可以通过合理规划网络配置、扩容信道板、增加频点、通过 RF 优化让周围其他小区分担话务或在其周围增加基站的方法解决。尤其是随着 CDMA 数据业务的广泛开展，在一些话务密集区，数据的流量也很大，因此在进行扩容时还应关注支持数据业务的处理板的配置数是否合理。

③ 对于直放站引起的干扰，应主要从收发天线隔离度、直放站增益设置两方面着手处理。对于无线直放站，为达到隔离要求，可以从增大收发天线距离、采用高隔离度天线或角反射天线、尽可能利用建筑物阻挡或安装隔离网等手段。对于城市中心，特殊情况下可采用移频直放站。理论上，直放站增益设置比有效路径损耗越小，直放站对基站的影响就越小，因此在信号满足通话的情况下，应尽量减低直放站的增益。在目前的无线设计中，在一个基

站带一个直放站的情况下,对基站的噪声影响要求控制在 1 dB 以内。在室内覆盖大规模建设的今天,城区一个基站可能往往下挂了多个室内直放站,如果直放站增益不做控制,势必造成施主扇区噪声的抬高,严重影响基站的覆盖质量。在日常的室内分布系统建设中,必须合理规划直放站的挂接方式及控制增益,对于一些大型楼宇,尽可能采用光纤接入。

（2）外部干扰的排除

外部干扰的排除一般通过"网管指标和投诉数据分析"、"现场测试定位干扰源"、"清除干扰源"三个步骤解决。

【想一想】

请问针对不同的干扰类型,如何定位和排除干扰?

【知识链接3】 干扰问题的案例分析

1. 案例1

（1）问题现象

2011 年 3 月 30 日,在武广高铁郴州段沉源水二号隧道,发生:高铁测试中,由南往北经过郴州段沉源水二号隧道主叫发生 1 次掉话。如图 2-59 所示。

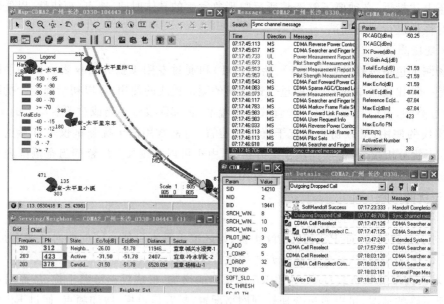

图 2-59 问题现象

（2）问题分析

手机在冷水坑三扇区 PN423 上通话,进入沉源水二号隧道后信号变差,但手机没有搜索到可用导频,发生掉话,掉话后手机同步到太平里浒口二扇区 PN252。经分析,按设计沉源水二号隧道直放站信源为太平里浒口二扇区 PN252,此处冷水坑三扇区 PN423 上通话信号变差后应该切换到太平里浒口二扇区 PN252,但此处冷水坑三扇区 PN423 并没有搜到太平里浒口二扇区 PN252 导频;检查邻区关系,有互配邻区,太平里浒口二扇区 PN252 和冷水坑三扇区 PN423 之间邻区优先级分别为 4、21;查阅光缆设计,沉源水二号隧道覆盖的直放站到施主基站太平里浒口基站之间的光缆长度为 7 km,A、N、R 搜索窗分别为 8、10、10。

（3）解决建议

① 将太平里浒口二扇区 PN252 和冷水坑三扇区 PN423 之间邻区优先级由 4、21 改为 2、2;

② 冷水坑三扇区 PN423 的 A、N、R 搜索窗分别由 8、10、10 改为 11、11、11;

③ ①和②实施后问题不能解决的话就将沉源水一号、二号隧道的直放站信源改为冷水坑三扇区 PN423,中间光缆尽量短。

2. 案例 2

（1）问题现象

房产交易中心基站三个扇区从 11 月份掉话率一直维持在 1% 以上,检查后台无线参数无误、没有硬件等问题。对基站三扇区的射频链路实时观察发现 RSSI 异常的高,尤其第一扇区,RSSI 高达 −83 dBm 左右,是底噪过高引起系统掉话。

（2）问题分析

到现场关闭基站的高功放,通过后台实时观察,房产交易中心的反向 RSSI 还是偏高,拔掉所在扇区的天馈系统,后台实时观察,反向 RSSI 保持在 −116 dBm 左右,通过上述操作,基本可以判断上述扇区的反向 RSSI 偏高是由于外界干扰造成的。

由于房产交易中心处于市中心,周围高楼密集,用户量大,对干扰的排查带来了不少困难。在房产交易中心的房顶上,用泰克仪器对四周进行扫描,泰克仪器的带宽先设置为 825~835 MHz,分辨率带宽（RBW）为 10 K,带宽间隔为 2 M。发现四周各个方向底噪都异常的高,达到 −85 dBm 左右。怀疑是房产交易中心大楼内的信号。从二楼顺楼梯向上,每层扫描,发现有两处在 283 频点上窄带波形,来自一些办公设备;和一处 201 频点附近的窄带波形,来自配电房。由于三处信号能量不足以影响基站三个扇区,不能确定是否是干扰源。

由于在房产交易中心四周整个底噪都很高,不能寻找干扰方向。想到干扰源可能很宽,把泰克仪器的带宽设置为 821~841 MHz,到房产交易南对面的大楼顶上,发现朝向东南方向,泰克仪器发现朝向科技馆方向最强。频谱如图 2-60 所示。

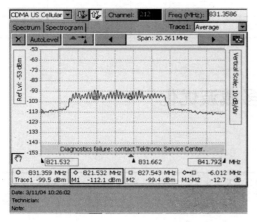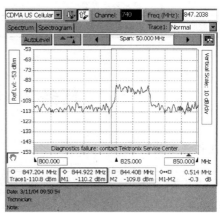

图 2-60　频谱图

询问联通公司维护工程师,得知科技馆内从 11 月份新开一无线直放站,通知后台关闭直放站后,RSSI 恢复正常。确认此无线直放站为干扰源。

无线直放站何以对三个扇区有如此大的影响？根据频谱图,带宽为 10 M,干扰频谱的

均值为 -88 dBm,干扰扩展到 CDMA 系统的 1.23 MHz,在基站接收端引起底噪的抬高为:$-88+10\log_{10}(10/1.23)=-78.89$ dBm,无干扰时系统底噪为 -116 dBm,底噪抬高了 37.11 dBm,影响基站系统的容量和覆盖范围。

(3) 解决办法

直放站工程师把直放站的方向调整后,房产交易中心基站的掉话率降低,底噪恢复正常。由于本问题具有特殊性,建议对宽带干扰排查时,先设置比较大的范围排查,确定方向。

【技能实训】 干扰问题分析

1. 实训目标

根据路测数据分析信令,找出干扰原因,提出解决方案,达到掌握干扰问题分析方法的目的。

2. 实训设备

(1) 装有路测分析软件的计算机若干;

(2) 干扰问题相关路测数据若干。

3. 实训步骤及注意事项

(1) 根据干扰问题的路测数据,分析原因。

(2) 提出可行的解决方案。

(3) 写出路测分析报告。

4. 实训考核单

考核项目	考核内容	所占比例/%	得分
实训态度	1. 积极参加技能实训操作 2. 按照安全操作流程进行操作 3. 纪律遵守情况	30	
实训过程	1. 根据掉话事件找到相关信令 2. 通过分析信令内容找出掉话原因 3. 提出解决方案	60	
成果验收	写出路测分析报告	10	

任务 7 多载波优化

【工作任务单】

工作任务单名称	多载波问题分类及优化方法	建议课时	3
工作任务内容: 　　掌握多载波问题分类及优化方法。			
工作任务设计: 　　首先,对多载波的问题进行分类及给出优化方法; 　　其次,对多载波典型案例进行优化分析。			
建议教学方法	教师讲解、分组讨论、案例教学	教学地点	实训室

【知识链接1】　多载波问题分类及优化方法

在 CDMA 网络建设初期,随着用户数的增长,可以通过对现有基站增加信道板卡来扩容,但是由于 CDMA 系统是自干扰系统和前向 Walsh 码数量有限(目前一般是 RC3 设置,有 64 个 Walsh 码),一个基站的容量很容易受限于它的无线容量。当用户进一步增加,语音及数据业务量产生的无线话务密度超过单载波基站所能提供的容量密度时,通过增加一个载波,使用双载波便成为一种有效的基站扩容途径,特别适合于大区域的基站扩容。对于一些数据业务量较大的基站,也可以进行单站的扩容。网络引入双载波后,要考虑终端的接入策略和双载波边界的切换算法的实现和优化。

1. 终端的接入策略

CDMA 标准中规定了 HASHING 算法用于手机在双载波区域是占用 283 载波还是 201 载波,此算法的做法是将使接入系统的手机随机的分布在系统的两个载波上,以达到话务均衡的目的。

图 2-61 为手机用户常用的一个载波选用过程。

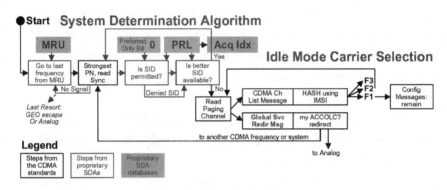

图 2-61　手机 HUSHING 工作原理

根据 MRU 表进行载波同步,搜索最强 PN,读取同步信道消息(含错误处理),读取寻呼信道消息,根据 IS95 的 CDMA 信道列表消息(CCLM)和 IS2000 的扩展 CDMA 信道列表消息(ECCLM)以及移动台的 IMSI 进行 HASH 运算,以确定本移动台空闲守候频道。

2. 载波间的切换算法

通常双载波与单载波边界区域的载波间切换算法主要有数据库辅助的硬切换(DA-HO)、伪导频触发的硬切换、移动台辅助的硬切换(MAHHO)、误帧率触发(Enhanced Hard Handoff Trigger)和环路时延触发(RTD,Round Trip Delay)等。由于伪导频触发的硬切换对无线网络规划及小区参数设置简单,对任何版本的移动终端都适用,切换成功率高,并且不会影响边界小区的容量,所以目前应用较广范,不过它需要在所有边界单载波小区增加伪导频设备,网络设备投资额较高。

在有伪导频的网络中,在不同载波(283 和 201 载波)交界区域,单载波边界的基站增加伪导频设备,在系统数据中定义伪导频小区和相应的邻区列表,在 201 载波上只发射导频信号,当手机从双载波区域往单载波区域移动到边界区域时,手机会向基站上报导频信号强度的报告,系统发现上报的邻区导频是伪导频,则触发硬切换,手机切换到单载波基站上。

在单载波无法解决容量问题时,只能通过增加载波来进行扩容。引入双载波后,将增加系统两载间的硬切换,还有需要增加设备方面的投资,增加网络复杂度。所以,在网络中需要引入双载波时,首先要做好前期勘测工作,将现场实际情况在工程设计中予以充分考虑和权衡,避免出现设计问题,应尽量保证双载波区域的连续性,避免过多不必要的载波间硬切换,载波间切换的边界也应进行严格的控制,尽量不在高业务区和高话务负荷区。在双载波开通后,还要注重网络优化,特别是载波间切换区域的优化和话务分担的优化,避免双载波的负面因素对网络的影响,提高网络质量,才能充分发挥双载波技术在现阶段网络中的作用。

【想一想】

双载波与单载波边界区域的载波间切换算法主要有哪几种? 各有什么优缺点?

【知识链接2】 多载波问题案例分析

1. 改善不同载波交界区域的手机"脱网"问题

在某市开通双载波后,在双载波和单载波交界的区域经常有用户反映手机经常会出现瞬间无信号的现象,也就是"脱网现象",而且经常出现起呼时间较久的问题。

经过对这个投诉区域进行了现场测试分析,在这个区域可以收到 BTS407 的 1 扇区的信号和 BTS438 的 3 扇区的信号。407-1(PN51)为双载波基站,438-3 扇区(PN369)为装有201 载波的 Pilot Beacon,它的 201 载波没有 Overhead Channel。

脱网现象较明显的手机型号是三星 X639,hash 在 201 载波上。在测试点处,空闲状态时它在 PN51 和 PN369 之间发生跨载波切换,经常出现脱网提示。有时手机在 PN369 的201 载波上停留时间很长,起呼时间较长。

观察手机的测试模式:待机在 PN51 的 201 载波上的手机,收到较好 PN369 的 201 载波的导频信号时,切换到 PN369 的 201 载波上,停留一段时间后,切换到 PN369 的 283 载波,如果此时突然出现 PN51 的导频信号,手机提示脱网后,切换到 PN51 的 201 载波。

空闲模式下手机通过 Pilot Beacon 的切换过程如图 2-62 所示。

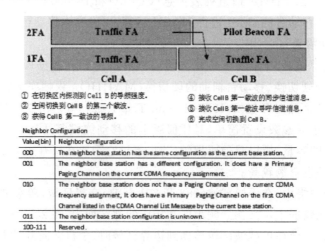

图 2-62 空闲状态下的伪导频切换

经过层三信令分析,发现 BTS407 的 PN51 下发的邻区表信息中,并没有在 Neighbor List Configruation 中表明 PN369 是 Pilot Beacon。没有这项信息,手机将进行 PN 搜索和同步信道获取过程,这样需要的时间较长,导致手机会出现明显的"脱网"现象。信令如图 2-63 所示。

```
SDU_AND_PDU_PADDING_LENGTH   266  bits
Neighbor List Message
    PILOT_PN   51
    CONFIG_MSG_SEQ  28
    PILOT_INC  3

            NGHBR_CONFIG  Same # of Freq; Same #
of PCH. [Action : No hash]
    NGHBR_PN  219
            NGHBR_CONFIG  Same # of Freq; Same #
of PCH. [Action : No hash]
    NGHBR_PN  387
            NGHBR_CONFIG  Same # of Freq; Same #
of PCH. [Action : No hash]
    NGHBR_PN  261
            NGHBR_CONFIG  Same # of Freq; Same #
of PCH. [Action : No hash]
    NGHBR_PN  369
            NGHBR_CONFIG  Same # of Freq; Same #
of PCH. [Action : No hash]
    NGHBR_PN  249
    NGHBR CONFIG
```

图 2-63　邻区设置错的信令

为了解决这个问题,把 PN51 邻区中的 PN369 为 Neighbor List Configruation 设置为 DIFF_FREQ,设置好后再次测试,脱网现象消失,收到的层三信令正常,如图 2-64 所示。

```
SDU_AND_PDU_PADDING_LENGTH   250  bits
Neighbor List Message
    PILOT_PN   51
    CONFIG_MSG_SEQ  55
    PILOT_INC  3

            NGHBR_CONFIG  Same # of Freq; Same #
of PCH. [Action : No hash]
    NGHBR_PN  219
            NGHBR_CONFIG  Same # of Freq; Same #
of PCH. [Action : No hash]
    NGHBR_PN  387
            NGHBR_CONFIG  Same # of Freq; Same #
of PCH. [Action : No hash]
    NGHBR_PN  261
            NGHBR_CONFIG  Different # of PCH.
[Action : Hash CDMA CH and PCH]
    NGHBR_PN  369
            NGHBR_CONFIG  Same # of Freq; Same #
of PCH. [Action : No hash]
    NGHBR_PN  249
            NGHBR_CONFIG  Same # of Freq; Same #
of PCH. [Action : No hash]
    NGHBR_PN  24
```

图 2-64　邻区设置正确的信令

2. 载波间的硬切换优化

在上面反映"脱网"现象的区域,还有在通话中经常掉话的现象。经实地测试,发现从双载波区载的 BTS407 的 1 小区 PN51 切换到单载波区域的 BTS438 的 3 小区 PN369 掉话率较高,统计 BTS438 的话单(CDL)发现 CFC29(硬切换超时失败)占到硬切换次数的 70%。

为了找到问题的原因,提取了一个星期的硬切换话单来分析,发现在 CFC29 的话单中,从 BTS407 切换到 BTS438 后,手机占用的都是 95 信道(BTS438 为 1x 和 95 信道板混插,第 1 块为 MCC1x,第 2 块为 MCC24),也就是说手机从 BTS407 切换到 BTS438 过程中,除了进行伪导频的硬切换外,还进行了从 1x 信道到 95 信道的硬切换,硬切换成功率较低,因此掉话率较高。记录的话单如图 2-65 所示。

```
INIT_RF_CONN_BTS=438              LAST_PSMM_ACT6_BM_
INIT_RF_CONN_SECTOR=1            LAST_PSMM_CAND1_CB
INIT_RF_CONN_MCC=2               LAST_PSMM_CAND1_MM
INIT_RF_CONN_ELEMENT=8           LAST_PSMM_CAND1_BT
INIT_RF_CONN_CHANNEL=283         LAST_PSMM_CAND1_SE
INIT_RF_CONN_CBSC=4024           LAST_PSMM_CAND1_ST
CFC=29                           LAST_PSMM_CAND1_PH
```

图 2-65　记录的话单

经过对 BTS438 参数的检查，发现它的设置有问题，它的伪导频小区的 1x　Voice 功能没有打开，如图 2-66 所示。

```
DISPLAY TBTS-4024-438 TCARRIERCONF:
```

TCARRIER	Type	PilotPn	Broadcast #	IS-2000 1X Voice	IS-2000 1X Packet Data
tcbsc#-tbts#-tsector#-tcarrier#					
TCARRIER-4024-438-1-201	PILOT_BEACON	33	20	OFF	ON
TCARRIER-4024-438-1-283	NORMAL	33	20	ON	ON
TCARRIER-4024-438-2-283	NORMAL	201	20	ON	ON
TCARRIER-4024-438-3-201	PILOT_BEACON	369	20	OFF	ON
TCARRIER-4024-438-3-283	NORMAL	369	20	ON	ON

图 2-66　载波配置情况

经过修改后，进行了一个星期的硬切换话单统计分析，CFC29 的话单比例下降到了 10%，掉话率明显大幅下降。记录的话单如图 2-67 所示。

```
INIT_RF_CONN_BTS=438              LAST_PSMM_ACT6_BM_T
INIT_RF_CONN_SECTOR=1            LAST_PSMM_CAND1_CBS
INIT_RF_CONN_MCC=1               LAST_PSMM_CAND1_MMA
INIT_RF_CONN_ELEMENT=5           LAST_PSMM_CAND1_BTS
INIT_RF_CONN_CHANNEL=283         LAST_PSMM_CAND1_SEC
INIT_RF_CONN_CBSC=4024           LAST_PSMM_CAND1_STR
CFC=29                           LAST_PSMM_CAND1_PHAS
```

图 2-67　记录的话单

【技能实训】　多载波问题分析

1. 实训目标

了解多载波常见问题及其处理过程，掌握多载波问题处理思路，测试方法，分析手段，通过案例的学习，尽快定位问题。

2. 实训设备

（1）装有路测软件和后台分析软件的计算机一台。

（2）测试手机 2 个。

3. 实训步骤及注意事项

（1）选择一个双载波区域进行路测。

（2）利用后台软件对路测数据进行分析。

4. 实训考核单

考核项目	考核内容	所占比例/%	得分
实训态度	1.积极参加技能实训操作 2.按照安全操作流程进行操作 3.纪律遵守情况	30	
实训过程	1.选择一个双载波区域进行路测。 2.利用后台软件对路测数据进行分析。	60	
成果验收	提交路测数据分析结果	10	
合计		100	

任务 8　EV-DO 优化分析

【工作任务单】

工作任务单名称	EV-DO 的基本信令及优化	建议课时	3
工作任务内容: 　　掌握 EV-DO 的基本信令流程及优化方法。			
工作任务设计: 　　首先,教师讲解 EV-DO 的基本信令流程; 　　其次,对 EV-DO 的问题进行分类及给出优化方法; 　　最后,对 EV-DO 典型案例进行优化分析。			
建议教学方法	教师讲解、分组讨论、案例教学	教学地点	实训室

【知识链接 1】　EV-DO 的基本信令流程

1. Session 呼叫流程

（1）Session 建立流程

Session 建立流程如图 2-68 所示。

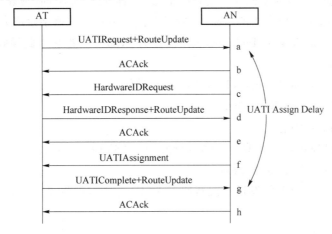

图 2-68　Session 建立流程

① RouteUpdate 消息

AT 向 AN 发送 RouteUpdate 消息,主要用于报告 AT 当前的无线传播环境。该消息在每次 Session 呼叫都会有该条消息和 UATIRequest 一起上报,在切换的时候,也是由 AT 首先上报 RouteUpdate 消息开始。切换上报的 RouteUpdate 和 Session 呼叫、Connection 呼叫等呼叫流程起始的 RouteUpdate 有一个区别:呼叫最初上报的路由更新消息中只有起呼主导频的信息,而切换最初上报的消息中则含有多个导频的信息。见表 2-7 和表 2-8。

表 2-7　RouteUpdate 消息

Field	Length/bits
messageID	8
messageSequence	8
ReferencePilotPN	9
ReferencePilotStrength	6
ReferenceKeep	1
Numpilots	4

表 2-8　Numpilots 的 Field

Field	Length/bits
pilotPNPhase	15
ChannelIncluded	1
Channel	0 or 24
ReferencePilotStrength	6
PilotStrength	6
Keep	1

- MeesageID:AT 固定设置为 0x00。
- MessageSequence:消息的序列号,应该比上一个 RouteUpdate 消息中的序列号大 1,范围为 0~255。
- ReferencePilotPN:参考导频。
- ReferencePilotStrength:参考导频的强度,该值是按照 $-2\times10\times\log(\text{PS})$ 向下取整计算,其中 PS 为参考导频强度。
- ReferenceKeep:若基准导频的导频去掉计时器已经超时,则该字段设置为 0,指示应去掉参考导频;否则该字段设置为 1,指示应保留参考导频。
- NumPilots:除参考导频外的导频数目。
- PilotPNPhase:导频相位,由此可以计算出导频偏置。
- ChannelIncluded:如果此导频偏置的信道与当前的信道不同,则设置该字段为 1,否则设置为 0;所谓信道指的是频点,所以在信令中看到的该字段绝大部分是 0。
- Channel:如果 ChannelIncluded 字段设置为 1,那么设置它为此导频对应的频点,否则将忽略这个字段。
- PilotStrength:和 ReferencePilotStrength 类似。
- Keep:和 ReferenceKeep 类似。

② UATIRequest 消息

AT 发送 UATIRequest 消息请求 AN 分配一个 UATI。见表 2-9。

- MessageID:固定设置为 0x00。
- TransactionID:AT 每发送一次新的 UATIRequest,就将该字段增加 1,该字段的范围是 0~255。

③ ACACK 消息

AN 发 ACACK 消息,以确认接收到接入信道的 MAC 层包。见表 2-10。

<table>
<tr><th colspan="2">表 2-9　UATIRequest 消息</th></tr>
<tr><td>Field</td><td>Length/bits</td></tr>
<tr><td>MessageID</td><td>8</td></tr>
<tr><td>TransactionID</td><td>8</td></tr>
</table>

<table>
<tr><th colspan="2">表 2-10　ACACK 消息</th></tr>
<tr><td>Field</td><td>Length/bits</td></tr>
<tr><td>MessageID</td><td>8</td></tr>
</table>

- MessageID:AN 固定设置该字段为 0x00。

④ HardwareIDRequest 消息

AN 利用这条消息请求获取 AT 的 HarewareID 信息。见表 2-11。

- MessageID:AN 固定设置为 0x03。

<table>
<tr><th colspan="2">表 2-11　HardwareIDRequest 消息</th></tr>
<tr><td>Field</td><td>Length/bits</td></tr>
<tr><td>MessageID</td><td>8</td></tr>
<tr><td>TransactionID</td><td>8</td></tr>
</table>

- TransactionID:每发送一个新的 HardwareIDRequest,该字段增加 1。

⑤ HardwareIDResponse 消息

AT 发送这条消息响应 HardwareIDRequest 消息,该消息包含 AT 的 HardwareID 信息。见表 2-12。

表 2-12　HardwareIDResponse 消息

Field	Length/bits	Field	Length/bits
MessageID	8	HardwareIDLength	8
TransactionID	8	HardwareIDValue	8×HardwareIDLength
HardwareIDType	24		

- MessageID:AT 固定设置为 0x04。
- TransactionID:应该设置为所对应的 HardwareIDRequeset 消息的 TransactionID 字段。
- HardwareIDType:AT 将根据表 2-13 来填写这个字段。

表 2-13　HardwareIDType 字段

HardwareIDType field Value	Meaning
0x010000	Electronic Serial Number(ESN)
0x00NNNN	Hardware ID"NNNN" from[8]
0xFFFFFF	Null
All other value	Invaid

- HardwareIDLength:如果 HardwareID 不是 0xFFFFFF,那么 AT 设置这个字段为 HardwareIDValue 的字节长度,否则设置为 0。
- HardwareIDValue:AT 设置该字段为厂商分配给 AT 的唯一 ID。

⑥ UATIAssignment 消息

AN 通过该消息为 AT 分配一个 UATI。见表 2-14。

表 2-14　UATIAssignment 消息

Field	Length/bits	Field	Length/bits
MessageID	8	UATI104	0 or 104
MessageSequence	8	UATIColorCode	8
Reserved1	7	UATI024	24
SubnetIncluded	1	UpperOldUATILength	4
UATISubnetMask	0 or 8	Reserved2	4

- MessageID：固定设置为 0x01。
- MessageSequence：每下发一个 UATIAssigment，该字段固定增加 1，但是需要注意的是这里说的 UATIAssignment 是针对同一个 AT 而言的。
- SubnetInclued：若该消息包含 UATI104 字段和 UATISubnetMask 字段，则该字段置应设为 1，否则为 0。
- UATISubnetMask：如果 AT 设置 SubnetInclued 为 0，则忽略该字段；如果 AT 设置 SubnetInclued 为 1，包含该字段，则 AN 应设置该字段为分配的 UATI 所属的子网掩码中连续 1 的个数。
- UATI104：如果 AT 设置 SubnetInclued 为 0，则忽略该字段；如果 AT 设置 SubnetInclued 为 1，包含该字段，则 AN 应设置该字段为分配给 AT 的 UATI 的 UATI[127:24]。
- UATIColorCode：UATI 颜色码，AN 应设置该字段为 UATI 所属子网对应的颜色码。
- UATI024：AN 设置该字段为分配给 AT 的 UATI 的 UATI[23:0]。
- UpperOldUATILength：AN 设置该字段为将在 UATIComplete 消息中发送 OldUATI[127:24]从最低有效位开始的字节数目。

⑦ UATIComplete 消息

AT 发送该消息证实收到的 UATIAssignment 消息。见表 2-15。

表 2-15　UATIComplete 消息

Field	Length/bits
MessageID	8
MessageSequence	8
Reserved	4
UpperOldUTAILength	4
UpperOldUTAI	$8 \times$ UpperOldUTAILength

- MessageID：固定设置为 0x02。
- MessageSequence：设置为所对应的 UATIAssignment 的 MessageSequence 字段。
- UpperOldUATILength：AT 设置该字段为 UpperOldUATI 的字节长度。
- UpperOldUATI：若此消息所确认的 UATIAssignment 消息中的 UpperOldUATILength 非零，并且 OldUATI 不为 NULL，则接入终端设置该字段为 OldUATI[23

　＋ UpperOldUATILength×8:24]。

（2）Session 协商流程

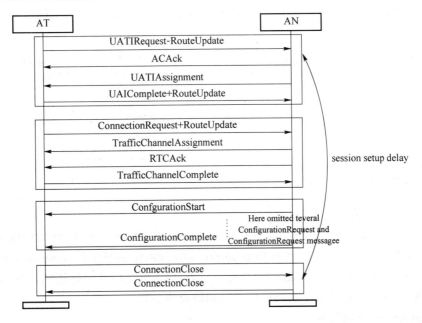

图 2-69　Session 协商流程

① ConfigurationStart 消息

② ConfigurationRequest 消息

属性记录（Attribute Record）为给定属性定义一套建议值,属性记录格式被定义,可以使得接收方不能识别此属性,则它也能够丢弃它并分析此记录随后的属性记录。

表 2-16　ConfigurationStart 消息

Field	Length/bits
MessageID	8

一个属性可以是以下三类中的一种：

- 简单属性,假如属性记录中只包含单个值;
- 属性列表,假如属性记录包含多种单个值,它们被解释为相同属性标志符的不同建议值（如相同协议类型的可能协议子类型列表）;
- 综合属性,如果属性记录中包含多种单个值,这些值一起形成一个特定属性标志符的综合值。

③ ConfigurationResponse 消息

应答方发送 ConfigurationResponse 消息从所提供建议值列表中选择一个属性值。如果 ConfigurationRequest 中是单个属性或者是属性列表,那么就是直接选择一个属性值,如果 Request 消息中是一个综合属性,那么 Response 消息中就回复某一个 ValueID。

ConfigurationResponse 消息一般要在 Tumaround 定时器内回复给发送方,该定时器定义为 2 s。

- MessageID：固定设置为 0x51。
- TransactionID：应设置为对应的 ConfigurationRequest 消息的 TransactionID 字段。

该消息中应答方回复一个属性值或者 ValueID 给发送方,以协商确认的协议属性。

④ ConfigurationComplete 消息

发送方发送 ConfigurationComplete 消息,以指示它已经完成它始发执行的协商过程。见表 2-18。

表 2-17 ConfigurationResponse 消息

Field	Length/bits
MessageID	8
TransactionID	8
Zero or more instances of the following record	
AttributeRecord	Attribute dependent

表 2-18 ConfigurationComplete 消息

Field	Length/bits
MessageID	8
TransactionID	8
SessionConfigurationToken	0 或 16

- MessageID:固定设置为 0x00。
- TransactionID:AT 为每个新发送的 ConfigurationComplete 消息增加该值,AN 设置该字段为从 AT 接收到的 ConfigurationComplete 消息中的 TransactionID 值。
- SessionConfigurationToken:会话配置标志,接入终端应该忽略该域,AN 包含该域,AN 可以设置该域为反映协商的协议和协商的参数。

2. Connection 呼叫流程

(1) AT 发起的 Connection 建立流程

AT 发起的 Connection 建立流程如图 2-70 所示。

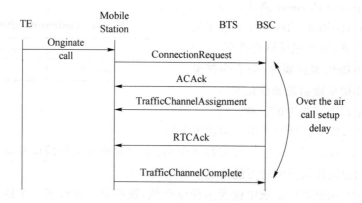

图 2-70 AT 发起的 Connection 建立流程

① ConnectionRequest 消息

AT 发送 ConectionRequest 消息请求建立一个连接。见表 2-19。

表 2-19 ConnectionRequest 消息

Field	Length/bits	Field	Length/bits
MessageID	8	RequestReason	4
TransactionID	8	Reserved	4

- MessageID:AT 固定设置该字段为 0x01。
- TransactionID:AT 每发送一个新的 ConnectionRequest,该字段增加 1。
- RequestReason:该字段为 0,表示终端发起,为 1,表示 AN 发起,此外的值是不允许的。

② TrafficChannelAssignment 消息

AN 发送 TrafficChannelAssignment 消息通知 AT 改变激活集。见表 2-20。

表 2-20　TrafficChannelAssignment 消息

Field	Length/bits	Field	Length/bits
MessageID	8	DRCLength	2
MessageSequence	8	DRCChannelGain	6
ChannelIncluded	1	AckChannelGain	6
Channel	0 or 24	NumPliots	4
FrameOffset	4	Reserved	Variable

- MessageID:AN 设置该字段为 0x01。
- MessageSequence:消息的序列号,应该比上一个 TrafficChannelAssignment 消息中的序列号大 1,范围为 0～255。
- ChannelIncluded:同 RouteUpdate 消息。
- Channel:同 RouteUpdate 消息。
- FrameOffset:用于反向的帧偏置,RevA 将一帧的时间分解成为 16 个帧偏置。
- DRCLength:申请一个 DRC 所需要的时隙,该字段设置值所对应的时隙数见表 2-21。
- DRCChannelGain:用于指示 AT 发送 DRC 消息时候所采用的增益,该增益是 DRC 信道与反向业务信道的导频信道的比值,取值范围为 $-9～6$ dB。
- ACKChannelGain:用于指示 AT 发送 ACK 消息时候所采用的增益,该增益是 DRC 信道与反向业务信道的导频信道的比值,取值范围为 $-3～6$ dB。
- NumPilots:TrafficChannelAssignment 消息中所携带导频的数目,见表 2-22。

表 2-21　DRCLength　Encoding

Field value/binary	DRCLength/slots
00	1
01	2
10	4
11	8

表 2-22　NumPliots 字段

Field	Length/bits
PilotsPN	9
SofterHandoff	1
MACIndex	6
RABLength	2
RABOffse	3

- PilotPN:导频偏置。
- SofterHandoff:这个字段是用来标记导频之间的软或者更软切换关系的,当这个字段设置为 0,说明这个导频和排在它前面的那个导频不是更软切换关系,如果设置

133

为 1, 说明这个导频和排在它前面的那个导频是更软切换关系(也就是说是同一个基站不同扇区的导频)。

- MACIndex:设置该字段为由此扇区指配给接入终端的 MACIndex。
- DRCCover:设置该字段为指定扇区相关的 DRC 覆盖的索引,所以切换态下的每个扇区的 DRCCover 都不会相同。
- RABLength:接入网设置该域为反向激活比特发送所占用的时隙数,见表 2-23。

表 2-23   RABLength   字段

Field value/binary	RABLength/slots	Field value/binary	RABLength/slots
00	8	10	32
01	16	11	64

- RABOffset:用来确定每个 RAB 比特发送的初始时刻,需要符合 T mod RABLength = RABOffset 这个条件。

③ RTCACK 消息

AN 发出这条命令表示已经捕捉到了反向业务信道。AN 网络使用该 AT 当前的 ATI 来发送该条消息。

④ TrafficChannelComplete 消息

TrafficChannelComplete 消息格式见表 2-24。

表 2-24   TrafficChannelComplete 消息

Field	Length/slots
MessageID	8
MessageSequence	8

AT 在反向业务信道上发送这条消息,是对 TrafficChannelAssignment 消息的确认。其中 MessageID 固定为 0x02,MessageSequence 等于它所确认的 TrafficChannelAssignment 消息中的 MessageSequence。

3. 切换控制流程

更软切换加/更软切换去、软切换加/软切换去、换频切换加/换频切换去,其空口的处理流程是一样,只是在基站内部单板间的处理流程有区别,从网优角度,主要关注的是空口部分的消息,因此切换控制流程选取更软切换加作为例子具体介绍。

(1)软切换流程

切换控制流程如图 2-71 所示。

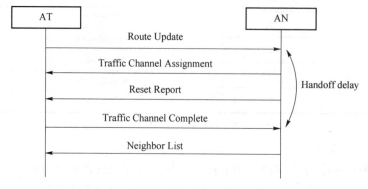

图 2-71   软切换流程

① ResetReport 消息

该消息是 AN 用来重置 AT 发送 RouteUpdate 消息时的条件,结构见表 2-25。

其中,MessageID 固定设置为 0x03。

② NeighborList 消息

表 2-25　ResetReport 消息

Field	Length/slots
MessageID	8

当 AT 处于 Connection 打开状态时,AN 发送 NeighborList 消息,用于向 AT 通知周围邻区对应的信息,AT 利用该消息进行更新搜索窗的大小和搜索窗的偏置,以便进行邻区的搜索。见表 2-26。

表 2-26　NeighborList 消息

Field	Length/bits
MessageID	8
Count	5
Count occurrences of the following field:	
PilotPN	9
Count occurrences of the following two fields:	
ChannelIncluded	1
Channel	0 or 24
SearchWindowSize Included	1
Count occurrences of the following field	
SearchWindowSize	0 or 4
SearchWindowOffsetIncluded	1
Count occurrences of the following field	
SearchWindowOffset	0 or 3
Reserved	Vartable

- MessageID:固定设置为 0x04。
- Count:消息中所携带邻区的数目。
- PilotPN:邻区的 PN 偏置;对于该邻区的 PN 偏置,AN 在该条消息中将提供搜索窗的相关信息。
- ChannelIncluded:在 Channel Record 中如果包含该邻区,则 AN 设置该字段为 1,否则 AN 设置该字段为 0。
- Channel:按照 Channel Record 的格式定义邻区。
- SearchWindowSizeIncluded:如果邻区中包含搜索窗口宽度信息,那么设置为 1,否则为 0。
- SearchWindowSize:邻区导频的搜索窗口宽度信息,如果 SearchWindowSizeIncluded 设置为 0,那么忽略本字段。
- SearchWindowOffsetIncluded:如果邻区中包含搜索窗口中心偏置信息,那么设置为 1,否则为 0。

- SearchWindowSize：邻区导频的搜索窗口中心偏置信息，如果 SearchWindowOffset-Included 设置为 0，那么忽略本字段。

【想一想】

请分析比较 CDMA 1x 和 CDMA EV-DO 呼叫建立流程有什么异同？

【知识链接 2】 EV-DO 的问题分类及优化方法

1. EV-DO 接入问题分类及优化方法

（1）影响 EV-DO 接入的主要问题

① 会话建立过程中配置协商失败；

② AN AAA/AAA 鉴权失败；

③ 接入参数设置不合理；

④ 覆盖、容量问题；

⑤ 数据配置问题；

⑥ 单板异常、故障。

（2）优化方法

① 为了减少不必要的流程，数据配置时应尽量使用协议规定的默认值；

② 跟踪信令确认鉴权结果（如鉴权失败，需要进一步在 AAA 服务器上检查用户信息）；

③ 常用接入参数优化；

④ 功率控制参数优化；

⑤ 检查业务。

表 2-27 EV-DO 接入问题分类及优化建议

参数	范围	默认值	描述
接入参数消息 AccessParametersMessage			
接入信道周期持续时间 AccessCycleDuration	0～255 slots	64 slots	表示广播时隙周期内接入周期的持续时间
功率增加步长 PowerStep	0～15（单位 0.5 dB）	6	表示连续试探的功率增长
接入试探最大数 ProbeNumStep	1～15	5	表示一个接入试探序列中的最大试探数
接入前缀长度 PreambleLength	1～7 帧	2 帧	表示接入试探的前缀长度
试探序列最大数 ProbeSequencedMax	1～15	3	一个接入尝试中允许的接入试探序列的最大数目
开环功率校正因子 ProbeInitialAdjust	−16～15（单位 0.5 dB）	0	表示开环功率估计中，AT 在接入信道上最初传送所用的校正因子

（3）相关参数

见表 2-28 和表 2-29。

表 2-28　EV-DO 接入相关参数

参数	范围(单位 1/1 024 dB)	默认值	描述
PCT 最小值 MINPCT	−28 672 ～−12 416	−21 504(−21 dB)	BSC 外环功控对 PCT 调整的最小取值
PCT 最大值 MAXPCT	−28 672 ～−12 416	−19 456(−19 dB)	BSC 外环功控对 PCT 调整的最大取值
PCT 初始值 INITPCT	−28 672 ～−12 416	−21 504(21.0 dB)	BSC 功控以 PCT 的初始值开始
无数据状态下的最大 PCT 值 NODATAMAX	−28 672 ～−12 416	−21 504(21.0 dB)	NoData 状态下的 PCT 最大值,防止 PCT 在 NoData 状态下增长过大

表 2-29　EV-DO 接入搜索窗

Access Preamble length/frames	Access search windows size/PN chips
1	width＜158 PN chips
2	158 PN chips＜＝width＜391 PN chips
3	391 PN chips＜＝width

2. EV-DO 掉话问题分类及优化方法

(1) 导致 EV-DO 掉话的主要原因

① 覆盖不足;② 空口/传输误码;③ 干扰;④ 切换失败。

(2) 优化方法

① 路测、CQT 测试,通过测试分析掉话原因;② 收集话统数据及 SPU 日志,通过 Nas-tar 及 OMStar 分析掉话原因;③ 分析掉话用户的 CDR 数据;④ 查看系统告警、基站单板告警、传输告警;⑤ 查看 RSSI 异常情况;⑥ PN 的检查及优化;⑦ 邻区检查及优化。

3. EV-DO 速率问题分类及优化方法

(1) 影响 EV-DO 前反向速率的主要因素

① 无线覆盖(C/I 差,Tx 高);

② 带宽不足(CE 不足、E1 不足、业务链路带宽配置不足、PVC 带宽不足、PDSN 与 PCF 带宽不足);

③ 误码及重传(空口误码、传输误码);

④ 频繁切换;

⑤ 终端及系统设置问题。

(2) 优化方法

① 路测、CQT 测试,通过测试分析掉话原因;

② 从空口开始逐层检查业务带宽瓶颈(如图 2-72 所示);

③ 通过 ping 命令、iperf 工具在 FMR、PCF 上进行上下行时延及带宽测试;

④ 查看系统告警、基站单板告警;

⑤ 检查终端设置是否正确(包括与终端相连的便携机 TCP 窗口设置);

⑥ 检查 FTP 服务器设置是否正确;

⑦ 检查设备的配置数据(如是否固定了用户下行最大速率);

⑧ 避免频繁切换。

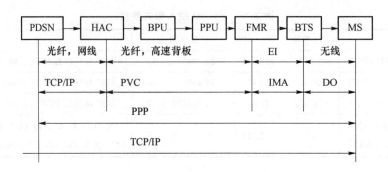

图 2-72　EV-DO 前反向速率的影响因素

　　分析 DO 下行速率过低,根据木桶最短板原理,应该从底层开始,一层层分析判断受限点,定位原因并解决。一般采用 cait 定位无线链路状况,采用 ping 命令、iperf 定位有线侧链路状态。

4. EV-DO 切换问题分类及优化方法

（1）影响 EV-DO 切换的主要因素

① 邻区关系;② 切换参数;③ 资源容量;④ 终端及产品问题。

（2）优化方法

① 通过路测分析掉话原因;

② 路测的同时在维护台进行空口信令跟踪,检查切换流程;

③ 检查邻区(漏配、优先级不合理);

④ 检查搜索窗大小(激活集、候选集、相邻集);

⑤ 检查切换门限（PILOTADD、PILOTCMP、PILOTDROP、PILOTDROPTIMER、……）;

⑥ 检查设备告警;

⑦ 分析话统数据。

【知识链接 3】　EV-DO 优化案例分析

1. EV-DO 掉话案例——强分支加不进来引发的连接释放

（1）问题现象

① 上层数据速率为 0。DRC 很差,PER 很高。

② 激活集 PN80 的 Ec/Io 较差,候选集分支 PN96 强度为 −2.5 dB,但是不能够加入激活集。

（2）问题分析

① 对 CAIT 数据的回放,产生疑问:为什么 PN96 无法加到激活集?

② 无线场景分析,激活集分支 PN80 的信号越来越差,相邻集分支 PN96 的信号越来越好;但是不能够成功切换,导致掉话。

③问题原因如下。

• AT 上报 RU,要求增加 PN96;但是由于 PN96 的 Ec/Io 低于 T_ADD,导致系统没有响应这条 RU 消息,没有发起切换。

- 后来,即使 PN96 的 Ec/Io 超过了 T_ADD,AT 再也不上报 RU 了,导致始终不能够把 PN96 加入激活集。
- PN96 就成了一个强干扰,最终导致连接释放。

(3) 解决措施

① 修改切换判决算法。当 AT 上报 RU,RRM 进行增加分支软切换判决时,默认不使用 T_ADD 门限,只要是相邻集分支,AT 上报的 RU 中的 Keep 指标为 1,就增加这个分支。安全起见,该修改用软参控制,开关可控。

② CCM 周期的向 AT 下发 ResetReport 消息,强制触发 AT 上报 RU。安全起见,该修改用软参控制,开关可控。

(4) 结论

由于 AT 的行为,在未达到 T_ADD 门限就上报 RU,而系统未作处理。当达到 T_ADD 门限时,AT 又不上报 RU,同样未得到系统处理。导致较强的分支没有被及时加入,而作为较强的干扰致使 AT 的连接断连。在增加算法的兼容性后问题解决。

2. EV-DO 速率案例——反向功控参数设置不合理导致的下载速率低

(1) 现象描述

北京 3G 技术实验测试期间,发现定点的 FTP 下载速率总是不能稳定在 2 Mbit/s 上。

(2) 问题分析

通过 CAIT 观察发现空口上前向经常有突发的 NAK 帧。在总部的外场观测,发现存在同样现象,通过调整 BSC 的反向功控参数,抬升终端发射功率后,突发 NAK 帧的情况消失,FTP 下载速率趋于稳定在 2 Mbit/s 以上。

(3) 结论

进行 FTP 下载时通过 CAIT 或者在 BSC 的调试台观察误码率是否大于 1%,空口是否有很多 NAK 帧。前向发送大量 NAK 帧说明反向业务信道误码过高,提高了反向业务信道发射功率可以减少反向误码,改善反向应答消息的解调成功率。这对数据业务(基于 TCP/IP 协议)很重要,所以可以改善前向数据速率。

3. EV-DO 速率案例——链路带宽受限导致的 DO 下行速率过低

(1) 现象描述

在梧州联通测试下载时,空口情况良好,不存在误帧情况,前向稳定申请 2.4 M,采用 ftp 下载,速率在 1.8 M 到 1.4 M 间振荡,平均值无法突破 1.6 M,而理论分析,ftp 下载应该达到 2 M 以上。

(2) 问题分析

通过 iperf 采用 UDP 发送测试,全链路带宽稳定在 1.6 M 左右。通过分析,与 2 M 的 PVC 带宽有关,由于 PVC 效率在 80% 左右,正好 1.6 M 带宽。

(3) 结论

通过调整 DO 的 HAC、BPU、PPU、FMR 之间的 PVC 带宽到 4 M,采用 UDP 下载速率突破了 2 M。

【技能实训】 EV-DO 的问题分析

1. 实训目标

了解 1x EV-DO Rel0 及 DO RevA 常见问题及其处理过程。掌握 1x EV-DO Rel0 及 DO RevA 的问题处理思路,测试方法,分析手段通过案例的学习,尽快定位问题。

2. 实训设备

(1) 装有路测软件和后台分析软件的计算机一台。

(2) DO 测试终端一个,测试卡一张。

3. 实训步骤及注意事项

(1) 选择一个区域进行 DO 路测。

(2) 利用后台软件对路测数据进行分析。

4. 实训考核单

考核项目	考核内容	所占比例/%	得分
实训态度	1. 积极参加技能实训操作 2. 按照安全操作流程进行操作 3. 纪律遵守情况	30	
实训过程	1. 选择一区域进行 DO 路测 2. 利用后台软件对路测数据进行分析	60	
成果验收	提交路测数据分析结果	10	
合计		100	

项目 3　WCDMA 无线网络优化

【知识目标】掌握 WCDMA 网络覆盖问题分析；掌握 WCDMA 网络接入信令流程和问题分析；掌握 WCDMA 网络切换信令流程和问题分析；掌握 WCDMA 网络掉话问题分析；掌握 HSDPA 基本信令和问题分析。

【技能目标】会进行 WCDMA 网络覆盖问题优化；能够进行 WCDMA 网络接入问题优化；能够进行 WCDMA 网络切换问题优化；会 WCDMA 网络掉话问题优化；能够进行简单的 HSDPA 问题优化。

任务 1　WCDMA 网络覆盖问题优化

【工作任务单】

工作任务单名称	WCDMA 网络覆盖问题优化	建议课时	2+2

工作任务内容：

　　1. 掌握覆盖问题分类、分析流程；

　　2. 了解覆盖增强策略；

　　3. 进行覆盖问题案例分析。

工作任务设计：

　　首先，教师讲解 WCDMA 网络覆盖问题的相关知识点；

　　其次，分组进行覆盖问题案例分析讨论；

　　最后，分组使用后台分析软件进行 WCDMA 网络覆盖问题数据的分析，并写出分析报告。

建议教学方法	教师讲解、分组讨论、实践	教学地点	实训室

覆盖优化是改善网络性能的最基本的要求，在此基础上进行的无线性能优化才有意义。

【知识链接 1】　衡量覆盖效果的测试指标

WCDMA 网络通常通过路测数据中 RSCP 和 Eb/No(或 Ec/Io)来评价网络的前向覆盖能力。CPICH RSCP 指接收信号码功率，测量得到的是码字功率。如果 PCPICH 采用发射分集，手机对每个小区的发射天线分别进行接收码功率测量，并加权和为总的接收码功率值。CPICH Eb/No 指每码片的接收能量除以带内的功率密度的值，Eb/No 是接收信号码功率除以整个信道带宽内的接收功率 RSCP/RSSI，RSSI 接收信号场强指示，也是信道带宽内的接收功率,RSCP 是解扩后一个导频符号的接收功率。

WCDMA 网络通常通过路测数据中的 TxPWR 来评价网络的反向覆盖能力。移动台的发射功率的大小可以衡量出反向覆盖能力的大小。如果某区域移动台的发射功率小,则说明反向覆盖好;如果发射功率大,则说明反向覆盖差;如果发射功率已经接近于移动台的最大发射功率,则表明已经接近覆盖的边缘。

【知识链接2】 覆盖问题分类

1. 弱覆盖

弱覆盖是指覆盖区域导频信号的 RSCP 小于 -95 dBm。出现环境:凹地、山坡背面、电梯井、隧道、地下车库或地下室、高大建筑物内部等。导致后果:全覆盖业务接入困难、掉话;手机无法驻留小区,无法发起位置更新和位置登记而出现"掉网"的情况。

应对措施:可以通过增强导频功率、调整天线方向角和下倾角,增加天线挂高,更换更高增益天线等方法来优化覆盖。新建基站,或增加周边基站的覆盖范围,使两基站覆盖交叠深度加大,保证一定大小的软切换区域,同时要注意覆盖范围增大后可能带来的同邻频干扰。新增基站或 RRU,以延伸覆盖范围。RRU、室内分布系统、泄漏电缆、定向天线等方案来解决。

2. 越区覆盖

当 WCDMA 网络中主控小区的导频信号过强,超过本小区的覆盖范围,造成其他小区的覆盖范围内无主导频或越区信号反客为主成为主信号的问题称为越区覆盖。越区覆盖将给其他小区带来严重的干扰,使网络内干扰分布不均,可能带来严重的导频污染,引起掉话,切换失败、"岛"现象等问题。越区覆盖不仅提高了系统的干扰水平,而且会影响网络的各项主要话务统计指标。引起过覆盖问题的原因一般分为高站越区、由于无线环境导致的越区和相邻小区间越区 3 类问题。

解决方案:调整天线下倾角和方位角,避免天线正对道路传播;利用周边建筑物的遮挡效应;调整导频功率,减小基站覆盖面积。对于高站的情况,比较有效的方法是更替站址,或者调整导频功率或使用电下倾天线,以减少基站的覆盖范围为来消除"岛"效应。

3. 上下行不平衡

上下行不平衡一般指目标覆盖区域内,业务出现上行覆盖受限(表现为 UE 的发射功率达到最大仍不能满足上行 BLER 要求)或下行覆盖受限(表现为下行专用信道码发射功率达到最大仍不能满足下行 BLER 要求)的情况。电信运营商最关心的是映射到话统指标的业务覆盖质量,良好的导频覆盖是保证业务覆盖质量的前提。由于 WCDMA 支持多业务承载,规划的目标区域除了要保证连续的全覆盖业务的上下行平衡,而且部分区域也要支撑非连续覆盖的非对称业务(例如上行 64 k 和下行 PS128 k 业务,上行 64 k 和下行 PS384 k 业务)。上行覆盖受限的情况,理论上可以认为是 UE 最大发射功率仍不能达到 Node B 的接收灵敏度要求,下行覆盖受限的情况,理论上可以认为是下行手机接收的噪声增加,导致 Ec/Io 恶化。

上行干扰产生的上下行不平衡;下行功率受限产生的上下行不平衡。

导致结果:比较容易导致掉话,常见的原因是上行覆盖受限。应对措施:对于上行干扰产生的上下行不平衡,可以通过监控基站 RTWP 的告警情况来确认是否存在干扰。

4. 导频污染

导频污染一般指在某一点接收到太多的导频,但却没有一个足够强的主导频。当某点接收到的强导频信号数量超过了激活集定义的数目,使得某些强导频不能加入到 UE 的激活集,因此终端不能有效的利用这些信号,这些信号就会对有效信号造成严重的干扰,形成导频污染。使用以下方法判别导频污染的存在:满足条件 CPICH_RSCP＞－95 dBm 的导频个数大于 3 个且 CPICH_RSCP$_{1st}$－CPICH_RSCP$_{4th}$＜5 dB

由于目前激活集的大小为 3,导频污染定义如下:在同一地区可测量到的基站导频(CPICH)数目不小于 4,且其中最强导频信号的 RSCP＞－100 dBm,按导频 RSCP 强度来排列,设第四强的导频信号和最强的导频信号的差值为 D,由此定义:

(1) 严重导频污染 $D \leqslant 4$ dB;

(2) 中度导频污染 4 dB$＜D \leqslant 8$ dB;

(3) 轻度导频污染 8 dB$＜D \leqslant 12$ dB。

如 $D＞12$ 或测量到的导频信号数目小于 4,认为无导频污染。如最强导频信号的 RSCP$\leqslant$－100 dBm,认为无覆盖,不列入导频污染范畴。

解决方案:针对无主导小区的区域,应当通过调整天线下倾角和方向角等方法,增强某一强信号小区(或近距离小区)的覆盖,消弱其他弱信号小区(或远距离小区)的覆盖。

【想一想】

有哪些因素会导致覆盖问题,如何解决?

【知识链接 3】　覆盖问题分析流程

1. 分析工具与相关参数

(1) 规划方案

对导频覆盖、参考业务覆盖的分析前提,是了解目标区域的规划方案,包括:站址分布、基站配置、天馈配置、导频覆盖预测、业务负荷分布。

(2) 分析工具

覆盖数据的常用分析包括:对路测呼叫和导频普查数据的后台分析,对现网的话务统计分析,对各小区的 UL RTWP 告警分析,对 RNC 跟踪的用户呼叫过程分析。熟练地使用分析工具,可以帮助发现网络的的覆盖问题,结合规划工具实施规划调整。

① 路测后台

目前常用的路测数据后台分析是 Navigator、Actix、Genex Assistant 等。利用这些工具,除了可以参考工具提供的呼叫事件、软切换、路测覆盖性能的自动分析报告,还可以通过类似前台的回放,查看具体区域的信号覆盖情况。

② 话统工具

使用基于话统点二次开发的话统分析工具,可以很快掌握各业务的话务分布及各小区性能指标情况。尤其是在网络 Lunch 之后,分析网络的蜂窝密度是否能适合用户的话务分布,起到关键作用。

③ 可测试性日志

使用 RNC 调试台对记录的可测试性日志进行分析,可以分析用户掉话的触发原因。

（3）配置参数调整

对解决覆盖问题的可能进行调整的无线配置参数包括：

① CPICH TX Power；

② MaxFACHPower；

③ Sintrasearch、Sintersearch、Ssearchrat；

④ PreambleRetransMax；

⑤ Intra-FILTERCOEF；

⑥ Intra-CellIndividalOffset；

⑦ RLMaxDLPwr、RLMinDLPwr（面向业务）。

2. 覆盖分析流程

（1）下行覆盖分析

下行覆盖分析是对 DT 测试获得的 CPICH RSCP 进行分析。CPICH RSCP 的质量标准应当和优化标准相结合。假设 CPICH RSCP 的优化标准为：

$$CPICH\ RSCP \geqslant -95\ dBm \geqslant 95\%$$

Scanner 测试结果，室外空载，则定义对应的质量标准为：好（Good）是 CPICH RSCP≥−85 dBm；一般（Fair）是−95 dBm≤CPICH RSCP<−85 dBm；差（Poor）是 CPICH RSCP<−95 dBm。

分析方法：导频覆盖强度的分析；主导小区分析；UE 和 Scanner 的覆盖对比分析；下行码发射功率分布分析、软切换比例分析等。

（2）上行覆盖分析

上行覆盖分析是对 DT 测试获得的 UE Tx Power 进行分析。UE Tx Power 的质量标准应当和优化标准相结合。假设 UE Tx Power 的优化标准为：UE Tx Power≤10 dBm≥95%，测试手机语音业务测试结果。假定手机最大发射功率 21 dBm，则定义对应的质量标准为：好（Good）是 UE Tx Power≤0 dBm；一般（Fair）是 0 dBm<UE Tx Power≤10 dBm；差（Poor）是 UE Tx Power>−95 dBm。

分析方法：上行干扰分析、UE 上行发射功率分布等。

3. 覆盖数路测据分析方法

（1）下行覆盖分析

① 导频覆盖强度的分析

通常情况下，覆盖区域内各点下行接收的最强的 RSCP 要求在−85 dBm 以上，如图 3-1 所示，在某些道路上出现了 RSCP 在−85～−105 dBm 的区域。作为覆盖空洞，如果下行接收的 RSSI 没有太大的变化，会直接导致 Ec/Io 的衰落，不能满足业务覆盖的性能要求。导频 RSCP Best Server 的覆盖情况也可以用来衡量站址分布的是否合理。

在预规划阶段，可以利用规划工具的覆盖预测结果来评估和选择站址的分布，来保证网络的覆盖均衡，但是由于数字地图可能会缺少一些建筑物的信息及实际站址的偏离，造成覆盖的效果和规划的不一致，这种情况下，可以采用覆盖增强的技术来改善。导频的 RSCP 从 Scanner 和 UE 上看都是可以的，如果 Scanner 的天线放在车外，而 UE 在车内，则两者相差 5～7 dB 的穿透损耗。建议最好从 Scanner 的数据来看，这样可以避免因邻区漏配而导致 UE 测量的导频信息。

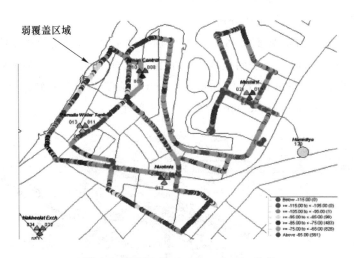

图 3-1　RSCP for 1st Best ServiceCell

② 主导小区分析

小区主导性分析是对 DT 测试获得的小区扰码信息进行分析。需要检查的内容包括：弱覆盖小区，越区覆盖小区，无主导小区的区域。

鉴于目前小区选择重选、软切换都是根据 Ec/Io 的变化情况来设定门限。因此，分析基于 Scanner 得到的各扰码在空载和下行加载 50% 的 Ec/Io Best Server 分布情况就显得比较重要。如果有存在多个 Best Server 并且 Best Server 频繁变化的区域，则认为是无主导小区。

通常情况下，由于高站导致的越区不连续覆盖或者某些区域的导频污染（如图 3-2 所示）以及覆盖区域边缘出现的覆盖空洞（如图 3-1 所示），都很容易出现无主导小区，从而产生同频干扰，导致乒乓切换，影响业务覆盖的性能。一般来说，在优化前空载下的单站测试和导频覆盖验证阶段以及优化开始后下行加载 50% 的业务测试阶段，都必须作主导小区分析，这是给出 RF 优化措施的重要依据。

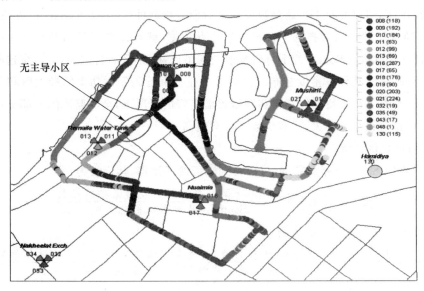

图 3-2　导频的 SC for the 1st Best ServiceCell 的分布情况

145

③ UE 和 Scanner 的覆盖对比分析

如果邻区漏配或者软切换参数、小区选择重选参数不合理,就会导致 UE 处于连接模式下的激活集内的 Best Server 或空闲模式下的驻留小区和 Scanner 主导小区不一致的情况出现。优化后 UE 和 Scanner 的 Ec/Io 的 Best Server 应当是保持一致。同时,应当尽量保证 UE 的覆盖图有清晰的 Best Server 界线,如图 3-3 所示。

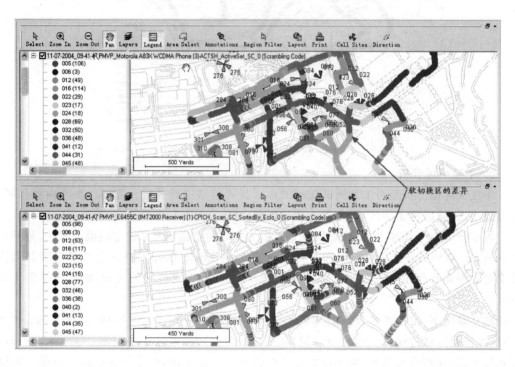

图 3-3　UE 和 Scanner 的覆盖对比

④ 下行码发射功率分布分析

通常情况下,可以先将 UE 路测数据导入后台分析软件(Genex Assistant 或 Actix Analyzer),再导入经过时间对齐的下行码发射功率数据,就可以将下行码发射功率的数据地理化。如图 3-4 所示。NodeB 的下行码发射功率可以在 RNC 后台记录,可以将这些数据经过 Excel 处理,得到其概率密度分布。虽然各个业务下行码发射功率的最大值和最小值不一样,但是如果在 UE 下行功控正常和网络覆盖良好的情况下,全网路测的大部分点的下行码发射功率,都应该相差不大,只有少数区域会偏高。

⑤ 软切换比例分析

根据采集的 Scanner 路测数据,可以得到软切换区比例,其定义为:

$$软切换区比例 = \frac{Scanner\ 路测采集符合切换条件的点数}{Scanner\ 路测采集的总点数}$$

从话务量出发定义软切换比例

$$软切换比例 = \frac{业务信道承载的\ Erl(含软切换) - 业务信道承载的\ Erl(不含软切换)}{业务信道承载的\ Erl(含软切换)} \times 100\%$$

软切换比例分析如图 3-5 所示。

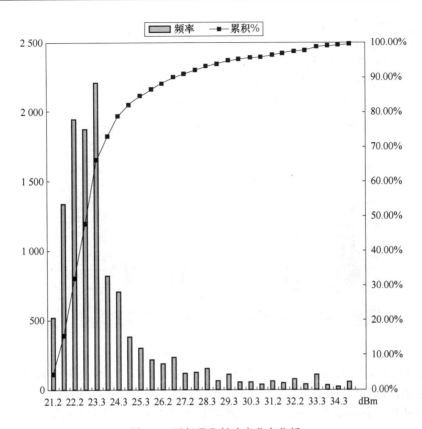

图 3-4　下行码发射功率分布分析

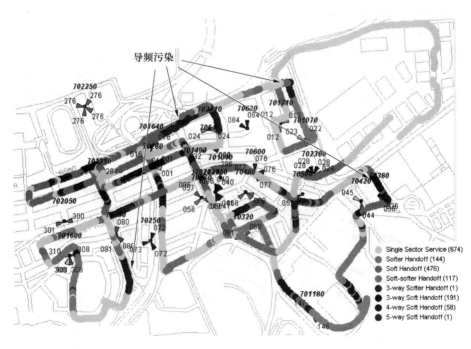

图 3-5　软切换比例分析

（2）上行覆盖分析

① 上行干扰分析

Node B 的每个小区的上行 RTWP 数据可以在 RNC 后台记录。上行干扰是影响上行覆盖的主要因素,由于和天馈的设计、安装十分相关,每个运营商又有各自的特点,因此,产生上行干扰的原因在这里不作描述。这里主要描述如何通过上行 RTWP 的记录观察上行干扰。

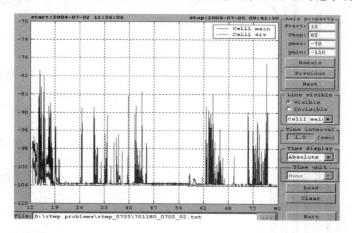

图 3-6　上行干扰分析

如图 3-6 所示,该小区的天线是空间分集接收,正常情况下,两根天线的接收信号变化趋势应当是相同的,但是图上主集上的信号没有波动,而从集上却有近 20 个 dB 的变化,表明该小区的从集上有间歇性干扰。同下行码发射功率持续达到最大值的下行覆盖受限现象一样,这样的上行干扰也会造成上行覆盖受限,导致网络性能变差。

② UE 上行发射功率分布

UE 的发射功率分布反映了上行干扰和上行路径损耗的分布情况。

如图 3-7 和图 3-8 所示,无论是微蜂窝还是宏蜂窝,UE 的发射功率正常情况下,低于 10 dBm,只有存在上行干扰或覆盖区域边缘的情况下,会急剧攀升,超过 10 dBm,达到 21 dBm 而上行受限。相比较而言,宏蜂窝比微蜂窝更容易出现上行覆盖受限的情况。

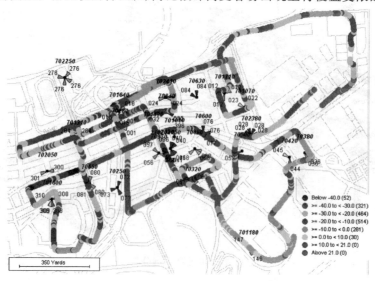

图 3-7　UE 上行发射功率分布（微蜂窝）

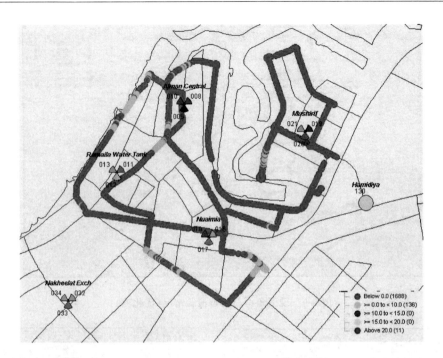

图 3-8　UE 上行发射功率分布（宏蜂窝）

4. 话统数据分析方法

① 话统指标

覆盖问题对接入成功率、拥塞率、掉话率、切换成功率的影响。

② 话务分布

统计话务量和业务分布不均衡所造成的覆盖问题。

③ 超忙/超闲小区

根据负荷进行的调整对覆盖的影响。

另外，还有跟踪数据分析和用户投诉分析，在此不再讲述。

【想一想】

覆盖数据分析中路测数据分析有哪些？

【知识链接 4】　覆盖问题案例分析

1. 工程参数设置不当导致弱覆盖案例

（1）问题现象

下角糖厂附近（图 3-9 中的红圈区域）覆盖比较差，RSCP 小于 −95 dBm。

（2）问题分析

红圈区域导频 RSCP 小于 −95 dBm，属于弱覆盖，可能导致掉话。

规划中此处由 SC329（下角糖厂 B 小区）进行覆盖，物资大楼 A 小区 SC216 也提供了部分覆盖；分析 SC329 和 SC216 的覆盖情况，图 3-10 中左图为 SC329 覆盖情况，图 3-10 中右图为 SC216 覆盖情况。

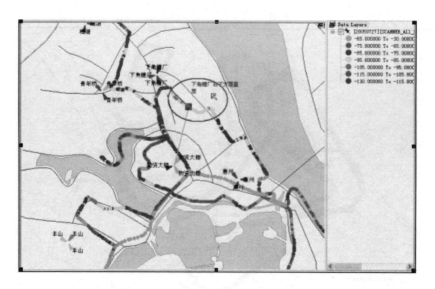

图 3-9　现下角糖厂附近覆盖情况(优化前)

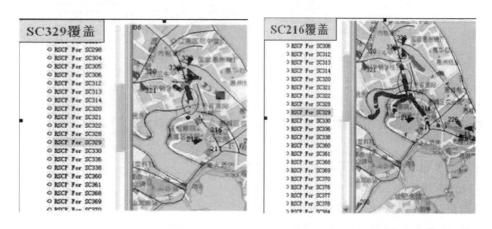

图 3-10　SC329 和 SC216 覆盖情况

通过图 3-10,可以看出物资大楼 A 小区和下角糖厂 B 小区对此处覆盖都很差;通过勘测报告看出物资大楼 A 小区正对方向有大楼阻挡,因此调整物资大楼天线无法改善对问题区域的覆盖。

图 3-11　物资大楼 A 小区正对方向场景

覆盖问题原因分析:问题区域的主导小区 SC216 由于有高楼阻挡,导致 SC216 对此处覆盖不足;考虑调整另外一个主导小区 SC329 的天线来增强问题区域的覆盖。

(3)优化措施

保持物资大楼 A 区天线参数,而将下角糖厂 B 区天线方向角从 170 调到 165,下倾角从 10 度调到 8 度。

(4)优化效果

如图 3-12 所示,通过调整下角糖厂的方位角和下倾角,大大地改善了这个区域的覆盖。

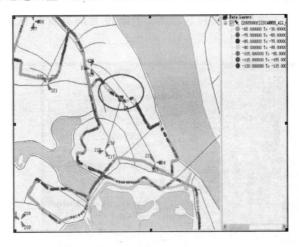

图 3-12　下角糖厂附近覆盖情况(优化后)

(5)案例总结

此案例属于主导小区被阻挡导致的覆盖问题。可以通过调整其他小区的天线来成为主导小区;在这个案例中,调整天线的时候要注意避免可能形成覆盖的空洞;需要对相关的区域进行全面的测试;此问题在前期规划和堪站过程中,应该能够及早发现和解决。

2. 站址选择不当导致的越区覆盖问题

(1)现象

站点过高,很容易造成越区覆盖,对其他站点造成同频干扰。如图 3-13 所示。

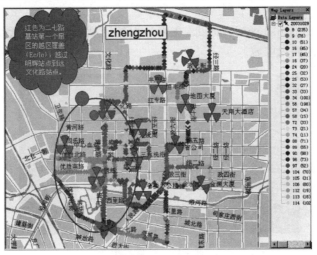

图 3-13　越区覆盖问题

151

（2）问题分析

在某实验局，由于二七路站点高度达 60 多米，较周围平均建筑物高 20 多米，因此，很容易造成越区覆盖，对其他站点造成同频干扰。

对于高站的问题，主要是更换 2 度固定电下倾的天线为 6 度，考虑到二七路高站处于在网络覆盖的边缘，可以通过调整天线的方向角和下倾角来减少对其他基站的干扰。因此，这次优化就不作更换，希望通过增大机械下倾角和调整方向角来解决越区覆盖。

（3）调整措施及效果

下倾角加大到 4 度，越区覆盖明显改善，在道路上尚有少量区域存在越区覆盖。如图 3-14 所示。

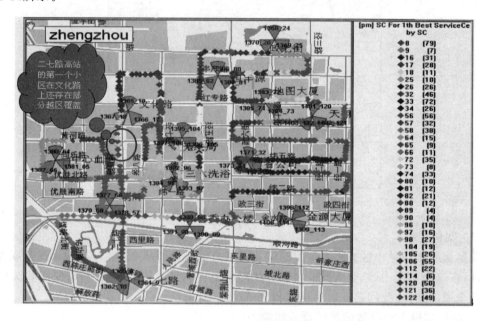

图 3-14　解决越区覆盖后

3. 天线安装不合理导致的覆盖受限问题

（1）问题现象

在香港尖沙嘴的 Salisbury Road 上，在墙后面的区域覆盖较差，天线在问题区域的附近，如图 3-15 所示的圈内区域。

图 3-15　问题区域

（2）问题分析

去现场勘站发现覆盖问题：在香港尖沙嘴，由于受到墙面的阻挡，在墙后面的阴影区域覆盖较差，如图 3-16 所示的圆圈内区域。

图 3-16　问题点位置

天线调整之前：由于墙体阻挡，主导小区 PSC442 覆盖不连续，如图 3-17 所示。

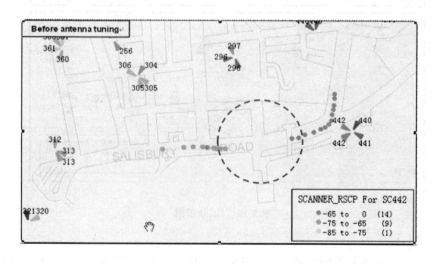

图 3-17　主导小区 PSC442 覆盖不连续

（3）解决措施

移动天线的位置，将天线的位置右移了 15 m，避开墙体阻挡区域；调整天线的倾角，使得 SC442 小区的覆盖控制在合理的范围内。天线的倾角调整的大小，在现场调整和测试后确定。如图 3-18 所示。

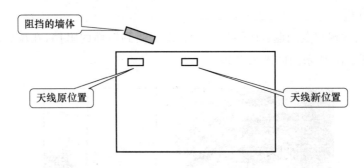

图 3-18　调整天线的倾角

（4）优化效果

小区 PSC442 的天线下倾角，在一次工程调整中，分步实施，测试了 2 种天线下倾角（10 度、5 度）的覆盖效果，其 Ec 分布图如图 3-19 所示。

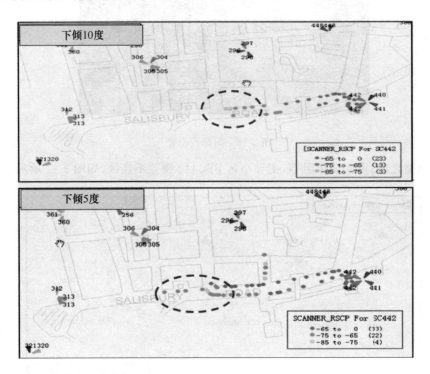

图 3-19　Ec 分布图

（5）案例总结

调整之前，去堪察相关的站点，找出问题的原因和可能的实施方案；一次调整，分步实施，现场边调边分析，可以找到最佳的 RF 调整效果，充分利用一次调整的机会，彻底解决问题；调整完成以后，需要对相关的区域进行测试。

4. 导频污染问题

（1）问题现象

育兴路附近导频污染：区域设计用 270 号小区来覆盖，如图 3-20 所示。

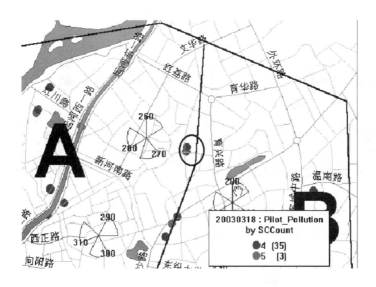

图 3-20　发现导频污染点

（2）问题分析

分析导频污染点附近小区信号分布，如图 3-21 和图 3-22 所示。

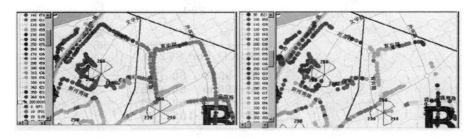

图 3-21　育兴路附近的 Best ServiceCell 和 2nd Best ServiceCell

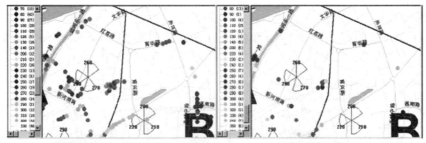

育兴路附近3rd Best ServiceCell　　　　育兴路附近4th Best ServiceCell

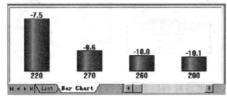

育兴路导频污染构成

图 3-22　育兴路附近的 3rd Best ServiceCell 和 4th Best ServiceCell

分析导频污染点附近 RSSI 分布,如图 3-23 所示。

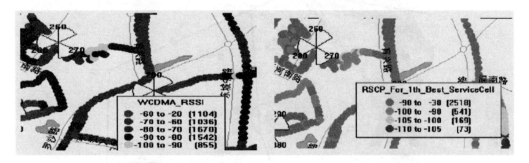

图 3-23　育兴路附近的 RSSI 和 Best ServiceCell 小区的 RSCP

分析相关小区的 RSCP 分布,如图 3-24 所示。

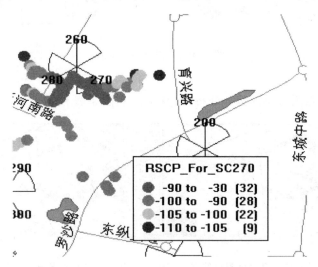

图 3-24　育兴路附近 270 号小区的 RSCP

（3）优化效果

优化后育兴路附近的导频污染和优化后育兴路附近的 Best ServiceCell,如图 3-25 所示。

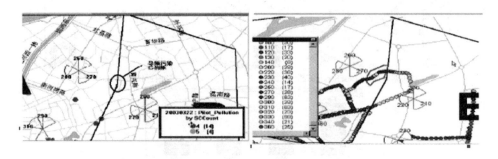

图 3-25　优化后育兴路附近的导频污染和 Best ServiceCell

优化后育兴路附近的 Best ServiceCell 小区的 RSCP 和优化后育兴路附近 270 号小区的 RSCP,如图 3-26 所示。

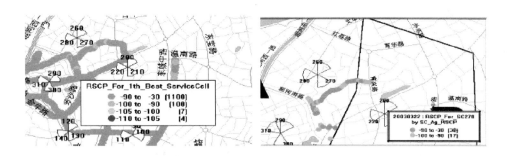

图 3-26　Best ServiceCell 小区的 RSCP 和优化后育兴路附近 270 号小区的 RSCP

5. 越区覆盖造成导频污染问题

（1）问题现象

从测试数据看到，图 3-27 中红圈区域除了距离较近的星都和瑞丰的覆盖之外，还收到河畔城 B 以及淡水东门 B 的信号，由于越区覆盖造成导频污染。

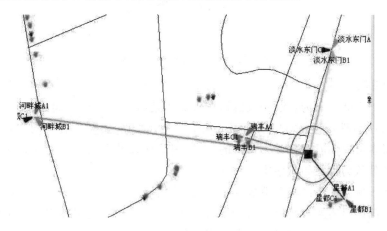

图 3-27　导频污染问题点

（2）问题分析

在 RF 优化过程中，主要通过对工程参数的调整解决覆盖和干扰等问题，对于该区的越区覆盖问题，考虑增大河畔城和淡水东门的下倾角以解决导频污染的问题。

如果某一小区的信号分布很广，在周围 1、2 圈相邻小区的覆盖范围之内均有其信号存在，说明小区过度覆盖，这可能是由高站或者天线倾角不合适导致的。过度覆盖的小区会对邻近小区造成干扰，从而导致容量下降。由图 3-27 可看出，河畔城和淡水东门都有越区覆盖的现象，需要增大天线下倾角加以解决。

（3）优化措施

优化调整措施见表 3-1。

表 3-1　优化调整措施

小区名称	天线方位角（调整前）	天线方位角（调整后）	天线下倾角（调整前）	天线下倾角（调整后）
淡水东门 B	170	不变	8	14
河畔城 B	140	不变	6	10

（4）优化效果

经过对河畔城和淡水东门的工程参数进行调整后,从取自 0809 测试数据的图 3-28 中看出,该区域的导频污染已解决。

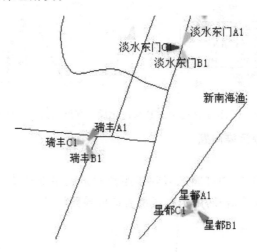

淡水东门A1
淡水东门C1
淡水东门B1
新南海渔
瑞丰A1
瑞丰C1
瑞丰B1
星都A1
星都C1
星都B1

图 3-28　优化后的路测效果图

（5）案例总结

导频污染的判断方法为:激活集已满,监视集中还有小区的信号满足 1a 事件切换相对门限的要求。1a 事件切换相对门限使用 3 dB,和 RNC 中的实际配置相同。目前 UE 接收机激活集中最多可以同时存在 3 个小区的信号,因此如果某点满足软切换相对门限的导频信号超过 3 个就认为存在导频污染。

此案例属于典型的越区覆盖造成导频污染,采用增大天线下倾角的方法解决。在解决过度覆盖小区问题时需要警惕是否会产生覆盖空洞,对可能产生覆盖空洞的工程参数调整尤其需要小心,很多天线工程参数(如天线方向角)的调整必须到站点去看看,因为附近高楼的阻挡,方向角调整建议可能是不合理的,会严重影响 RF 优化效率。如果因为条件限制无法实地勘测的,可以参考规划阶段输出的勘站报告。

对调整后的信号覆盖进行路测,验证工程实施的质量,问题是否解决以及是否造成新的问题,对比调整前后的信号分布差异,检验调整效果是否与预期相符。

【想一想】

1. 站址规划不合理导致的覆盖空洞问题该如何避免?
2. 天线安装不合理导致的覆盖受限问题的解决办法?
3. 如何解决导频污染问题?

【技能实训】　覆盖问题分析

1. 实训目标

（1）培养良好的职业道德与习惯,增强团队意识。

（2）能够利用后台分析软件,对实际测试数据进行覆盖问题分析,并写出路测分析报告。

2．实训设备

（1）具有 WCDMA 模块的后台分析软件。

（2）计算机一台。

3．实训步骤及注意事项

（1）将具有覆盖问题的 WCDMA 网络路测数据文件导入已安装后台分析软件的计算机中。

（2）将站点信息文件和地图文件等导入已安装后台分析软件的计算机中。

（3）进行 WCDMA 覆盖问题分析。

（4）通过前面的分析,撰写路测分析报告。

4．实训考核单

考核项目	考核内容	所占比例/%	得分
实训态度	1．积极参加技能实训操作 2．按照安全操作流程进行操作 3．纪律遵守情况	30	
实训过程	1．WCDMA 网络路测数据文件、站点信息文件和地图文件导入 2．分组进行:WCDMA 覆盖问题分析 3．撰写路测分析报告	40	
成果验收	提交覆盖问题路测分析报告	30	
合计		100	

任务 2　WCDMA 网络接入问题优化

【工作任务单】

工作任务单名称	WCDMA 网络接入问题优化	建议课时	2＋2
工作任务内容: 　1．了解 WCDMA 接入流程、接入过程的消息; 　2．掌握接入问题分类及优化方法; 　3．掌握 WCDMA 接入问题典型案例; 　4．能够对 WCDMA 网络实际路测数据进行接入问题进行分析。			
工作任务设计: 　首先,教师讲解 WCDMA 接入流程、接入过程的消息; 　其次,学生使用后台分析软件对接入过程的消息进行熟悉; 　再次,教师讲解接入问题分类及优化方法; 　复次,学生分组讨论 WCDMA 接入问题典型案例; 　最后,学生分组对 WCDMA 网络实际路测数据进行接入问题进行分析,并写出分析报告。			
建议教学方法	教师讲解、学生实践、分组讨论	教学地点	实训室

【知识链接 1】 接入过程

从接入层看,接入过程就是指 UE 由空闲模式转移到连接模式的过程,包括:小区搜索、接收小区系统信息广播、小区选择和小区重选、随机接入这四个基本过程。当 UE 处于连接模式,就可以进行位置登记、业务申请,鉴权等非接入层的活动。

1. 小区搜索过程

UE 无关于 UTRA 载频的信息。在这样的情况下,UE 将扫描所有 UTRA 频段内的所有频点,以便找到在所选 PLMN 下的一个适合驻留的小区。在每个载频下,UE 仅需要搜索信号最强的小区。

UE 存储有 UTRA 载频、小区参数信息。在这样的情况下,UE 直接尝试该小区是否可以驻留,如果不行,就只能扫描所有 UTRA 频段内的所有频点,以便找到在所选 PLMN 下的一个适合驻留的小区。小区搜索过程如图 3-29 所示。

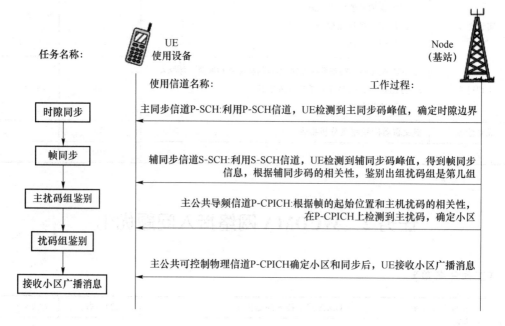

图 3-29　小区搜索过程

2. 小区选择

UE 搜索到小区后,就会根据系统信息内容判断当前的 PLMN 是否适合,如果适合就进行小区测量,根据 S 准则判断当前小区是否适合驻留,这就是小区选择的过程。如果没有一个小区满足 S 准则,则认为没有覆盖,UE 就会继续 PLMN 选择和重选过程。

3. 小区重选过程

UE 在空闲模式下,要随时监测当前小区和邻区的信号质量,以选择一个最好的小区提供服务,这就是小区重选过程(Cell Reselection)。

4. 随机接入

随机接入是移动台向系统请求接入,收到系统的响应并分配接入信道的过程。该过程发生在移动台开机进行附着,关机进行分离,位置区更新,路由区更新,执行任何业务的信令连接建立过程中。

（1）随机接入信道

随机接入信道的传输采用基于带有快速捕获指示的时隙 ALOHA 方式,移动台可以在一个预定义的时间偏置开始传输,表示为接入时隙,每两个 10 ms 无线帧组成一个 20 ms 接入帧,分成 15 个接入时隙,间隔为 5 120 个码片(时间是 1.332 ms),接入时隙上的定时信息和捕获指示如图 3-30 所示。

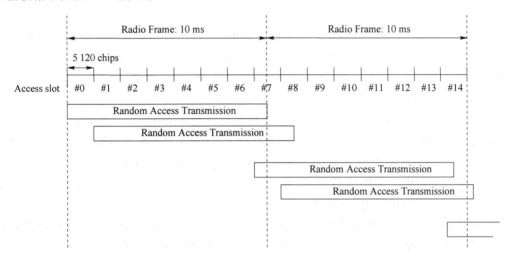

图 3-30   随机接入信道

随机接入的 10 ms 的消息被分作 15 个时隙,每个时隙的长度是 2 560 个码片。每个时隙包括两个部分,一个是数据部分,RACH 传输信道映射到这部分;另一个是控制部分,用来传送 L1 控制信息。数据和控制部分是码复用并行发射传输的。一个 10 ms 消息部分由一个无线帧组成,而一个 20 ms 的消息部分由两个连续的 10 ms 无线帧组成。消息部分的长度可以由使用的签名和/或接入时隙决定,这是由高层配置的。如图 3-31 所示。

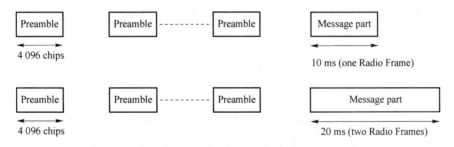

图 3-31   PRACH 物理信道结构

（2）随机接入过程

当 UE 的物理层收到来自 MAC 子层的 PHY-DATA-REQ 原语请求后,就启动物理随机接入过程。

① 根据给定的 ASC,确定可用的 RACH 接入子信道集合,以及下一个完整接入时隙集合中可用的上行接入时隙集合,从中随机选择一个上行接入时隙(等概率选择)。

② 根据给定的 ASC,从签名集合中随机选择接入所用签名(等概率选择)。

③ 设定 PRACH 前缀码重传计数器初值为 Preamble_Retrans_Max。

④ 设定参数 Commanded Preamble Power 为 Preamble_Initial_Power。

⑤ UE 使用选定的上行接入时隙、签名和前缀码发射功率来发射前缀码。如果参数 Commanded Preamble Power 超过最大允许值,设定 Preamble 的发射功率为最大允许发射功率。如果参数 Commanded Preamble Power 低于需要的最小值,就设定 Preamble 的发射功率为当前计算的值,该值可能大于、小于、等于 Commanded Preamble Power。否则设定 Preamble 的发射功率为 Commanded Preamble Power。

⑥ UE 等待 Node B 返回一个针对所用签名的确认信号,如果在与发射前缀码所用上行接入时隙号相同的下行接入时隙上,UE 没有检测到+1 或者-1 的捕获指示,UE 会随机选择下一个可用上行接入时隙,根据功率攀升因子 Pp-m 增加 Commanded Preamble Power,将前缀码重置计数器减 1。

如果 Commanded Preamble Power 大于最大允许功率 6 dB,UE 上报层 1 状态("No ack on AICH")给 MAC 层,然后退出物理随机接入过程;如果重传计数器值大于 0,重复步骤 6;否则上报层 1 状态("No ack on AICH")给 MAC 层,然后退出物理随机接入过程。

⑦ UE 如果收到-1 的捕获指示,将层 1 状态("Noack on AICH received")上报给 MAC 层,然后退出物理随机接入过程。

⑧ UE 如果收到+1 的捕获指示,根据 AICH_Transmission_Timing 的值,在距离最后一次发射前缀码 3 个或者 4 个上行接入时隙后发射随机接入消息部分。

【知识链接2】 接入过程的消息和流程

1. 系统广播消息

(1) 系统信息结构

系统信息元(IE)是在 SIB 中广播的,相同特征的系统信息元组合成为 SIB。系统信息的组织就像一棵树,如图 3-32 所示;主信息块作为一个小区里的大量 SIB 的基准,包括了 SIB 的时序信息;上一级的 SIB 对下一级的块也起到相同的作用。

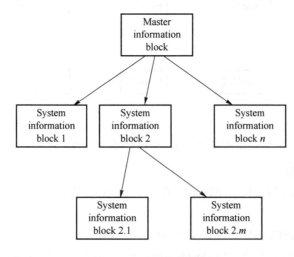

图 3-32　系统信息结构

（2）系统信息广播过程

处于 IDLE、CELL_PCH/URA_PCH/CELL_FACH 下的 UE 在 BCH 传输信道上读取系统信息；如果 UE 接收到的寻呼类型 1 消息中指示系统信息改变，UE 应重新读取系统信息；CELL_DCH 下不读取系统消息，CELL_FACH 下通过系统信息更新指示告诉 UE 去读系统消息；根据协议，系统信息消息在 BCCH 上传送系统信息块，而 BCCH 可以映射到 BCH 或 FACH 上，因此系统信息消息的大小就要符合 BCH 或 FACH 的传输块大小。

（3）系统信息的更新

系统信息更新过程目的在于 Node B 能够正确应用 BCCH 上的调度及包含系统信息分段内容。

使用 value tag 修改 SIB：如果 SIB 在主信息块或上级 SIB 中包括一个"value tag"，UT-RAN 通过更新"value tag"并下发来通知 UE 系统消息的更新，UE 通过检查"value tag"是否变化来决定是否更新系统消息。

不使用 value tag 修改系统信息：当 UE 获得的 SIB 中没有"value tag"时，启动一个定时器，其数值等于 SIB 的重复周期（SIB_REP）；当定时器超时后，该 SIB 所传送的信息被认为无效，则在使用系统 IE 包含的值之前，UE 获取新的 SIB。

（4）系统消息块 IE 说明

① MIB

MIB 里主要包含了具体 SIB 块的参考和调度信息。通过比较得到的 MIB 一个标志，UE 可以知道是否更新 UE 原来保存的 MIB 信息。包含了接入网络的一些基本信息，例如 PLMN 信息、MNC 和 MCC。包含 SB1、SB2、SIB1…等其他 SIB 的调度信息。其中，SB1 和 SB2 的调度信息必须放在 MIB 里，其余 SIB 的调度信息可以放在 SB1 或 SB2 里。

② SIB1

包含非接入层信息，及 UE 在空闲和连接状态下的定时器信息。NAS 信息；CN DOMAIN信息 T3212；UE 在连接模式下的定时器和计数器常数 T314，T315 等；UE 在空闲模式下的各种定时器常数 T300，T312 等。

③ SIB2

SIB2 中包含的一个主要参数是 URA ID 列表信息，即小区所属的 URA。一个特定的小区可以只属于一个 URA，也可以同时属于多个 URA。如果在 URA ID 列表中包含多个 URA，表示此小区为多个 URA 重叠的区域，根据 TS25.331 规定，一个小区最多可以同时属于 8 个 URA。

④ SIB3

SIB3 和 SIB4 包含的内容类似，UE 在 IDLE 模式下读取 SIB3 来获得相应的系统参数，UE 在连接模式下读取 SIB4 来获得相应的系统参数，即 CellIdentity（小区标识）；CellSelectReselectInfo（小区选择和重选信息）；CellAccessRestriction（小区接入限制及接入等级）。

⑤ SIB5

SIB5 和 SIB6 包含的内容类似，SIB5 主要包含小区中公共物理信道的相关参数；SIB6 主要包含小区中的公共物理信道和共享物理信道的相关参数。UE 在 IDLE 模式下读取 SIB5 来获得相应的参数，在连接模式下读取 SIB6 来获得相应的参数，即 PICH-PowerOffset（寻呼指示信道的功率偏移）；AICH-PowerOffset（捕获指示信道的功率偏移）；PrimaryCCPCH-Info；tx-DiversityIndicator for FDD；PRACH-SystemInformationList；SCCPCH-SystemInformationList；CBS-DRX-Level1Information。

⑥ SIB7

主要包含上行干扰信息，即 UL-Interference 上行干扰信息（-110~-70）；Prach-Information-SIB5-List；Prach-Information-SIB6-List，optional；ExpirationTimeFactor 更新周期。

⑦ SIB11

在 IDLE 模式下，UE 将通过读取 SIB11 来获取测量控制的有关参数，并执行测量动作。FACH measurement occasion info；Measurement control system information。

SIB12 信息内容与 SIB11 基本相同，在连接模式下（CELL_FACH，CELL_PCH，URA_PCH），UE 通过读取 SIB12 来获得测量控制信息，如果网络不支持 SIB12，则使用 SIB11。在 CELL_DCH 下，UE 通过 UTRAN 下发的 MEASUREMENT CONTROL 消息中给出来的信息执行测量动作。

⑧ SIB18

Idle mode PLMN identities；Connected mode PLMN identities。

2. 主被叫流程

（1）CS 起呼流程

从空口看主叫接入的信令流程。对于主叫 UE 发起一次呼叫建立，如果之前 UE 没有

图 3-33　主叫接入信令流程图

建立 RRC 连接则先建立 RRC 连接。之后进行上行和下行的直接传输过程，UE 和 CN 之间执行鉴权、加密、安全模式等一系列信令交互。RNC 要求 UE 建立 RB，RB 建立成功后，UE 等待振铃消息。被叫 UE 振铃后，CN 通过 RNC 向 UE 发送直传消息 Alerting；被叫摘机后，CN 通过 RNC 向 UE 发送直传消息 Connect，UE 回复直传消息 Connect ACK 消息，双方建立通话。移动台发起呼叫的流程如图 3-33 所示。

① RRC 建立连接

起呼时，首先由 UE 的 RRC 接收到非接入层的请求发送 RRC 连接建立请求消息给 UTRAN，在该消息中包含被叫 UE 号码，业务类型等。UTRAN 接收到该消息后，根据网络情况分配无线资源，并在 RRC CONNECTION SETUP 消息中发送给 UE，UE 将根据消息配置各协议层参数，同时返回确认消息。RRC connection setup 消息里最重要的消息就是时隙\码道及相关资源的分配。如图 3-34 所示。

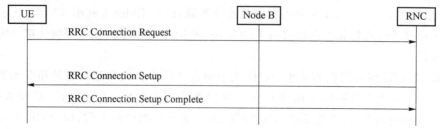

图 3-34　RRC 建立连接

RRC 连接建立有两种情况:公共信道上的 RRC 连接建立和专用信道上的 RRC 连接建立。两者的区别在于 RRC 连接使用的传输信道不同,因而连接建立的流程有所区别。

② NAS 层消息传送

在 RRC 连接建立后,UE 将向 CN 发送业务请求。此时 UE 的 RRC 发送 INITIAL DIRECT TRANSFER 消息,在该消息中包含非接入层的信息（CM SERVICE REQUEST）。RNC 接收到该消息后,RNC 的 RANAP 发送 INITIAL UE MESSAGE,将 UE 的非接入层消息透明转发给 CN,在该消息发送的同时建立 Iu 信令连接。在 Iu 信令连接建立后,UE 和 CN 之间的非接入层消息传输使用 DOWNLINK DIRECT TRANSFER 和 UPLINK DIRECT TRANSFER 消息进行。NAS 消息包括非接入层相关的消息,主要指鉴权认证及通话相关的一些消息,如图 3-35 所示。

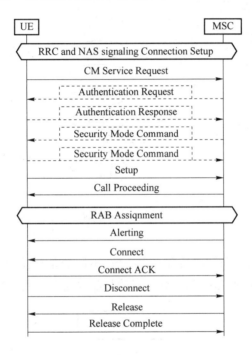

图 3-35　NAS 层消息传送

Iu 信令连接建立后,CN 需要对 UE 进行鉴权。鉴权是非接入层功能,在 UTRAN 中透明传输。

③ RB 建立

UE 业务请求被网络接收后,CN 将根据业务情况分配无线接入承载(RAB)。同时在空中接口将建立相应的无线承载(RB)。需要注意的是,若在 RRC 连接建立中建立了无线链路,则需要进行上述无线链路的重配置过程,若在 RRC 连接中没有建立无线链路,即建立了公共信道上的 RRC 连接时,则在此应进行无线链路建立的过程。此时 UE 将等待被呼叫方应答,进入通话状态。

RNC 将 Call Proceeding 消息透传给 UE,之后 RNC 收到 CN 下发的 RAB ASSIGNMENT TRANSFER,在这条信令中要求 RNC 为该用户建立 Radio Bearer 的类型等信息。

RNC 和 UE 之间完成 RB 建立后，给 CN 回 RAB ASSIGNMENT RESPONSE，完成 RAB 的建立过程。如图 3-36 所示。

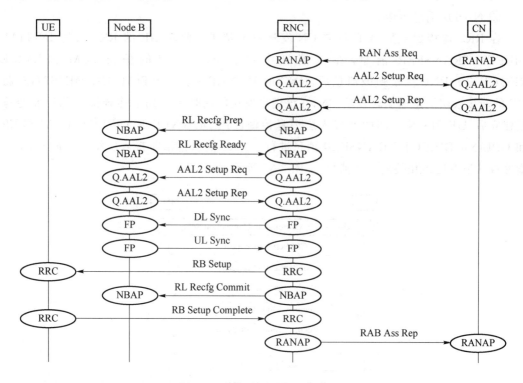

图 3-36　RB 的建立

（2）CS 被叫流程

移动台被呼的信令流程与起呼流程基本一致，不同的是移动台在寻呼信道监听到自己的寻呼消息后发起寻呼响应，接着的信令流程就与起呼完全一致，如图 3-37 所示。

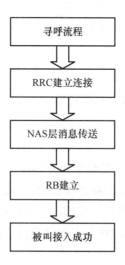

图 3-37　语音呼叫流程——移动台被呼

① Paging Type 1

空闲模式下的寻呼,采用寻呼类型 1(Paging Type 1),如图 3-38 所示。

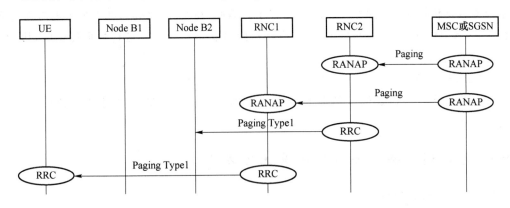

图 3-38 寻呼类型 1

② Paging Type 2

连接模式下的寻呼,采用寻呼类型 2(Paging Type 2),如图 3-39 所示。

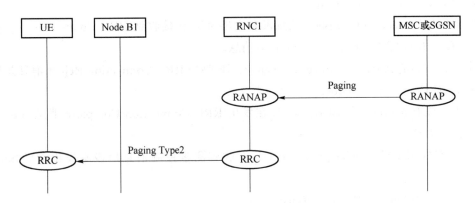

图 3-39 Paging Type 2

(3) PS 起呼流程

分组交换业务起呼流程有以下几个基本过程。

第一步,建立 RRC 连接。

第二步,Iu 信令连接的建立。

第三步,UE 的鉴权和安全模式控制。

第四步,ATTACH。建立 UE 和服务 GPRS 业务节点(SGSN)之间的逻辑连接。

第五步,业务请求及分组数据协议(PDP)激活。UE 非接入层发送业务请求,并激活 PDP。

第六步,RAB 的建立。UE 业务请求被网络接收后,CN 将分配无线接入承载(RAB)。在空中接口将建立相应的无线承载(RB)。

第七步,等待应答。UE 等待 CN 响应。当 UE 接收到 PDP RESPONSE 消息,此时可以发送接收 IP 数据包。

167

需要说明的是,WCDMA 系统的分组业务是"实时在线"的,就是说用户和网络始终连接。通常在用户终端开启时,便进行 ATTACH 操作,与 SGSN 建立逻辑连接。在需要进行分组业务数据传输时,直接激活 PDP 就可以了。因此,在实际操作时,在 UE 上电时通常会执行 1～5 步,ATTACH 到网络上,并一直保持附着状态。在需要进行数据传输时,执行 6～10 步呼叫过程。

（4）PS 被呼流程

与电路交换一样,PS 被呼流程也与起呼流程相似,只是在接收到 PAGING 消息后进行。

【知识链接3】 接入问题分类及优化方法

1. 接入失败的分析流程

（1）接入失败的定义

① 随机接入失败:拨号后 RRC Connection Request 消息没有发送。

② RRC Connection Setup 消息没有收到:UE 发送了 RRC Connection Request 消息后没有收到 RRC Connection Setup 消息。

③ RRC Connection Complete 消息没有发出:UE 在接收到 RRC Connection Setup 消息后,没有发出 RRC Connection Complete 消息。

④ UE 收到消息 RRC Connection Reject:UE 收到 RRC Connection Reject 消息并且没有重发 RRC Connection Request 进行尝试。

⑤ UE 没有收到测量控制消息:UE 在发出 RRC Connection Complete 消息后没有收到测量控制消息。

⑥ 没有发出 CM Service Request:UE 在收到测量控制消息后没有发出 CM Service Request。

⑦ UE 收到 Service Request Reject 消息。

⑧ UE 没有收到 Call Proceeding 消息:UE 在发送了 CM Service Request 消息后没有收到 Call Proceeding 消息。

⑨ UE 没有收到 RB Setup 消息:UE 收到 Call Proceeding 消息后,没有收到 RB Setup 消息。

⑩ UE 没有发出 RB Setup Complete 消息:UE 在接收到 RB Setup 消息后,没有发出 RB Setup Complete 消息。

⑪ Alert or Connect 消息没有收到:UE 在发出 RB Setup Complete 消息后,没有收到 Alert or Connect 消息。

⑫ UE 没有发出 Connect Acknowlege 消息:UE 收到 Alert or Connect 消息后,没有发出 Connect Acknowlege 消息。

（2）路测数据分析流程

① 数据分析主流程,如图 3-40 所示。

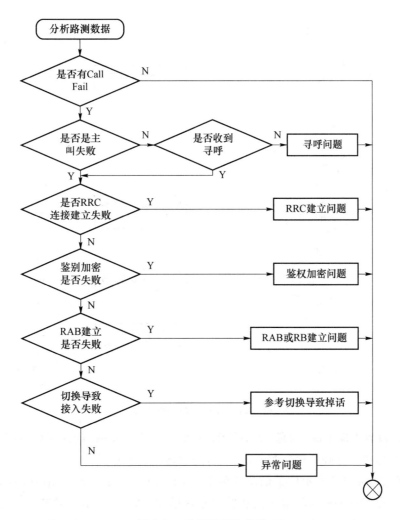

图 3-40　数据分析主流程

- 测试数据的获取:路测数据一般采用 Agilent E6474 或者 Probe 接上测试终端来获得;RNC 操作维护台记录的单用户跟踪数据;RNC 记录 CDL 的数据。

- 确定 Call Fail 和相应的时间:通过路测数据分析软件,如 Analyze 及 DA,确定 Call Fail 发生的时间,以及 Scanner 采集的导频信息、手机采集的信息以及信令流程;通过消息对齐,找到 RNC 单用户跟踪相应的问题时间点。

- 问题分析:结合 RNC 的单用户跟踪和 UE 的信令流程,按照流程确定在哪一处出现失败。然后按照后续的各个子流程分析和解决问题,主要包括寻呼问题、RRC 建立问题、RAB 和 RB 建立问题、鉴权加密问题、设备异常问题等。

② 寻呼问题分析流程

寻呼问题一般表现为:主叫完成 RAB 指派以及 CC Setup,在等待 Alerting 消息的时候收到 CN 发来的 Disconnect 直传消息。

出现寻呼问题的原因主要有如图 3-41 所示的几类:RNC 没有下发 page 消息、寻呼信道或寻呼指示信道的功率偏低、UE 发生小区重选等。

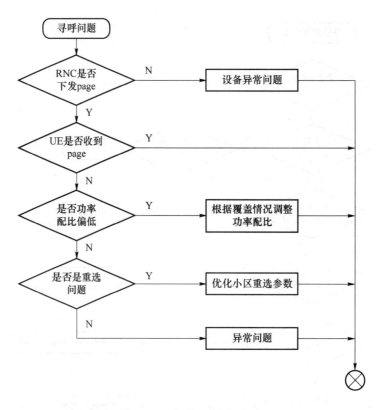

图 3-41 寻呼问题分析流程

- RNC 没有下发 page 消息：如果是 RNC 收到 CN 下发的 page 消息后在 Uu 口没有下发，可能是寻呼信道容量不够，或者是设备出现异常。
- 寻呼信道或寻呼指示信道的功率偏低：如果 RNC 下发了 page 消息，而 UE 没有收到，首先查看 UE 的驻留小区和监视小区的 Ec/Io，如果小区 CPICH 信道的 Ec/Io 都很低，那么可能是 PCH 信道或者 PICH 信道的功率配置偏低，或者是区域覆盖太差。
- UE 发生小区重选：如果 UE 驻留小区的信号偏低而监视小区的信号较好，那么可能是小区重选的问题，或者是在寻呼的时候 UE 从 3G 重选到 2G 或者是跨 LAC 的重选。

③ RRC 连接建立问题分析流程

RRC 连接建立失败的问题通过 UE 的信令流程和 RNC 的单用户跟踪可以获得。RRC 连接建立的过程主要包括几个步骤：UE 通过 RACH 信道发送 RRC Connection Request 消息；RNC 通过 FACH 信道发送 RRC Connection Setup 消息；UE 在建立下行专用信道并同步后通过上行专用信道发送 RRC Connection Setup CMP 消息。

RRC 建立失败一般有下面几类原因：上行 RACH 的问题、下行 FACH 功率配比问题、小区重选参数问题、下行专用初始发射功率偏低、上行初始功控问题、拥塞问题、设备异常问题等，如图 3-42 所示。在这些问题中尤其上行 RACH 的问题、下行 FACH 功率配比问题、小区重选参数问题、设备异常问题出现的概率比较高。

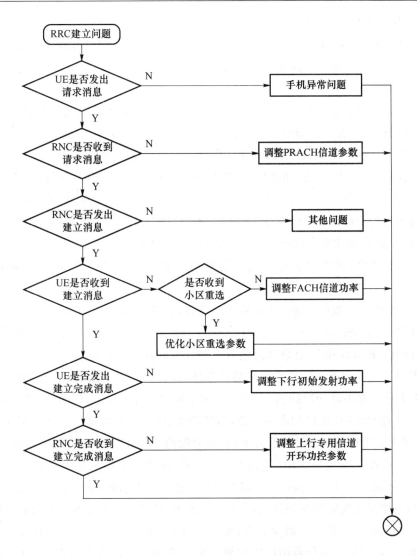

图 3-42　RRC 连接建立问题分析流程

- 上行 RACH 的问题：UE 发出 RRC Connection Request 消息，RNC 没有收到，如果此时下行 CPICH 的 Ec/Io 较低，则是覆盖的问题。如果此时的下行 CPICH 的 Ec/Io 不是太低（比如大于 −14 dB），一般都是 RACH 的问题。通常有以下可能的原因：Preamble 的功率攀升不够、UE 的输出功率比要求值偏低、Node B 设备问题、存在驻波、小区半径设置参数不合理。

　　解决方法：(1)对于 Preamble 的功率攀升不够，可以增加 Preamble 攀升次数，例如可以 Preamble 攀升次数从 8 次改为 20 次；(2)对于 UE 输出功率比要求值低，属于 UE 本身性能问题，没有特别的方法解决；(3) 对于 Node B 设备问题，需要检查 Node B 是否存在驻波告警；(4) 当小区半径参数设置过小，会导致 Node B 无法同步小区半径范围外的 UE，造成接入失败，这主要发生在农村、郊区等广覆盖场景。

- 小区重选参数问题：RNC 收到 UE 发的 RRC 建立请求消息后，下发了 RRC Connection Setup 消息而 UE 没有收到。该问题的可能原因有以下几种：覆盖差、小区选择与重选参数不合理。具体检查方法如下:查看此时的 CPICH 的 Ec/Io,如果低于-12 dB(因为默认是基于 Ec/Io 为-12 dB 配置的),而且监视集中没有质量更好的小区,那么是覆盖的问题。如果此时监视集中有更好的小区,则可能是小区重选的问题。

解决方法:(1)覆盖差。如果有条件,通过增强覆盖的方法解决覆盖问题,如增加站点补盲、工程参数调整等。在无法增强覆盖的情况下,可以适当提高 FACH 的功率。调整应参照现网 PCPICH Ec/Io 的覆盖情况,例如如果整个网络优化后的覆盖区域导频 Ec/Io 全部大于-12 dB,那么公共信道功率的配比按照 Ec/Io 大于-12 dB 来配置可以保证 UE 从 3G idle 状态接入时的成功率。又如导频 Ec/Io 小于-14 dB 时 UE 就重选到 GSM 系统,那么公共信道功率的配比按照 Ec/Io 大于-14 dB 来配置则可以保证 UE 在系统间重选后在弱信号区的 RRC 建立成功率。(2)小区选择与重选。通过调整小区选择与重选参数,加快小区选择与重选的速度,可以解决小区选择与重选参数不合理造成的 RRC 连接建立失败问题。

- RNC 收到 UE 发的 RRC 建立请求消息后,下发了 RRC Connection Reject 消息。

解决方法:当出现 RRC Connection Rreject 消息时,需要检查具体的拒绝原因值。RRC Connection Reject 中拒绝原因值包含 2 种:congestion 和 unspecified。对于 congestion,说明网络发生了拥塞。需要检查网络负载情况,包括功率、码、CE 等资源的占用情况,确定是由于那种资源不足导致的拥塞,然后给出相应的扩容手段。HSDPA 用户 RRC 连接的准入与 R99 用户 RRC 连接的准入一致,包括功率、码、CE 等资源。需要特别注意码的准入,如果 HSDPA 用户的码字是静态分配的,且分配给 HSDPA 用户的码字过多,则很容易导致 HSDPA 或者 R99 用户 RRC 连接的准入失败,原因是 HSDPA 或者 R99 用户下行信令信道的码字不足。对于 unspecified,则需要察看相关日志信息,确定故障原因。

- 下行专用初始发射功率偏低问题:UE 收到 RRC Connection Setup 消息而没有发出 Setup Complete 消息。解决方法:如果此时下行的信号质量正常,那么可能是手机异常;否则可能是下行专用信道初始功率过低导致下行不能同步,可以通过调整业务下行 Eb/No 解决。

- 上行初始功控问题:UE 发出 RRC Setup Complete 消息而 RNC 没有收到。解决方法:由于上行初始功控会让 UE 的发射功率上升,这种问题出现的概率很小。如果出现这类问题可以适当提高专用信道的 Constant Value 值,从而提高 UE 的上行 DPCCH 初始发射功率。同时还与上行链路 SIR 初始目标值设置是否合理有关,对于初始建链时的上行初始同步有较大的影响。该参数如果设置过大,有可能会使得用户初始建链时带来的上行干扰过大;如果设置过小,则会使得上行同步时间加长,甚至导致初始同步失败。该参数为 RNC 级的参数,对网络性能影响较大,调整时需要谨慎。

(3)话统数据分析流程

分析话统指标时,首先看 RNC"RAB 建立成功率"指标和"RRC 建立成功率"指标,掌握网络运行的整体情况后,再有针对性地对小区性能统计。

　　分析时一般采取过滤法，先找出指标明显异常的小区分析，此时很可能是硬件、传输、天馈、数据配置出了问题导致的异常。在问题比较严重的小区重点路测重现和解决问题。

　　话统数据分析流程如图 3-43 所示。

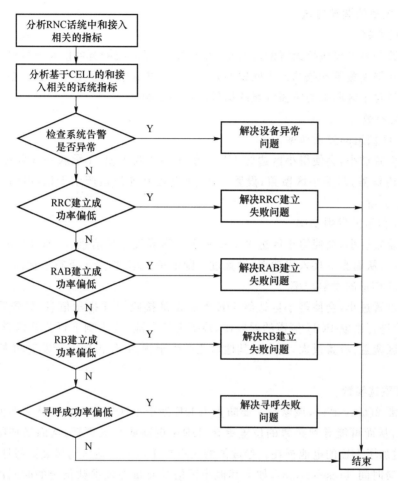

图 3-43　话统数据分析流程

　　① 分析 RNC 话统中和接入相关的指标：与接入相关的指标主要包括 RRC 的建立成功率、RAB 的建立成功率、RB 的建立成功率已经 page 的成功率。RRC 建立成功率和 RAB 的建立成功率反映了网络的接通率。

　　② 分析基于 CELL 的和接入相关的指标：基于 RNC 的基础上再分析 CELL 统计的相应指标，可以获得偏低的指标在网络中的小区分布。在按 CELL 统计的指标里面有一些问题原因的统计，如 RB 建立失败的原因，有"Configuration Unsupported"、物理信道故障"PhysicalChannelFailur"等原因统计的失败。

　　③ 检查系统是否有告警异常 ：检查话统指标明显较差的小区和 RNC 的告警信息，看是否有设备异常。

　　④ 分析和解决各指标偏低的问题。

　　（4）其他数据分析流程

　　① 跟踪数据分析流程：跟踪数据主要是 RNC 的单用户跟踪和各个接口的信令跟踪，分

析方法可以参考路测数据的分析流程。

② 告警数据分析流程。

③ 用户投诉分析流程。

2. 接入失败的调整方法

(1) 工程参数

工程参数调整主要包括天线的方向角、下顷角、天线的波瓣宽度以及天线的增益等。一般来说只有在解决覆盖导致的接入问题的时候才会考虑调整这些工程参数。在进行这些调整的时候注意对小区原来的覆盖区域的信号质量的影响。

(2) 小区参数

① FACH 信道的发射功率

该参数设置过小,会使得小区边缘 UE 不能正确接收 FACH 承载的业务和信令,影响下行公共信道覆盖,影响小区覆盖;设置过大,则会对其他信道产生干扰,占用下行发射功率,影响小区容量。

② PCH 信道的发射功率

该参数设置过小,会使得小区边缘 UE 无法正确接收寻呼信息,增加寻呼的时延,导致寻呼成功率低,从而影响接入成功率;设置过大则浪费功率,增加了下行干扰。

③ PICH 信道的发射功率

该参数设置过小,会使得小区边缘 UE 无法正确接收寻呼指示信息,导致呼叫时延增加,也有可能进行读取 PCH 信道的误操作,浪费 UE 电池,并影响下行公共信道覆盖,从而最终影响小区覆盖;设置过大,则会对其他信道产生干扰,并且占用下行发射功率,影响小区容量。

④ 小区重选参数

测量迟滞 2(Qhyst2s),该参数主要防止当 UE 处于小区边缘时由于慢衰落使得小区重选出现乒乓,从而可能导致频繁的位置更新、URA 更新或小区更新,从而增加网络信令负载,同时也增加了 UE 的电池损耗。参数值的大小与小区所在地区的慢衰落特性相关。

重选迟滞时间 Treselections,如果其他小区信号质量在该参数指定的时间内始终优于当前驻留小区的质量,则 UE 重选该小区作为驻留小区。该参数用于防止 UE 在小区间的乒乓重选。

Sintrasearch,同频小区测量的启动门限,当本小区的 Ec/Io 低于"QRelxmin+2×Sintrasearch"时启动同频小区测量。该参数影响会影响小区重选的速度,进而影响 UE 的一次接入成功率和 Iu 口的一次寻呼成功率。在对 UE 的耗电影响比较小的情况下,建议将该值尽量设大。

Qoffset,邻小区的信号质量参与 R 准则评估前需要先减一个偏置即为 Qoffset。对于普通的单层小区,该参数可以设置为 0,而通过 Qhyst 来达到相同的目的。建议一般不作调整。

⑤ AICH 信道的发射功率

该参数设置过小,会使得小区边缘 UE 无法正确接收捕获指示,影响下行公共信道覆盖。从目前优化结果来看,AICH 的功率在下行的覆盖中一般没有问题;而且该信道是连续发射的,如果提高功率会占用较大的下行容量。

⑥ PRACH 的相关参数

对应上行 PRACH 的问题,需要调整 PRACH 的相应参数,包括 Preamble 的重传次数、Preamble 的功率攀升步进、Preamble 和 Message 和功率偏差等参数。这些参数相互制约,在出现 PRACH 信道的问题时,建议适当加大 Preamble 的重传次数。

【知识链接4】 接入问题案例分析

1. 无线接通率优化案例

(1) 问题现象

没有信令切换,在直传完成后,旧的小区迅速恶化,但又无法切换至新的小区,导致无法建立 RB。问题现象如图 3-44 所示。新旧小区覆盖范围如图 3-45 所示。

4042	22:09:06.194	UL CCCH	RRC Connection Request	失败呼叫
4054	22:09:06.595	DL CCCH	RRC Connection Setup	
4055	22:09:06.925	UL DCCH	RRC Connection Setup Complete	
4056	22:09:06.975	UL DCCH	Initial Direct Transfer	CM Service Req...
4057	22:09:07.255	DL DCCH	Security Mode Command	
4058	22:09:07.265	UL DCCH	Security Mode Complete	
4059	22:09:07.406	UL DCCH	Uplink Direct Transfer	Setup
4060	22:09:07.526	DL DCCH	Downlink Direct Transfer	Call Proceeding
4112	22:09:47.393	UL CCCH	RRC Connection Request	下一次呼叫
4113	22:09:47.774	DL CCCH	RRC Connection Setup	
4114	22:09:48.044	UL DCCH	RRC Connection Setup Complete	

图 3-44 问题现象

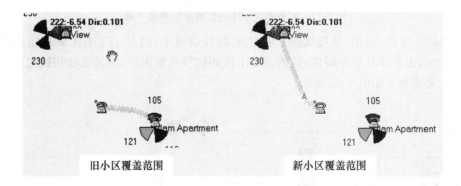

旧小区覆盖范围　　　　　　　　新小区覆盖范围

图 3-45 新旧小区覆盖范围

(2) 问题分析

① 22:09:06.194—22:09:06.925,说明:UE 向西北方向移动,起呼时 121 小区提供服务,Ec/Io=-6.54;完成信令 RRC connection request-RRC connection setup complete。如图 3-46 所示。

② 22:09:06.975—22:09:07.526,说明:从起呼约过 1s,完成了 RB setup 前的相应信令,但同时因为 129 和 222 小区的加入,服务小区 121 的信号质量开始下降。(注:129 为掉话点西南方向的一个小区,主瓣方向正对掉话点,距离约为 0.7 千米);完成信令 Security mode complete-Up/downlink direct transfer。如图 3-47 所示。

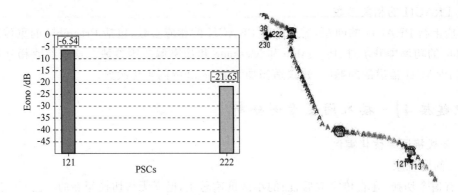

图 3-46 起呼时 121 小区提供服务

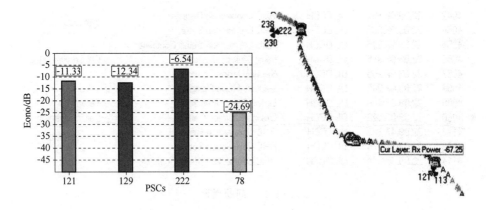

图 3-47 服务小区 121 的信号质量开始下降

③ 22:09:09 前,说明:从路线图来看,UE 的移动很小,但是 121 小区信号质量继续恶化至−16.08,由于没有信令切换,虽然 222 小区的信号质量很好,但是无法切换过来;Ec/Io 开始恶化,无信令。如图 3-48 所示。

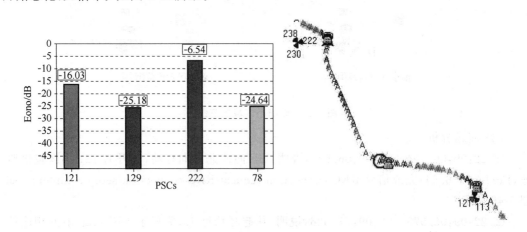

图 3-48 无法切换,Ec/Io 开始恶化

④ 22:09:09 后,说明:UE 继续朝 222 小区方向移动,121 小区信号质量继续恶化至−25.91,Node B 应该已经从 121 小区下发了 RB setup 指令,但是 UE 侧无法收到,本次呼

叫失败;Ec/Io 继续恶化,无信令。如图 3-49 所示。

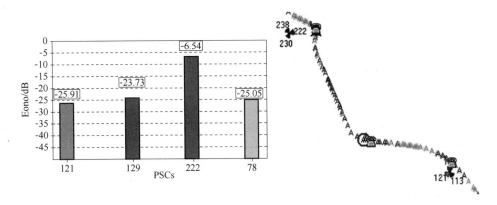

图 3-49 Ec/Io 继续恶化,无信令

（3）案例总结

大部分接入失败发生在切换区域。当系统不支持信令切换时,由于信号在 RB 建立成功之前已严重恶化,导致信令流程无法顺利走完,从而接入失败。

信令切换功能的实现,可以极大改善无线接入的性能。

优化小区选择和重选参数,可以一定程度上改善无线接入性能,使 UE 尽快选择到信号好的小区发起呼叫。

优化 UE 接入过程参数可以一定程度上改善无线接入性能。

2. 上行干扰引起呼叫建立失败

（1）问题现象

问题点:昌荣大厦附近。时间:16:23:46。方向:西向东。现象:手机占用小区农行 2（9877-3192)起呼是出现一次通话建立失败。在这一时段农行 2 受到 3 极干扰。其他数据:第三层信息,在鉴权完成后,手机发出上行的"CM SEVICE ABORT",之后又进行了加密,在加密完成后就"CHANNEL RELEASE"。如图 3-50 所示。

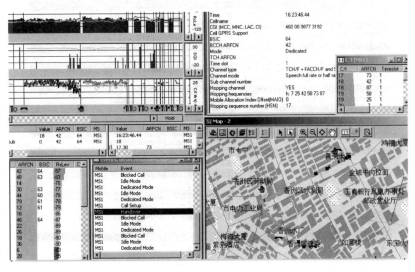

图 3-50 问题现象

（2）问题分析

怀疑因为出现上行干扰，基站无法正确解出手机发出的信息，导致信道被释放而出现一次通话建立失败。如表 3-2 所示干扰报表。

表 3-2　干扰报表

time	Rpl	MO	ITFUSIB1	ITFUSIT2	ITFUSIB3	ITFUSIB4	ITFUSIB5
2004-4-13 15:00	60	ZHGNHG2	3355	7447	343	0	0
2004-4-13 16:00	60	ZHGNHG2	1854	7907	315	0	0
2004-4-13 17:00	60	ZHGNHG2	788	7079	739	1	0

（3）解决措施

实地扫频测试，寻找上行干扰源。

（4）案例分析

① 因为上行干扰不能直接从测试软件上面直接看到，故此，我们应该注意第三层信息有没有信令丢失，看丢失的信令属于上行还是下行信令。另外还要注意信令之间的接续顺序。

② 此类问题较难肯定问题所在。不排除有线问题。

3. 小区重选问题

（1）问题现象

一个典型的小区重选导致 RRC Connection Request 重发的案例。现象：两次 UE 重发请求消息之间的时间间隔大概是 1.2 s，如图 3-51 所示。

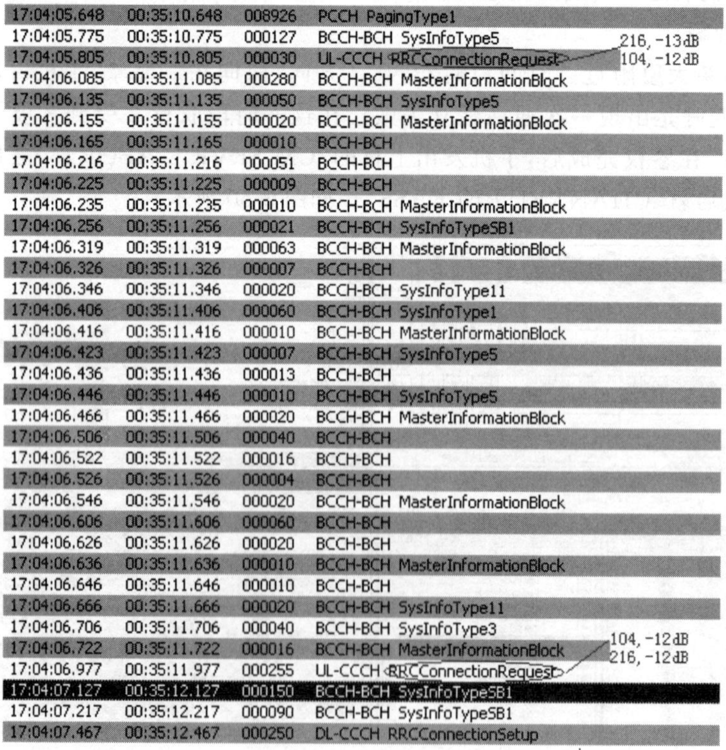

17:04:05.648	00:35:10.648	008926	PCCH PagingType1	
17:04:05.775	00:35:10.775	000127	BCCH-BCH SysInfoType5	216, -13dB
17:04:05.805	00:35:10.805	000030	UL-CCCH RRCConnectionRequest	104, -12dB
17:04:06.085	00:35:11.085	000280	BCCH-BCH MasterInformationBlock	
17:04:06.135	00:35:11.135	000050	BCCH-BCH SysInfoType5	
17:04:06.155	00:35:11.155	000020	BCCH-BCH MasterInformationBlock	
17:04:06.165	00:35:11.165	000010	BCCH-BCH	
17:04:06.216	00:35:11.216	000051	BCCH-BCH	
17:04:06.225	00:35:11.225	000009	BCCH-BCH	
17:04:06.235	00:35:11.235	000010	BCCH-BCH MasterInformationBlock	
17:04:06.256	00:35:11.256	000021	BCCH-BCH SysInfoTypeSB1	
17:04:06.319	00:35:11.319	000063	BCCH-BCH MasterInformationBlock	
17:04:06.326	00:35:11.326	000007	BCCH-BCH	
17:04:06.346	00:35:11.346	000020	BCCH-BCH SysInfoType11	
17:04:06.406	00:35:11.406	000060	BCCH-BCH SysInfoType1	
17:04:06.416	00:35:11.416	000010	BCCH-BCH MasterInformationBlock	
17:04:06.423	00:35:11.423	000007	BCCH-BCH SysInfoType5	
17:04:06.436	00:35:11.436	000013	BCCH-BCH	
17:04:06.446	00:35:11.446	000010	BCCH-BCH SysInfoType5	
17:04:06.466	00:35:11.466	000020	BCCH-BCH MasterInformationBlock	
17:04:06.506	00:35:11.506	000040	BCCH-BCH	
17:04:06.522	00:35:11.522	000016	BCCH-BCH	
17:04:06.526	00:35:11.526	000004	BCCH-BCH	
17:04:06.546	00:35:11.546	000020	BCCH-BCH MasterInformationBlock	
17:04:06.606	00:35:11.606	000060	BCCH-BCH	
17:04:06.626	00:35:11.626	000020	BCCH-BCH	
17:04:06.636	00:35:11.636	000010	BCCH-BCH MasterInformationBlock	
17:04:06.646	00:35:11.646	000010	BCCH-BCH	
17:04:06.666	00:35:11.666	000020	BCCH-BCH SysInfoType11	
17:04:06.706	00:35:11.706	000040	BCCH-BCH SysInfoType3	
17:04:06.722	00:35:11.722	000016	BCCH-BCH MasterInformationBlock	104, -12dB
17:04:06.977	00:35:11.977	000255	UL-CCCH RRCConnectionRequest	216, -12dB
17:04:07.127	00:35:12.127	000150	BCCH-BCH SysInfoTypeSB1	
17:04:07.217	00:35:12.217	000090	BCCH-BCH SysInfoTypeSB1	
17:04:07.467	00:35:12.467	000250	DL-CCCH RRCConnectionSetup	

图 3-51　小区重选导致 RRC Connection Request 重发

（2）问题分析

按照目前系统参数基线配置，Treselection 为 1，Qhyst2 为 2 dB，Qoffset2 为 0 dB，Sintrasearch 为 5。当目标小区的信号优于本小区的信号时，最快也需要 1 s 才可以重选完成，因此目标小区和本小区的信号变化类似上面描述的现象，从而小区重选参数优化的余地不大。因为 Treselection 最小只能设置为 1；如果设置为 0，因为 DRX 最小只能设置为 0.64 s，导致重选的时间需要 8×DRX，远大于 1 s，并且协议规定目标小区需要比原小区的 Ec/Io 高 3 dB。

（3）解决方法

为了尽量减少小区重选的时间，尝试将 Qhyst2 修改为 0，SintraSearch 修改为 7，测试发现在步行时会出现乒乓小区重选，而重选的时间没有减小。

所以建议 Qhyst2 保持为 2 dB 不变，而 SintraSearch 的设置尽可能的使 UE 早点启动同频测量，在对 UE 的功耗影响不大的前提下，建议 Sintrasearch 设置为 7。

4. 上行链路问题引起呼叫建立失败

（1）问题现象

问题点：105 国道珠海与中山交界处，如图 3-52 所示。时间：9:27:06。方向：南向北。现象：手机占用中山小区三乡新墟 2 出现一次通话建立失败。从第三层信息上看，在指配完成后就出现下行的"DISCONNECT"，如图 3-53 所示。

图 3-52　问题地点

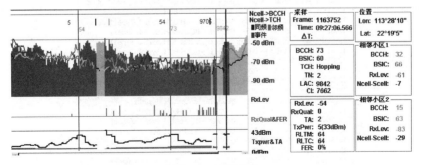

图 3-53　问题现象

179

（2）问题分析

由于手机发出的"ASSIGNMENT COMPLETE"信息 BSC 方未收到或 BSC 发出的"ASSIGNMENT COMPLETE"信息 MSC 方未收到，定时器 T3107 超时，MSC（BSC）发出信道释放的指令。会产生以上现象怀疑手机占用该小区时上行链路出现问题，导致定时器 T3107 超时。如图 3-54 所示。

```
SDCCH--DL: IDENTITY REQUEST
SDCCH--UL: IDENTITY RESPONSE
SACCH--DL: SYSTEM INFORMATION TYPE 5
SACCH--UL: MEASUREMENT REPORT
SDCCH--DL: CALL PROCEEDING
SACCH--DL: SYSTEM INFORMATION TYPE 5
SACCH--UL: MEASUREMENT REPORT
SDCCH--DL: ASSIGNMENT COMMAND
FACCH--UL: ASSIGNMENT COMPLETE
FACCH--DL: DISCONNECT
FACCH--UL: RELEASE
SACCH--DL: SYSTEM INFORMATION TYPE 5
SACCH--UL: MEASUREMENT REPORT
FACCH--DL: RELEASE COMPLETE
FACCH--DL: CHANNEL RELEASE
SACCH--UL: MEASUREMENT REPORT
BCCH  --DL: SYSTEM INFORMATION TYPE 1
BCCH  --DL: SYSTEM INFORMATION TYPE 3
BCCH  --DL: SYSTEM INFORMATION TYPE 2
```

图 3-54　信令分析

（3）解决措施

这类问题在无线方面的原因有：上行干扰。但大多数跟有线链路有关。

5. 设备异常问题

（1）Node B 异常

① 现象与分析

在路测时发现有一个小区始终不能接入，UE 不停地发"RRC Connection Request"，从 RNC 的单用户跟踪来看，RNC 回了"RRC Connection Setup"消息，但是 UE 始终收不到。详细的信令消息如图 3-55 和图 3-56 所示。信号强度如图 3-57 所示。

Absolute	Relative	Offset	RRC
12:51:32.468	00:00:12.468	012468	BCCH-BCH SysInfoType11
12:51:32.518	00:00:12.518	000050	UL-CCCH RRCConnectionRequest
12:51:32.858	00:00:12.858	000340	BCCH-BCH SysInfoType11
12:51:33.169	00:00:13.169	000311	BCCH-BCH SysInfoType11
12:51:33.469	00:00:13.469	000300	BCCH-BCH SysInfoType11
12:51:33.789	00:00:13.789	000320	BCCH-BCH SysInfoType11
12:51:34.081	00:00:14.081	000292	BCCH-BCH SysInfoType11
12:51:34.400	00:00:14.400	000319	BCCH-BCH SysInfoType11
12:51:34.641	00:00:14.641	000241	UL-CCCH RRCConnectionRequest
12:51:34.751	00:00:14.751	000110	BCCH-BCH SysInfoType11
12:51:35.061	00:00:15.061	000310	BCCH-BCH SysInfoType11
12:51:35.355	00:00:15.355	000294	BCCH-BCH SysInfoType11
12:51:35.662	00:00:15.662	000307	BCCH-BCH SysInfoType11
12:51:36.003	00:00:16.003	000341	BCCH-BCH SysInfoType11
12:51:36.313	00:00:16.313	000310	BCCH-BCH SysInfoType11
12:51:36.624	00:00:16.624	000311	BCCH-BCH SysInfoType11
12:51:36.724	00:00:16.724	000100	UL-CCCH RRCConnectionRequest
12:51:36.964	00:00:16.964	000240	BCCH-BCH SysInfoType11
12:51:37.264	00:00:17.264	000300	BCCH-BCH SysInfoType11
12:51:37.585	00:00:17.585	000321	BCCH-BCH SysInfoType11
12:51:37.925	00:00:17.925	000340	BCCH-BCH SysInfoType11
12:51:38.216	00:00:18.216	000291	BCCH-BCH SysInfoType11
12:51:38.536	00:00:18.536	000320	BCCH-BCH SysInfoType11
12:51:38.817	00:00:18.817	000281	UL-CCCH RRCConnectionRequest
12:51:38.887	00:00:18.887	000070	BCCH-BCH SysInfoType11

图 3-55　信令消息 1

04/10/19 10:37:48(20)	11:10	From-UE	RRC_RRC_CONNECT_REQ
04/10/19 10:37:48(21)	11:10	To-NodeB	NBAP_RL_SETUP_REQ
04/10/19 10:37:48(31)	11:10	From-NodeB	NBAP_RL_SETUP_RSP
04/10/19 10:37:48(51)	11:10	To-UE	RRC_RRC_CONN_SETUP
04/10/19 10:37:50(31)	11:10	From-UE	RRC_RRC_CONNECT_REQ
04/10/19 10:37:50(31)	11:10	To-UE	RRC_RRC_CONN_SETUP
04/10/19 10:37:52(42)	11:10	From-UE	RRC_RRC_CONNECT_REQ
04/10/19 10:37:52(42)	11:10	To-UE	RRC_RRC_CONN_SETUP
04/10/19 10:37:54(55)	11:10	From-UE	RRC_RRC_CONNECT_REQ
04/10/19 10:37:54(55)	11:10	To-UE	RRC_RRC_CONN_SETUP
04/10/19 10:37:59(55)	11:10	To-NodeB	NBAP_RL_DEL_REQ
04/10/19 10:37:59(57)	11:10	From-NodeB	NBAP_RL_DEL_RSP
04/10/19 10:38:18(96)	11:10	From-UE	RRC_RRC_CONNECT_REQ
04/10/19 10:38:18(96)	11:10	To-NodeB	NBAP_RL_SETUP_REQ
04/10/19 10:38:19(07)	11:10	From-NodeB	NBAP_RL_SETUP_RSP
04/10/19 10:38:19(30)	11:10	To-UE	RRC_RRC_CONN_SETUP
04/10/19 10:38:22(78)	1:10	From-UE	RRC_RRC_CONNECT_REQ

图 3-56　信令消息 2

Time	Uu_Active...	Uu_Active...	Uu_Active...
12:51:20			
12:51:21	-3.0	204	-74.0
12:51:24	-3.0	204	-74.0
12:51:27	-4.0	204	-74.0
12:51:28	-4.0	204	-76.0
12:51:30	-5.0	204	-76.0
12:51:32	-5.5	204	-78.8
12:51:33	-7.4	204	-82.5
12:51:34	-5.0	204	-79.8
12:51:35	-5.1	204	-80.1
12:51:36	-5.5	204	-81.0
12:51:37	-6.0	204	-81.0
12:51:38	-6.0	204	-81.0
12:51:39	-6.0	204	-81.0
12:51:40	-6.0	204	-81.0

图 3-57　信号强度

跟踪 Node B 的 IuB 口消息和内部消息,没有任何异常,也没有任何告警。到 Node B 所在的机房,发现在天线旁边 Ec/Io 为 −3 dB 左右的地方有时候可以接入,有时也接入不了。接入不了的时候现象一样,RSCP 为 −70 左右。到稍微远一点的地方,Ec/Io 在 −5 左右,就 80% 都接入不了,现象还是 UE 收不到下行下发的 Setup 消息。

通过 Node B 的调试台检测到 Node B 的输出功率只有 24 dBm,正常情况下应该是 36 dBm,因此应该是 PA 的问题。

② 解决方法:更换 PA 后问题消失。

(2) 手机异常

问题描述与分析

UE 在一段时间内始终不能接入,图 3-58 和图 3-59 是跟踪的 UE 信令与信号质量检测结果。

图 3-57 中,第二列是 UE 测量的下行扰码,第三列是 UE 测量的该小区的 CPICH 的 Ec/Io,第三和第四列是 Scanner 测量到的最优小区的 Ec/Io 和扰码。

从上面的测试结果可以看出,在不能接入的这一段时间 UE 和 Scanner 测量到的信号质量相差很大,在这段时间以外两个设备测量的信号差别不超过 2 dB。

解决方法:手机性能异常。

2004-09-10 16:03:58	141	WCDMA RRC	DL_PCCH	Paging Type1
2004-09-10 16:03:58	241	WCDMA RRC	DL BCCH: BCH	System Information Block Type2
2004-09-10 16:03:58	241	WCDMA RRC	DL BCCH: BCH	System Information Block Type7
2004-09-10 16:03:58	241	WCDMA RRC	DL BCCH: BCH	Scheduling Block1
2004-09-10 16:03:58	341	WCDMA RRC	UL_CCCH	RRC Connection Request
2004-09-10 16:04:00	344	WCDMA RRC	UL_CCCH	RRC Connection Request
2004-09-10 16:04:02	337	WCDMA RRC	UL_CCCH	RRC Connection Request
2004-09-10 16:04:02	547	WCDMA RRC	DL_CCCH	RRC Connection Setup
2004-09-10 16:04:02	597	WCDMA RRC	UL_DCCH	RRC Connection Setup Complete
2004-09-10 16:04:02	597	WCDMA NAS	Uplink	RR Paging Response
2004-09-10 16:04:02	648	WCDMA RRC	UL_DCCH	Initial Direct Transfer
2004-09-10 16:04:03	208	WCDMA RRC	DL_DCCH	Measurement Control
2004-09-10 16:04:03	258	WCDMA RRC	DL_DCCH	Downlink Direct Transfer
2004-09-10 16:04:03	258	WCDMA NAS	Downlink	MM Authentication Request

图 3-58   信令消息

2004-09-10 16:03:58.542			-9.5500030518	168
2004-09-10 16:03:58.692	72	-9.8413476944		
2004-09-10 16:03:58.892	72	-10.0276203156		
2004-09-10 16:03:59.092	72	-11.3880538940		
2004-09-10 16:03:59.193			-7.9700012207	72
2004-09-10 16:03:59.293	72	-13.2381219864		
2004-09-10 16:03:59.493	72	-11.7615270615		
2004-09-10 16:03:59.693	72	-13.3575630188		
2004-09-10 16:03:59.743			-8.5299987793	72
2004-09-10 16:03:59.894	72	-15.9498701096		
2004-09-10 16:04:00.094	72	-16.2457771301		
2004-09-10 16:04:00.294	72	-14.3212795258		
2004-09-10 16:04:00.344			-6.9000015259	72
2004-09-10 16:04:00.534	72	-16.4172763824		
2004-09-10 16:04:00.735	72	-12.4844818115		
2004-09-10 16:04:00.935	72	-12.4097042084		
2004-09-10 16:04:01.045			-7.8399963379	72
2004-09-10 16:04:01.135	72	-12.6580677032		
2004-09-10 16:04:01.336	72	-9.7325963974		
2004-09-10 16:04:01.536	72	-10.1789751053		
2004-09-10 16:04:01.546			-8.4300003052	72
2004-09-10 16:04:01.736	72	-12.4421482086		
2004-09-10 16:04:01.936	72	-13.2424707413		
2004-09-10 16:04:02.137	72	-12.0897092819		
2004-09-10 16:04:02.297			-7.9599990845	168
2004-09-10 16:04:02.337	72	-12.9482803345		
2004-09-10 16:04:02.547	72	-10.4444751740		
2004-09-10 16:04:02.748	72	-12.0219650269		
2004-09-10 16:04:02.828			-6.9099960327	72
2004-09-10 16:04:03.158	72	-12.5880126953		
2004-09-10 16:04:03.359	72	-12.4243516922		
2004-09-10 16:04:03.409			-6.4800033569	168
2004-09-10 16:04:03.599	72	-12.1265649796		
2004-09-10 16:04:03.839	72	-11.1057653427		
2004-09-10 16:04:04.040	72	-10.2968244553	-6.3099975586	72
2004-09-10 16:04:04.100	72	-10.2968244553		
2004-09-10 16:04:04.761	72	-10.1473951340		
2004-09-10 16:04:04.781			-2.4199981689	72
2004-09-10 16:04:04.961	72	-7.6649565697		
2004-09-10 16:04:05.191	72	-6.7442698479		

图 3-59   信号质量检测结果

【技能实训】 接入问题分析

1. 实训目标

（1）培养良好的职业道德与习惯，增强团队意识。

（2）能够利用后台分析软件，对实际测试数据进行接入问题分析，并写出路测分析报告。

2．实训设备

（1）具有 WCDMA 模块的后台分析软件。

（2）计算机一台。

3．实训步骤及注意事项

（1）将具有接入问题的 WCDMA 网络路测数据文件导入已安装后台分析软件的计算机中。

（2）将站点信息文件和地图文件等导入已安装后台分析软件的计算机中。

（3）进行 WCDMA 接入问题分析。

（4）通过前面的分析，撰写路测分析报告。

4．实训考核单

考核项目	考核内容	所占比例/%	得分
实训态度	1．积极参加技能实训操作 2．按照安全操作流程进行操作 3．纪律遵守情况	30	
实训过程	1．WCDMA 网络路测数据文件、站点信息文件和地图文件导入 2．分组进行：WCDMA 接入问题分析 3．撰写路测分析报告	40	
成果验收	提交接入问题路测分析报告	30	
合计		100	

任务 3　WCDMA 网络切换问题优化

【工作任务单】

工作任务单名称	WCDMA 网络切换问题优化	建议课时	4＋2

工作任务内容：

　　1．了解 WCDMA 切换流程及参数；

　　2．掌握切换问题分类及优化方法；

　　3．掌握 WCDMA 切换问题典型案例；

　　4．能够对 WCDMA 网络实际路测数据进行切换问题进行分析。

工作任务设计：

　　首先，教师讲解 WCDMA 切换流程及参数；

　　其次，学生使用后台分析软件对切换过程的消息进行熟悉；

　　再次，教师讲解切换问题分类及优化方法；

　　复次，学生分组讨论 WCDMA 切换问题典型案例；

　　最后，学生分组对 WCDMA 网络实际路测数据进行切换问题进行分析，并写出分析报告。

建议教学方法	教师讲解、学生实践、分组讨论	教学地点	实训室

【知识链接1】 切换流程

当移动台慢慢走出原先的服务小区,将要进入另一个服务小区时,原基站与移动台之间的链路将由新基站与移动台之间的链路来取代,这就是切换的含义。切换是 WCDMA 系统的一个主要功能,WCDMA 系统的切换包括更软切换、软切换、同频/异频硬切换和系统间切换。切换是移动性管理的内容,在 3G 中主要由 RRC 层协议负责完成此项功能。

1. 切换概述

(1) 切换目的

连接模式下处理由于移动造成的越区,保证覆盖的连续性;负载调整。

(2) 切换分类

切换的种类按照 MS 与网络之间连接建立释放的情况可以分为更软切换、软切换、硬切换。

① 软切换

软切换指当移动台开始与一个新的基站联系时,并不立即中断与原来基站之间的通信。软切换仅仅能运用于具有相同频率的 CDMA 信道之间。

软切换和更软切换的区别在于:更软切换发生在同一 NODEB 里,分集信号在 NODEB 做最大增益比合并。而软切换发生在两个 NODEB 之间,分集信号在 RNC 做选择合并。

② 硬切换

硬切换包括同频、异频和异系统间切换三种情况。要注意的是,软切换是同频之间的切换,但同频之间的切换不都是软切换。如果目标小区与原小区同频,但是属于不同 RNC,而且 RNC 之间不存在 Iur 接口,就会发生同频硬切换,另外同一小区内部码字切换也是硬切换。

异系统硬切换包括 FDD mode 和 TDD mode 之间的切换,包括 WCDMA 系统和 GSM 系统间的切换、WCDMA 和 CDMA2000 之间的切换。

从广义来讲,前向切换也属于切换的一种。主要是检视公共信道上的 RRC 连接状态,是公共信道上的移动性处理。分为小区更新和 URA 更新。

(3) 切换过程

切换过程有三步:测量、判决和执行。第一步测量:测量控制,测量的执行与结果的处理,测量报告,主要由 UE 完成。第二步判决:以测量为基础,资源申请与分配,主要由网络端完成(RNC RRM)。第三步执行:信令过程,支持失败回退,测量控制更新。

2. 基本切换

(1) 软切换及更软切换的流程

软切换和更软切换的对比:信令流程非常相似;UE 下行处理均是采用最大比合并方式;上行,更软切换采用最大比合并,软切换采用选择比合并;对于更软合并,不需要建立新的 FP,所以节省资源,流程时延短;对于下行功率控制,两个相同;上行功率控制,TPC Combination Indication 不同。软切换的典型流程:测量控制→测量报告→切换判决→切换执行→新的测量控制。

① 软切换中的测量

• 同频测量

CPICH RSCP、Ec/No,事件触发报告,1A,…,1F。

1A:相对门限增加事件,表示一个小区的质量已经接近最好小区或者活动集质量。

1B:相对门限删除事件,表示一个小区的质量比最好小区或活动集质量差得较多,当 UE 的活动集满后,1A 和 1B 事件停止报告。

1C:替换事件,表示一个小区已经比活动集的小区好了;当 UE 的活动集满后,1C 开始报告。

1D:最好小区变化事件。

1E:测量值高于绝对门限事件。

1F:为测量值低于绝对门限事件。

• 内部测量

UE Rx-Tx observed time difference,6G,6F。

6G,Rx-Tx observed time difference,小于 To 一定门限。

6F,Rx-Tx observed time difference,大于 To 一定门限。

观察时间差:SFN-SFN observed time difference,同异频报告量中设置;CFN-SFN observed time difference,同异频报告量中设置。

② 测量处理

测量结果滤波系数,高层对物理层提供的测量结果进行滤波;各种事件报告的门限,包括绝对门限和相对门限;事件报告的磁滞和触发时间。

③ 事件转周期报告

如果由于目标小区资源紧张,1A,1C 事件触发的加入小区不成功,则会转为周期报告。参数:报告周期,报告次数。如图 3-60 所示。

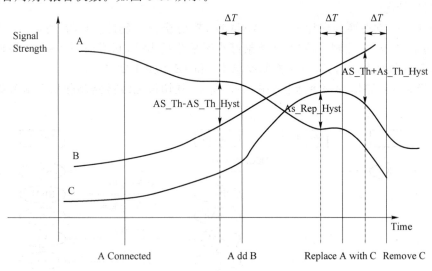

图 3-60　软切换示意图

④ 小区惩罚

目标小区资源紧张,导致切换失败,进行小区惩罚。在规定的惩罚时间内不允许该 UE 再向此小区提出切换请求,将惩罚位置 1;当惩罚时间到期后,解除惩罚,将惩罚位置 0。

⑤ 软切换同步过程

软切换同步过程如图 3-61 所示。

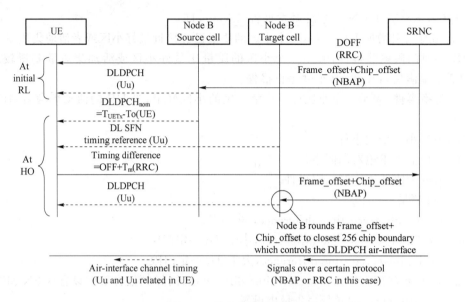

图 3-61　软切换同步过程

⑥ 切换判决

• 严格情况

1A AND 1E,软切换分支加入;1B OR 1F,软切换分支删除;1C,活动集内小区替代;1D,最好小区更改,更改测量控制,如果最好小区是监视集中,则增加到活动集;如果该小区的未定义邻区统计开关打开,测量控制要求 1A 和 1E 上报未定义邻区。

• 宽松情况

1A OR 1E,软切换分支加入;1B AND 1F,软切换分支删除;1C,活动集内小区替代;1D,最好小区更改,更改测量控制,如果最好小区是监视集中,则增加到活动集;如果该小区的未定义邻区统计开关打开,测量控制要求 1A 和 1E 上报未定义邻区。

软切换无线链路增加信令流程如图 3-62 所示,软切换无线链路删除信令流程如图 3-63 所示。

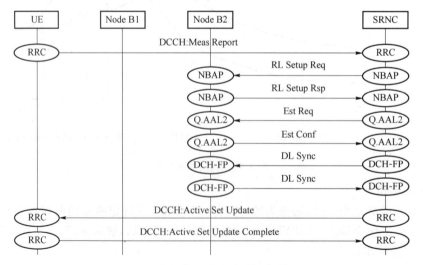

图 3-62　软切换无线链路增加信令流程

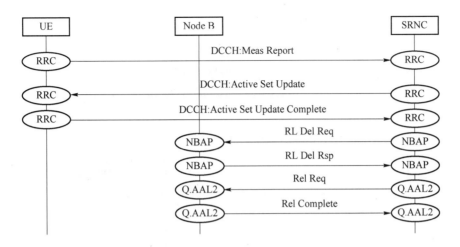

图 3-63　软切换无线链路删除信令流程

⑦ 软切换的执行

测量控制的更新原则,按照最优小区配置邻区和算法参数。测量报告的无错保证,信令的传输方式为 AM。软切换失败的补偿与限制,事件转周期报告(1A、1C 事件)导致重试,可控参数:报告周期、报告次数,小区惩罚防止过于频繁的重试导致系统的处理负担增加。

⑧ 活动集的同步维护

问题来源:一时隙功控的需求,Node B 处理定时关系的固有误差±128 chips,运动、时钟精度等其他因素导致的定时变化,UE 侧接收的 Rx-Tx 差超过 T0 ±148 chips,软切换状态下,多条链路间出现的可能性较大。

处理方法:通过 UE 内部测量监控 Rx-Tx 时间差;6F、6G 事件,某条无线链路一旦发生 6F 或者 6G 事件,网络侧调整 Node B 的定时关系或释放对应的无线链路。

(2) 同频硬切换

① 特征

同一时间内只与一个小区建立连接,先断后切,原小区和目标小区频率相同,一般采用同步保持的硬切换。优点:减少码资源和硬件资源的占用。缺点:乒乓切换导致掉话率较高,没有软切换增益,较理想软切换会减小容量。

② 使用场景

无 Iur 接口或 Iur 接口拥塞(必须),PS 业务的同频切换,具体情况灵活对待,比如从码资源、通信质量等不同角度,可以制定不同策略。

③ 切换判决

采用同频测量事件中的 1D 事件进行同频硬切换判决,对有 Iur 接口,如果软切换不成功,报回原因为 Iur 接口资源紧张,做同频硬切换。

④ 信令流程

同频硬切换信令流程如图 3-64 所示。

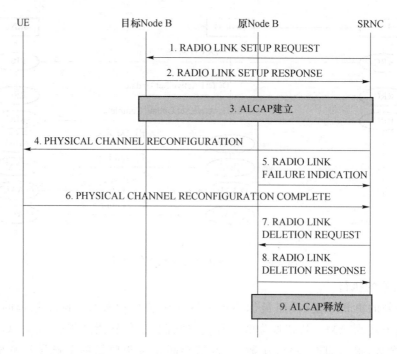

图 3-64　同频硬切换信令流程

（3）异频硬切换

① 特征

切换前后频点不同,可能需要压缩模式辅助测量,一般使用定时重建的硬切换方式。虚拟活动集:可以是多小区到多小区的切换(立即宏分集)。优点:载频间负载平衡。缺点:压缩模式导致额外的无线资源占用,定时重建的硬切换方式增加切换时间和掉话风险。

② 适用情况

通过频间硬切换可以实现载频间负载平衡,各载频间的无缝接续,分层小区。

③ 异频测量

CPICH Ec/No 或 RSCP,事件触发报告,2A,2B,2C,2D,2E,2F。2A:最优质量频率变化;2B:当前使用频率质量低于一定门限,同时一个未用频率质量高于某一门限;2C:一个没有使用频率的质量高于某一门限;2D:正在使用的频率激活集质量低于某一门限。

④ 测量类型

CPICH RSCP、CPICH Ec/No;不同的切换目的选用不同的测量类型,载频覆盖边缘CPICH RSCP、载频覆盖中心 CPICH Ec/No。

⑤ 测量报告

事件报告,2D 事件启动异频测量、2F 事件关闭异频测量;周期报告,更加灵活的控制策略,为宏小区、微小区配置不同的切换门限,体现话务吸收功能。

⑥ 异频硬切换的判决

根据最优小区属性,选择评估所用的测量量,载频覆盖中心小区 CPICH Ec/No、载频故该边缘小区 CPICH RSCP;根据邻近小区属性,选择异频切换门限,体现不同类型小区的切换优先级,微小区 Qto_micro、宏小区 Qto_macro;其他控制参数,迟滞、延迟触发时间。

⑦ 异频硬切换的执行

UE 上报定时信息：双收发信机的 UE，可不使用压缩模式；同步硬切换；使用原来的 DOFF 值；CFN 帧号连续。

UE 未上报定时信息：单收发信机的 UE，必须使用压缩模式；如果切换目标小区与当前活动集中小区不属于同于 Node B，定时重建的硬切换、重新配置 DOFF、CFN 帧号根据 DOFF 计算；如果切换目标小区与当前活动集中小区属于同于 Node B，内部换算目标小区的定时关系、同步硬切换、使用原来的 DOFF 值、CFN 帧号连续。

⑧ 信令流程

异频硬切换信令流程如图 3-65 所示。

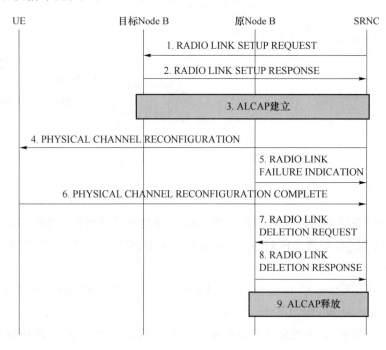

图 3-65　异频硬切换信令流程

（4）异系统硬切换

异系统切换通常分为下面几种类型：GSM→WCDMA 系统间切换、WCDMA→GSM 系统间切换、WCDMA→GPRS 小区变更、GPRS→WCDMA 小区变更。如图 3-66所示。

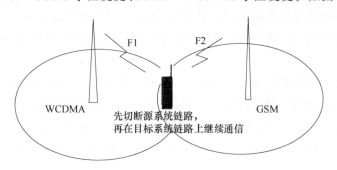

图 3-66　WCDMA 与 GSM 间切换示意图

① GSM→WCDMA 系统间切换信令流程

GSM→WCDMA 系统间切换信令流程如图 3-67 所示。

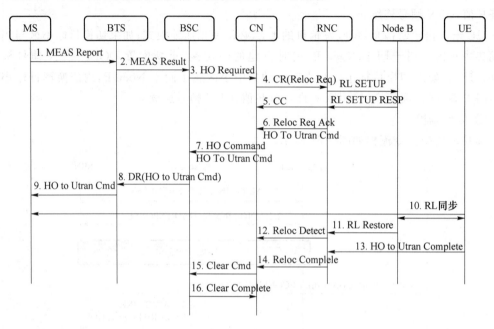

图 3-67　GSM→WCDMA 系统间切换信令流程

UE 在 GSM 系统中通话后能够上报 WCDMA 邻接小区的测量结果的前提条件是 BSC 在系统消息中下发 3G 邻接小区列表,并给出上报准则,和 WCDMA 中的异系统测量控制基本类似。

Handover To Utran Command:SRB Information、RAB Information、TrCh Information、DPCH Information、RL Information。

预配置:UE 和 RNC 预先定义号某种业务所采用的无线接口参数,切换过程中无须在 UM 接口传送这些参数,给 UM 接口的切换命令消息减肥,使之可以在一个 UM 接口无线帧中下发。

② WCDMA→GSM 系统间切换信令流程

WCDMA→GSM 系统间切换信令流程如图 3-68 所示。

UE 上报异系统测量报告的前提条件:UE 当前使用频率的信号质量下降,低于 2D 事件门限值;E 上报 2D 时间;没有配置异频邻接小区;配置了 GSM 邻接小区;GSM 小区正常工作。

如满足以下条件,则触发 Trigger-Timer:Mother_RAT + CIO→Tother_RAT + H/2;Mother_RAT:RNC 得到的异系统测量结果;CIO:CellIndividualOffset,异系统小区的偏移量;Tother_RAT:异系统质量门限;H:迟滞,减少因信号抖动而造成的误操作。

Handover From Utran Command:RAB List to be Handed over、GSM Handover Command。

③ WCDMA→GPRS 小区变更(CELL_DCH)信令流程

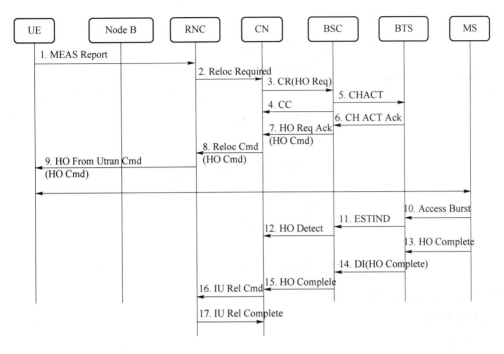

图 3-68　WCDMA→GSM 系统间切换信令流程

WCDMA→GPRS 小区变更（CELL_DCH）信令流程如图 3-69 所示。

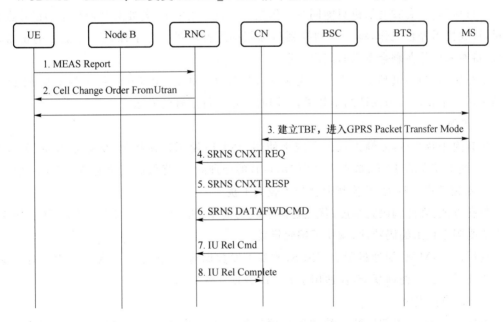

图 3-69　WCDMA→GPRS 小区变更（CELL_DCH）信令流程

说明：无损迁移时才有 4、5、6 三步。

④ WCDMA→GPRS 小区变更（非 CELL_DCH）信令流程

WCDMA→GPRS 小区变更（非 CELL_DCH）信令流程如图 3-70 所示。

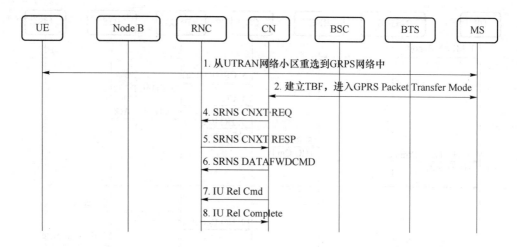

图 3-70　WCDMA→GPRS 小区变更(非 CELL_DCH)信令流程

说明:无损迁移时才有 4、5、6 三步。

(5)压缩模式

① 目的

FDD 下进行异频测量或异系统测量。

② 原因

下行压缩:一套收发信机只能同时工作在一组收发频率上,若要对其他频率的信号进行测量,接收机需停止工作,将频率切换到目标频率进行测量。为了保证下行信号的正常发送,需将原来信号在剩余发送时间内发送。

上行压缩:当测量频率与上行发送频率较近时(GSM 1 800/1 900 使用频率与 FDD 上行的工作频率相近),为保证测量效果,需同时停止上行信号的发送。

③ 实现方式

扩频因子减半:压缩帧扩频因子减半使用,必要时使用替换扰码;优点是 RNC 处理简单、能够提供较大的 TGL;缺点为占用 Node B 的处理能力、降低码资源的利用率,不适用于 SF＝4、对覆盖影响较大、替换扰码会带来较大干扰。

打孔方式:降低编码冗余度;优点是高层较为简单,SF＝4 可用,不影响码资源利用率;缺点为受限于信道编码特性,减小了编码增益。

高层调度:MAC 层通过限制 TFCS,改变下发数据速率;优点是引入的干扰相对较少;缺点为高层(层二)处理复杂,仅适用于非实时数据业务。

(6)切换优先级

切换优先级为:更软切换＞软切换＞硬切换。基本思想:能进行软切换就不进行硬切换;尽量不使用压缩模式进行测量;使用更软切换增益对属于同一 Node B 的小区进行增益调整。

实现方法:切换优先级是通过测量控制来实现的,系统间切换主要通过网络规划来进行控制。如图 3-71 所示。

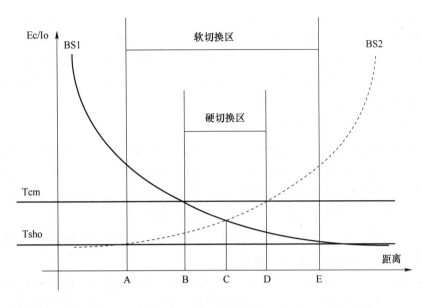

图 3-71　切换优先级

3. 切换算法及参数

（1）切换公共参数

① 激活集最大小区数 MaxCellInActiveSet。默认配置：3。

② 惩罚时长 PenaltyTime。默认配置：3。

③ 激活集最大小区数 MaxCellInActiveSet。

该参数的设置与话务统计相关。根据一般的话务统计结果，平均每次语音呼叫的持续时间为 60 s，所以该值的实际取值范围在 1～60 s。该值设置太小，资源不会及时释放，惩罚没有意义；设置太大，会导致无线链路加入不及时，不利于链路服务质量的改善。默认配置：30，即惩罚时长 30 s。

④ 6F 事件触发门限 RxTxtoTrig6F。

即 UE 的下行接收与对应的上行发射的时间间隔大于此绝对门限将触发 6F 事件。该值的设置不宜太靠近 1 024，否则会导致过早地删除无线链路。该参数建议在 1 172±3 chips 的范围内调整，如果想确保 1 时隙功控，该参数值设置可减小，反之可增大该值。默认配置：1 172 chips。

⑤ 6G 事件触发门限 RxTxtoTrig6G。

该值的设置不宜太接近 1 024，否则会导致过早地删除无线链路。建议在 876±3 chips 的范围内调整此参数值，如果想确保 1 时隙功控，该参数的设置值可增大，反之可减小。默认配置：876 chips。

⑥ 6F、6G 事件的延迟触发时间 TrigTime6F 和 TrigTime6G。

UE Rx-Tx time difference type1 测量每 100 ms 执行一次，测量精度为 1.5 chips，为避免 UE 的测量误差导致的误判，可以设置事件触发延迟时间，使 UE 至少测量 2 次进行判断，适当考虑内部处理上的延时。默认配置：240 ms。

⑦ BE 业务切换速率判决门限 BEBitRateThd。

PS BE 业务速率超过此门限,则采取同频硬切换,低于此门限则采取软切换。对 BE 业务是否做软切换的速率判决门限。当 BE 业务的传输信道最大速率小于等于此门限时,系统对该业务用户做软切换,以保证该用户的服务质量;当 BE 业务的传输信道最大速率超过此门限时,系统对该业务用户做同频硬切换,以防止其软切换对系统总容量造成过大影响。默认配置:64 kbit/s。

⑧ 软切换方法选择开关 SHOMechod。

选择是使用宽松模式算法还是相对门限算法进行软切换判决。算法 1 是宽松模式算法,小区触发 1A 或者 1E 事件后均能加入活动集;同时触发 1B 和 1F 事件后才能从活动集中删除。算法 2 是相对门限算法,没有使用 1E 和 1F 事件,小区触发 1A 事件即加入活动集,触发 1B 事件即从活动集中删除。默认配置:软切换算法 2。

⑨ 切换类算法开关。该参数定义了面向连接的切换相关各种算法的选择开关,具体的算法参数需要相应的算法开关启动才起作用。

默认配置:1 159(00000010010000111),即软切换—开(1),软切换同步时的压缩模式保持算法—开(1),同频硬切换—开(1),异频硬切换—关(0),3G-2G 异系统硬切换—关(0),2G-3G 异系统硬切换—关(0),压缩模式—关(0),上行压缩模式—开(1),6G6F 测量—关(0),小区惩罚—关(0),定位—开(1),RTT 增强型定位—关(0),迁移—关(0),基于时延优化的迁移—关(0),基于 Iur 传输资源优化的迁移—关(0),基于 Iur 传输资源优化的 CS 域的 UE 迁移—关(0),直接重试—关(0)。

(2) 同频切换参数

① 软切换相对门限

该参数定义了某小区质量(目前用 PCPICH 的 Ec/No 来评价)相对于活动集综合质量(若 $w=0$,则为最好小区质量)的差值。软切换的相对门限参数包括 IntraRelThdFor1A(1A 事件相对门限)和 IntraRelThdFor1B(1B 事件相对门限)。取值范围为:0~16。默认配置:10,即 5 dB。参数设置决定了软切换区域的大小和软切换用户比例,在 CDMA 系统中要求处于软切换的 UE 比例一般为 30%~40%方能保证平滑切换。

② 软切换绝对门限

该参数对应于满足基本业务 QoS 的保证信号强度。软切换的绝对门限参数包括 IntraAblThdFor1E(1E 事件绝对门限)和 IntraAblThdFor1F(1F 事件绝对门限)。取值范围为:(-20~-10)dB,默认配置:-18。该值为软切换算法中 1E 和 1F 事件报告使用的绝对门限,对应于满足基本业务 QoS 的保证信号强度。该值影响 1E/1F 事件的触发。

③ 同频测量滤波系数 FilterCoef

同频测量报告层三滤波时采用的测量平滑系数。滤波系数越大,对毛刺的平滑能力越强,但对信号的跟踪能力减弱,必须在两者之间进行权衡。以典型的切换区大小计算[3],两基站间距为 1 000 m,以整个系统 40%软切换比例来计算,两小区之间的典型切换距离为 150 m 左右。对一个速度在 20 km/h 的移动台,通过切换区的平均时间在 20~30 s 内,而 100 km/h 的移动台通过时间只有 5~6 s 左右。基于考虑到事件判别中还有磁滞、延迟触发等的影响,跟踪时间还需进一步减少。基于以上分析,参数 FilterCoef 配置方法如下:同频滤波系数默认配置为 5,这个参数可以根据实际情况进行调整。

④ 软切换相关的磁滞

事件触发的磁滞,包括 Hystfor1A、Hystfor1B、Hystfor1C、Hystfor1D、Hystfor1E、Hystfor1F。不同运动速度的软切换磁滞设置如表 3-3 所示。

表 3-3　不同运动速度的软切换磁滞设置

速度/km·h⁻¹	范围/dB	建议值/dB
5	6~10(3~5)	10(5)
50	4~10(2~5)	6(3)
120	2~6(1~3)	2(1)
典型配置	4~10(2~5)	6(3)

磁滞的增大,对于进入软切换区域的 UE 而言,相当于减小了软切换范围,对于离开软切换区域的 UE 而言,相当于增加了软切换的范围,如果进出用户数目相同的话,对软切换的实际比例不会有影响。磁滞设置越大,抵抗信号波动的能力越强,乒乓效应会得到抑制,但同时也减弱切换算法对信号变化的响应速度。该参数的设置范围可以在 2~5 dB 之间调整。

⑤ 软切换相关的延迟触发时间

延迟触发时间包括 TrigTime1A、TrigTime1B、TrigTime1C、TrigTime1D、TrigTime1E、TrigTime1F 共六个参数分别对应同频测量的六个事件。不同运动速度的触发时延设置建议如表 3-4 所示。

表 3-4　不同运动速度的触发时延设置建议

速度/km·h⁻¹	范围/ms	建议值/ms
5	640,1 280	1 280
50	240,640	640
120	240,640	640
典型配置	640,1 280	640

磁滞值的设置可以有效减少平均切换次数和误切换次数,防止不必要切换的发生。磁滞值越大,平均切换次数越小,但磁滞值的增大会增加掉话的风险。

⑥ WEIGHT 加权因子

该参数用于根据活动集中每个小区的测量值来确定软切换的相对门限。该参数越大,相同条件下计算得到的软切换相对门限越高。当 W 取 0 时,软切换相对门限的确定只与活动集中最优小区有关。取值范围为 0~10,默认配置为 10,即 1。

⑦ 监测集统计开关 DetectStatSwitch

用于控制 UE 的测量报告中是否包含检测集中小区信息,以便为以后的网络优化提供统计数据。默认配置为 OFF。

在建网初期对邻区配置没有绝对把握的情况下,可以打开此开关,以便能检测到漏配的邻区,顺利的进行切换。在网络优化完成后,可以关闭此开关。

（3）异频切换参数

① 异频测量滤波系数 FilterCoef

层 3 异频测量报告滤波时采用的测量平滑系数。取值范围为：0～16。默认配置：10，即 5 dB。滤波系数越大，对毛刺的平滑能力越强，但对信号的跟踪能力减弱，必须在两者之间进行权衡。对不同的小区覆盖类型，典型值可以设置如下：若小区覆盖市区，异频滤波系数可设为 7；若小区覆盖郊区，异频滤波系数设为 6；若小区覆盖乡村，异频滤波系数设为 3。

② 小区位置属性

小区位置属性 CellProperty，表明小区位于载频覆盖边缘还是中心。CARRIER_FREQUENCY_VERGE_CELL：小区位于载频边界。CARRIER_FREQUENCY_CENTER_CELL：小区位于载频中心。

如果小区周围所有方向均有同频相邻小区，则该小区位于载频覆盖中心，否则即位于载频覆盖边缘。小区的位置属性决定了采用 RSCP 还是 Ec/No 作为 2D 和 2F 事件的测量对象。

③ 异频切换相关的磁滞

事件触发的磁滞，包括 Hystfor2D（2D 事件磁滞）、Hystfor2F（F 事件磁滞）、HystforHHO（硬切换磁滞）。不同运动速度的异频硬切换磁滞设置如表 3-5 所示。

表 3-5　不同运动速度的异频硬切换磁滞设置

速度/km·h^{-1}	范围/dB	建议值/dB
5	6～10(3～5)	10(5)
50	4～10(2～5)	6(3)
120	2～6(1～3)	2(1)
典型配置	4～10(2～5)	6(3)

磁滞设置越大，抵抗信号波动的能力越强，乒乓效应会得到抑制，但同时也减弱切换算法对信号变化的响应速度。

④ 异频硬切换相关的延迟触发时间

延迟触发时间包括 TrigTime2D（2D 事件触发时延）、TrigTime2F（2F 事件延迟触发时间）、TrigTimeHHO（硬切换延迟触发时间）。不同运动速度的异频硬切换延迟触发时间设置建议如表 3-6 所示。

表 3-6　不同运动速度的异频硬切换延迟触发时间设置建议

速度/km·h^{-1}	范围/ms	建议值/ms
5	640,1 280	1 280
50	240,640	640
120	240,640	640
典型配置	640,1 280	640

磁滞值的设置可以有效减少平均切换次数和误切换次数，防止不必要切换的发生。磁滞值越大，平均切换次数越小，但磁滞值的增大会增加掉话的风险。

⑤ RSCP 表示的压缩模式启停门限

该参数对应于使用 RSCP 进行测量时的异频测量事件绝对门限,包括 InterThdUsed-FreqFor2DRSCP(2D 事件绝对门限)和 InterThdUsedFreqFor2FRSCP(2F 事件绝对门限)。设置范围为 $-115\sim-25$ dBm,默认配置为 -95 dBm。

⑥ Ec/No 表示的压缩模式启停门限

该参数对应于使用 Ec/No 进行测量时的异频测量事件绝对门限,包括 InterThdUsed-FreqFor2DEcNo(2D 事件绝对门限)和 InterThdUsedFreqFor2FEcNo(2F 事件绝对门限)。设置范围为 $-24\sim0$ dBm,默认配置为 -24 dBm。

⑦ 异频硬切换 RSCP 门限

该参数对应于使用 RSCP 进行测量时的异频硬切换绝对门限,HHOThdRSCP。设置范围为 $-115\sim-25$ dBm,默认配置为 -85 dBm。

⑧ 异频硬切换 Ec/No 门限

该参数对应于使用 Ec/No 进行测量时的异频硬切换绝对门限,HHOThdEcNo。设置范围为 $-24\sim0$ dBm,默认配置为 -16 dBm。

(4) 异系统切换参数

① 异系统测量滤波系数 FilterCoef

层 3 异系统测量报告滤波时采用的测量平滑系数。默认配置:D4。

设置同异频硬切换相应参数。该参数越大,对信号平滑作用越强,抗慢衰落能力越强,但对信号变化的跟踪能力。

② 异系统硬切换判决门限

GSMRssiThd,即切换到 GSM 系统要求达到的 RSSI 门限。取值范围为:Integer($0\sim$63),对应关系:(1:-110;2:-109;…;63:-48) dBm,默认配置:26,即 -85 dB。

系统间切换过程中对异系统小区的质量要求。注意:参数取值范围中的 0 表示小于 -110 dBm。该值应根据网络的实际情况进行调整。

③ 系统间硬切换磁滞 HystThd

该参数与异系统质量门限一起决定是否触发一系统间切换判决。在阴影衰落小的地区可适当减小该值,在阴影衰落大的地区可适当增大该值。Integer($0\sim15$),对应 $0\sim7.5$ dB,配置步长为 1(0.5 dB),默认设置为 4。

④ 系统间硬切换延迟触发时间 TimeToTrigForSysHo

如果在该参数值规定的时间范围内异系统质量一直满足系统间切换判决的条件,网络将启动系统间切换过程。对高速率移动台占多数的小区,该值可设置小一些,而低速率移动台占多数的小区,可设置大一些。根据实际网络的统计结果,适当调整。默认设置为 5 000 ms。

⑤ 异系统测量周期报告间隔 RptInterval

UE 向 RNC 周期上报异系统测量结果的时间间隔。该参数设置过大,可能导致测量上报不及时,延误了切换时机,导致切换失败。设置过小,测量上报频繁,会增加系统信令负担。默认设置为 1 000 ms。

【想一想】

1. 切换的种类按照 MS 与网络之间连接建立释放的情况可以分为哪几种?

2. 如果目标小区与原小区同频,但是属于不同 RNC,而且 RNC 之间不存在 Iur 接口,这种情况下的切换属于什么样的切换?

3. 简述软切换与更软切换的区别?

4. 什么是压缩模式?

5. 画出硬切换信令流程图?

6. 同频测量包含哪些事件?

7. UE 内部测量包含哪些事件?

8. 异频测量包含哪些事件?

【知识链接 2】 切换问题分类及优化方法

1. 切换问题定义

切换包括软切换、更软切换、同频硬切换、异频硬切换和系统间硬切换等类型。切换问题是影响网络性能的重要因素。

广义来讲,切换问题是指 UE 经过切换带而没有正常发起切换,或者发起切换但是切换失败等所有与切换相关的问题。从空口信令来看,切换失败是指 RNC 下发了切换命令(包括软切换的 ACTIVE SET UPDATE、硬切换的 PHYSICAL CHANNEL RECONFIGURATION、系统间切换的 HANDOVER FROM UTRAN),但是没有收到相应的切换完成消息(软切换的 ACTIVE SET UPDATE COMPLETE、硬切换的 PHYSICAL CHANNEL RECONFIGURATION COMPLETE、系统间切换没有空口完成消息而是 CN 发给 RNC 的 Iu Release Command)。

2. 切换问题分析流程及方法

(1)切换问题优化流程

切换问题优化流程如图 3-72 所示。

(2)网络信息搜集和优化目标确定

① 需要搜集的网络信息

了解整个网络的组网方式、结构,确定系统由哪

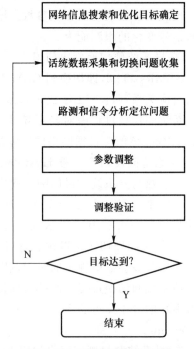

图 3-72 切换问题优化流程

些 RNC、CN 组成,以及哪些 RNC 之间有 Iur 连接而哪些没有,然后可以根据这些组网信息,结合基站的分布和载频的配置情况,分析出哪些地方是软切换,哪些地方应该存在异频硬切换,哪些地方应该是同频硬切换。

运营信息。包括用户数和用户分布信息,每天和每周的话务忙闲情况,以便数据修改尽

量避开话务忙时,以免给在网用户造成大的冲击。

告警信息和运行记录等,保证 MSC、SGSN、GGSN、HLR、VLR 的设备稳定可靠,传输通畅,以便相应测试的进行。

工程参数总表。此表包括基站位置、配置和频点信息,天线高度、方位角、下倾角等信息,更重要的是它还包含邻区列表,可以根据这些信息,结合组网信息和覆盖连续需求,确定各载频间的同频相邻关系、异频相邻关系和系统间相邻关系。

参数配置。收集现网的信道功率配置、切换参数和算法开关等数据配置信息。

② 切换优化的指标包括软切换成功率、硬切换成功率、软切换比例等,这些指标项和目标要求需要和局方讨论确定。

(3) 话统数据采集和切换问题收集

① 软切换成功率

指标说明:该指标包含了更软切换,反映了切换的可靠性,是面向小区的。

统计方法:当 RNC 收到 UE 上报的激活集更新完成(ActiveSet Update Complete)消息时,认为一次软切换过程成功完成。软切换成功率是指软切换成功次数与软切换次数的比值,公式如下:

$$软切换成功率 = \frac{软切换成功次数}{软切换次数} \times 100\%$$

其中,软切换次数是通过统计 RNC 下发的 ActiveSet Update Command 消息个数得到,软切换成功次数通过统计收到的 ActiveSet Update Complete 消息得到。

正常值:通常,软切换成功率应大于 98%。

② 软切换比例

指标说明:该指标反映了系统用于切换的资源开销情况,是面向小区的。软切换的存在带来了宏分集增益,但是也造成系统更多的资源开销,降低了系统容量,因此需要将软切换控制在一定比例上。由于软切换主要是对系统容量产生了负面影响,因此应从话务量出发定义软切换比例。

统计方法:软切换比例公式如下

$$软切换比例 = \frac{业务信道承载的 Erl(含软切换) - 业务信道承载的 Erl(不含软切换)}{业务信道承载的 Erl(含软切换)} \times 100\%$$

软切换比例和软切换区的比例是不同的。软切换区比例是网络中软切换区的面积与网络覆盖总面积之比,它不能反映出软切换对资源的耗费程度。

正常值:对于商用网络,软切换比例一般不应超过 50%(不包含更软切换)。

③ 软切换时延

指标说明:通过对实现软切换需要的信令进行分析,得到发起切换的信令和切换结束的信令之间时间差,就可以给出整个切换过程所需要的时间。本指标统计点为 UE。

统计方法:软切换/更软切换可以分为无线链路增加和删除以及增删组合三种情况。RNC 是否发起软切换流程是根据 UE 的测量上报进行判决的。因此可以根据 UE 记录的 UE 信令中测量报告信息得到软切换开始的时间。当 RNC 收到 UE 上报的 ActiveSet Update Complete 消息时,认为软切换完成。

通过计算 ActiveSet Update Complete 消息和测量报告的时间差,就可以获得软切换/

更软切换时延。

通常值:通常软切换时延应在 500 ms 左右。

④ 硬切换时延

指标说明:与软切换类似,RNC 是否发起硬切换也是根据 UE 的测量报告进行判决的。

统计方法:因此可以根据 UE 记录的 UE 信令中测量报告信息得到硬切换开始的时间。当 RNC 收到 UE 上报的 Physical Channel Reconfiguration Complete 消息后,认为硬切换完成。通过计算这两条消息之间的时间差,就可以获得硬切换时延。

建议值:通常,硬切换时延应在 500 ms 左右。

一方面,通过分析切换话统数据,可以发现网络存在的某些切换问题。另一方面,通过客户交流、用户投诉等可以收集从用户角度反馈的切换问题。

(4) 定位问题——路测和信令分析

路测是网络评估、优化最重要的手段之一。全面的路测可以了解整体覆盖情况,发现漏配的邻区,可以了解实际的切换带是否与规划有大的出入,是否有越区覆盖等;局部的路测用于跟踪切换过程,采集切换失败和掉话的空口信令、无线链路的状态(Ec/Io、RSCP、UE 发射功率、BLER、相对时延等)数据,分析切换过程问题的原因。全面路测一般用于优化前后的整体网络评估;而当发现了切换问题以后,一般采用局部路测来定位问题。

路测可以采集 UE 侧的信令消息,而 RNC 侧也可以跟踪指定 IMSI 的信令。往往由于无线链路的不稳定和 UE 处理能力有限,可能导致部分消息丢失或没有被记录。因此,最好能结合路测的信令和 RNC 的信令消息进行分析,以定位切换问题。

(5) 参数调整

切换问题优化调整的参数包括工程参数、小区参数和算法参数。

① 工程参数主要是指天线参数,包括方位角、下倾角等。通过这些参数的调整,可以改变小区的覆盖,进而改变切换带的位置、大小等,优化切换问题。

② 小区参数包括小区使用的频率、信道功率配比、邻区关系等基本配置数据。修改频点可以规避一些难以解决的异频切换问题;公共信道功率的调整同样可以达到调整小区覆盖的目的,以改变切换区域的位置和大小;漏配邻区关系是导致切换问题和掉话最常见的原因之一,因此邻区列表的优化也是网络优化中必不可少的一个环节。

③ 算法参数包括切换算法开关、各种切换的门限、磁滞、触发时延等。算法参数的调整需要在对切换算法充分了解和对路测结果、信令等仔细分析的基础上进行。

(6) 调整验证

在针对切换问题的参数调整之后,需要对调整结果进行验证:现场路测观察切换过程是否已经正常,路测指标是否已经达到优化目标;查看话统中切换相关的统计值是否正常,话统指标是否已经达到优化目标;观察网络运行一段时间看是否引起其他问题,是否有用户投诉。

如果以上都满足了要求,则切换问题优化结束;否则重新进行问题分析、定位、调整、验证过程。

3. 切换问题分析

(1) 软切换问题分析

① 软切换成功率低

软切换成功率一般应在 98％以上,如果话统明显低于此值,且具有统计意义(软切换次数大于一定值),则判断软切换成功率低。

导致软切换成功率低可能有以下原因:

- 软切换门限设置过低。现在使用相对门限判决算法,即 1A、1B 门限太大,这样即使信号较差的小区也有可能判决加入激活集,RNC 下发 ACTIVESET UPDATE COMMAND 消息命令 UE 加入此小区,但是由于该小区信号太差且有波动,无线链路建立失败,导致软切换失败。

- Node B 没有配置 GPS 或 GPS 失灵。由于 WCDMA 系统是异步系统,因此 WCDMA 在切换方面的困难主要就在同步上面。在切换过程中,切换失败的一个主要原因就是同步失败,这对于软切换和硬切换是同样的。由于现在 Node B 一般配置了 GPS 时钟,因此软切换成功率很高。如果没有配置 GPS,或者配置了 GPS 但由于 GPS 天线安装不规范导致搜不到星以及 GPS 失灵无法锁定,都可能导致切换同步困难,而降低软切换成功率。

- 没有设置 T_cell 参数。T_cell 的设置是为了防止同一 Node B 内不同小区的 SCH(同步信道)重叠。同一 Node B 内相邻小区同步信道重叠会导致更软切换失败。

② 软切换比例过高

正常的软切换比例应保持在 30～40％之间,如果大于 50％,则会因为软切换占用过多的系统资源,导致容量下降及网络性能的下降,运营商也最不愿意看到其花费投资的资源大量消耗在软切换上,而不是提供给能给其带来实际利益的话务上。

导致软切换比例过高的原因可能有:

- 软切换门限过低。1A、1B 门限太大,小区添加到激活集中容易,而从激活集中删除小区却很难,导致大量的 UE 处于软切换状态,使软切换比例过高。

- 重叠覆盖区域过大。在基站密集、站间距较小的地区,如果没有控制好小区的覆盖范围,可能导致重叠覆盖区域较大,使软切换范围很大,比例过高。可以调整天线或者功率参数控制覆盖范围,降低软切换比例,但是必须谨慎调节,注意避免产生覆盖空洞。

- 软切换区域处于高话务区。在规划中就应该注意到了这一点:应将天线主瓣方向对着话务密集区,而避免将切换带规划在话务密集区。然而实际中网络规划并不能完全做到这点,所以需要在网络优化时进行调整。

③ 软切换掉话

造成软切换掉话通常有下面一些原因:

- 软切换门限太高或者触发时延太大。对于相对门限判决算法来说,就是 1A、1B 相对门限太小,使得新的小区加入到激活集中很难,或者磁滞、触发时延过大导致软切换触发不及时,到原小区信号很差的地方才触发事件,开始发激活集更新消息,但是还没有等到新的小区加入激活集就因为服务小区质量太差而掉话了。

- 软切换区域过小。软切换区域过小对静止用户影响不大,但是对于高速移动用户,则可能因为切换不及时而导致掉话。这种情况在高速公路这种场景下很容易发生。优化措施:a. 加大覆盖,增加软切换区域;b. 增大相对门限;c. 减小触发时延或磁滞。

- 漏配邻区。漏配邻区关系，致使相邻小区信号很强的情况下都没有加入激活集，反而成为很强的前向干扰，导致最终掉话。这种问题容易定位与解决，但是实际中发生也很多。

- 前反向覆盖不平衡。前反向覆盖不平衡对切换的影响如图 3-73 所示。

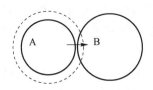

图 3-73　前反向覆盖不平衡对切换的影响

A 小区前反向覆盖不均衡，前向覆盖（虚线）大于反向覆盖（实线），而 B 小区前反向覆盖是平衡的。因为切换算法是根据前向链路质量来进行判决的，当用户从 A 向 B 经过切换带时，当到达反向覆盖边缘时源小区前向质量仍然很好，切换发起太晚导致反向链路掉话。

若 A 小区是反向覆盖大于前向覆盖，则在切换带因为没有发起软切换，不能将 B 小区加入激活集，使之成为强干扰而导致前向掉话。

（2）硬切换问题分析

① RNC 未下发物理信道重配置（硬切换指示）消息

- 同频硬切换

对于同频硬切换，因为不需要进行压缩模式测量，可以看信令中目标小区是否有触发 1D 事件测量上报。如果目标小区触发了 1D 事件而 RNC 没有下发切换指示，则检查同频硬切换开关是否打开，或可能是 Iur 或 Iub 建链失败。

如果目标小区没有触发 1D 事件，检查 RNC 下发的邻区列表中是否包含目标小区，如果没有则有可能是因为没有配置相邻关系，请检查同频邻区配置。如果包含目标小区扰码号，则可能因为目标小区信号太差，无法触发 1D 事件进行同频硬切换导致掉话，这种情况应该改善覆盖；如果目标小区信号足以建立链路，则考虑 1D 事件的磁滞值和触发时延是否设置过大，使 1D 事件来不及触发就因为源服务小区链路变差而掉话。

- 异频硬切换

对于异频硬切换，需要考虑压缩模式测量的过程。检查信令中是否有 2D、2F 事件的测量控制消息下发，如果没有则检查是否打开异频切换算法开关、是否配置异频邻区关系。

如果 RNC 下发了 2D，2F 测量控制，而 UE 一直没有 2D 测量上报，可能异频测量启动门限设置太低，源小区在信号较差的情况下都未能触发 2D 事件；如果 2D、2F 事件交替频繁上报，表明启停门限差距太小，因为启动压缩模式需要一段时间，而源小区信号稍微上升就又停止了压缩模式测量，使异频测量不及时。这时可将 2F 门限设置高一些，以保证异频测量的进行、上报。

正常情况下 RNC 会下发一条 RRC_PH_RECFG 消息让 UE 启动压缩模式（注意：对于异频硬切换第一条物理信道重配置消息是用来启动压缩模式测量而不是硬切换指示），如果 UE 支持压缩模式，则会回一条 RRC_PH_RECFG_CMP，接着 RNC 将下发测量控制让 UE 周期测量上报异频测量值。如果 UE 上报了数个测量报告而 RNC 仍不下发切换指示 RRC_PH_RECFG，则请检查报告消息中的异频测量值，可能异频硬切换门限设置太高而目标小区信号达不到要求使切换判决不通过,延误了切换时机。在站间距较大的情况下,可以将异频硬切换门限适当降低。

② UE 未收到物理信道重配置消息

通过 RNC 的信令跟踪发现已经下发 RRC_PH_RECFG 消息,而路测中并没有看到手机收到 RRC_PH_RECFG 消息,因而没有及时发起硬切换而导致掉话。因为作为硬切换指示的物理信道重配置消息是在原信道上发下的,可能由于经过时间延迟、切换判决,RNC 下发此消息的时候,源小区下行链路已经变得太差,UE 无法收到 RRC_PH_RECFG 消息进行切换而最终掉话了。

有两种解决思路:

- 可以权衡将硬切换门限或磁滞、触发时间延迟等参数适当减小,相当于提早硬切换时机,使 UE 可以及时收到硬切换指示消息而完成切换。
- 加大源小区业务信道的下行发射功率以增强切换区的下行覆盖,保证下行链路的质量。

③ 目标基站未收到重配置完成消息

物理信道重配置完成消息 RRC_PH_RECFG_CMP 是在目标小区信道上发送的。这里分为两种情况:

- 通过手机信令跟踪,确认是 UE 收到 RRC_PH_RECFG 指示而没有回 RRC_PH_RECFG_CMP 完成消息给 RNC。这可能是因为 UE 与目标小区同步失败或别的原因造成的硬切换失败而掉话。尝试调整天线或增加目标载频的信道功率以加强覆盖,或者提高硬切换判决门限,以保证硬切换的顺利进行。
- 通过信令跟踪,发现是 UE 已经切换并发送了 RRC_PH_RECFG_CMP 消息,而 RNC 侧没有收到此消息,说明是反向链路存在问题。这时可以调整上行功控参数(命令 MOD CELLCAC),将相应业务最大上行发射功率调大,使在允许范围内 UE 的发射功率增大,增强反向链路质量。

④ 乒乓切换

在切换带,由于信号的波动,可能导致 UE 在源小区和目标小区来回的反复切换。对于同频硬切换,由于同频干扰的存在,很容易导致掉话;对于异频硬切换,由于需要压缩模式异频测量,乒乓切换会给通信质量造成较大影响。解决方法可以从两个思路入手:

调整硬切换门限,或者磁滞、触发时间延迟等参数。抬高硬切换触发门槛,可以防止乒乓切换,但是要慎重,因为提高切换门限等参数有可能会造成切换不及时而导致切换失败或掉话。

调整覆盖。让切换带尽量避开地形地物复杂的环境,使信号波动尽可能的小。

⑤ 其他问题引起的硬切换失败

除了上面可能的原因外,还有其他问题可能引起硬切换失败:

UE 兼容性问题。各个厂家的 UE 可能存在与其他厂家设备的兼容性的问题,这需要根据具体问题来分析定位。

设备兼容性问题。特别是对于要经过核心网的硬切换,各厂家之间的信令配合、参数设置都可能存在差异,导致硬切换问题。

传输线路问题。

（3）系统间切换问题分析

① UE 没有收到启动压缩模式的 RRC_PH_RECFG 消息

首先,检查信令中是否有 2D、2F 事件的测量控制消息下发,如果没有则查询数据配置,看是否打开异系统切换算法开关、是否配置相应的异系统邻区关系。

如果 RNC 下发了 2D、2F 测量控制,而 UE 一直没有 2D 测量上报,可能压缩模式启动门限设置太低,源小区在信号较差的情况下都未能触发 2D 事件;如果 2D、2F 事件都有上报且交替紧跟,但是一直没有 RRC_PH_RECFG 下发,表明启停门限差距太小,因为启动压缩模式需要一段时间,上报 1D 就由于源小区信号稍微上升又上报 1F 停止压缩模式测量,使异系统测量不及时。这时可将 2F 门限设置高一些,以保证异系统测量的进行、上报。

② RNC 未下发系统间切换指示消息 INTER_SYSTEM_HO

如果 UE 支持并顺利启动了压缩模式,则会回一条 RRC_PH_RECFG_CMP,接着 RNC 将下发测量控制让 UE 周期测量上报 GSM 系统的 RSSI 测量值。如果 UE 上报了数个测量报告而 RNC 仍不下发切换指示 RRC_PH_RECFG,则请检查报告消息中的 RSSI 测量值,可能异系统硬切换门限设置太高(默认为 −85 dB)而目标小区信号强度达不到门限使切换判决不通过,就一直不会发 INTER_SYSTEM_HO 指示消息,延误了切换时机。在站间距较大的情况下,可以将异频硬切换门限适当降低。但是注意仍要保证一定的 RSSI 强度,否则可能因为目标 GSM 小区信号太差而切换过去以后掉话。

③ UE 未收到 INTER_SYSTEM_HO

通过 RNC 的信令跟踪发现已经下发 INTER_SYSTEM_HO 消息,而路测中并没有看到手机收到任何 INTER_SYSTEM_HO 消息,因而没有及时切换到 GSM 系统而导致掉话。因为作为系统间切换指示的 INTER_SYSTEM_HO 消息是在原 UTRAN 信道上发下的,可能由于经过切换过程的时间延迟,RNC 下发此消息的时候,源小区下行链路已经变得太差,UE 无法收到 INTER_SYSTEM_HO 消息进行切换而最终掉话了。有两种解决思路:

可以权衡将系统间切换门限或相应的磁滞、触发时间延迟等参数适当减小,相当于提早发起系统间切换,使 UE 可以及时收到 INTER_SYSTEM_HO 切换指示消息而切换到更好的相邻 GSM 小区。

调整源小区的天馈参数或者加大其下行发射功率以增强切换区的下行覆盖,保证切换带下行链路的质量。

④ UE 收到 INTER_SYSTEM_HO 但是切换失败

UE 收到 INTER_SYSTEM_HO 切换指示,断开原来连接,开始尝试接入 GSM 小区,可能由于目标 GSM 小区信号太弱或者信号波动较大而使无线链路建立失败。可以提高系统间切换门限,保证切换的成功。

⑤ 其他原因

系统间切换失败的原因很多,包括手机支持的问题、系统间的信令配合问题等。由于系统间切换要经过核心网,还需要对 CN 的信令进行分析以定位问题。

 【想一想】

1. 切换问题通常可以从几个方面进行定义?

2．画出切换问题分析流程。

3．分析切换问题时,话统方面需要采集哪些指标?

4．软切换成功率过低通常是由于哪些原因造成的?

5．UE 没有收到启动压缩模式的 RRC_PH_RECFG 消息主要有哪些原因?

【知识链接 3】　切换问题案例分析

1．针尖效应导致软切换失败的案例

（1）问题现象

如图 3-74 所示,急转弯处,从 PSC285 切换到 PSC268,再切换到 PSC292 时,UE 每次都掉话。

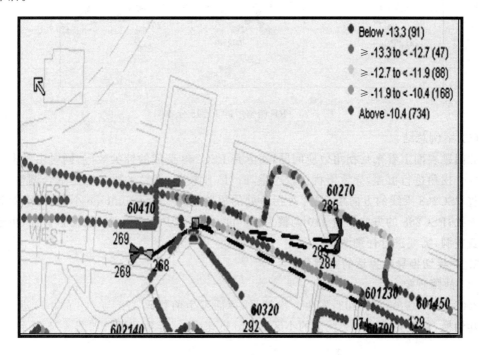

图 3-74　问题地点

（2）问题分析

拐弯前,UE 在 PSC284、PSC285 和 PSC129 小区;一转弯 UE 就切换到 PSC268 上;由于高楼的阻挡,PSC268 只覆盖路口这一片区域,也可以理解为这个过程中的针尖效应;再拐过去,PSC268 信号质量急剧下降,UE 要切换到 292 小区上,由于切换区域很小,并且又有来自 284、285 小区的干扰,导致切换来不及掉话。

（3）调整措施

由于 PSC284 和 PSC285 的扇区覆盖范围存在很大的重叠,会在拐角处形成较大干扰,解决方法是把 284 和 285 合并成同一个小区,减小干扰;同时调整 268 的方位角从 110 到 140 度,减小对拐角处的干扰。

（4）优化效果

如图 3-75 所示,给出了 RF 调整后的 Ec/Io 分布图,可以看出原先掉话点附近的 Ec/Io

得到了很大的改善，彻底解决了此处的掉话问题。

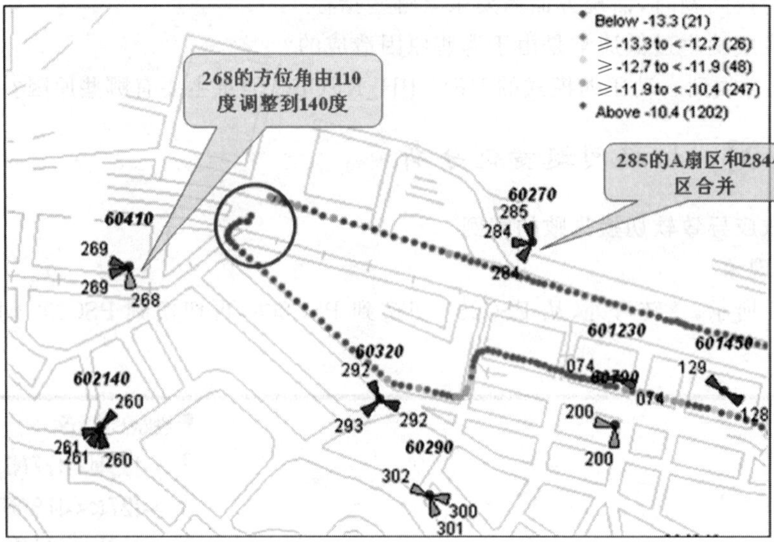

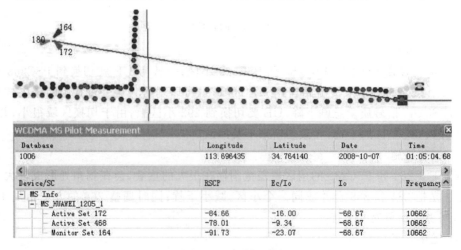

图 3-75　RF 调整后的 Ec/Io 分布图

（5）案例总结

此问题表面上看来是拐角效应问题，实际是 PSC268 造成的针尖效应；同时由于多个小区对这个拐角进行覆盖，导致干扰比较严重，Ec/Io 比较差；调整的措施也是综合调整，一方面调整 PSC268 天线的方向角，避开对拐角处的覆盖，另一方面 combine 小区，减小对拐角处的干扰；PSC268 的方向角由 110 调整为 140 度，改变了 PSC268 小区的覆盖目标，可能产生覆盖空洞，需要进行仔细测试。

2. 乒乓切换导致掉话的案例分析

（1）故障现象

2008-10-7 01:05:09.203，发生一次掉话，掉话发生前扰码 172 与 468 的小区进行了 2 次乒乓切换，切换完成后 172 扰码的小区 Ec/Io 迅速变差，导致掉话。如图 3-76 所示。

Database	Longitude	Latitude	Date	Time
1006	113.696435	34.764140	2008-10-07	01:05:04.68

Device/SC	RSCP	Ec/Io	Io	Frequency
MS Info				
MS_HUAWEI_1205_1				
Active Set 172	-84.66	-16.00	-68.67	10662
Active Set 468	-78.01	-9.34	-68.67	10662
Monitor Set 164	-91.73	-23.07	-68.67	10662

图 3-76　问题现象

（2）问题分析

分析激活集更新发现，发现手机在掉话前进行了 2 次 172 扰码与 468 扰码的激活集更新，并上报了激活集更新完成，如图 3-77 所示。

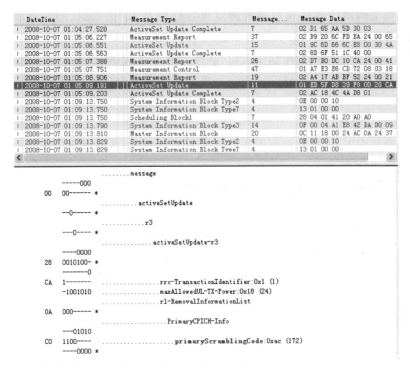

图 3-77 激活集更新

手机在掉话前的测量报告，上报了 eventID：e1d，primaryScramblingCode：0x1d4（468）。并且上报了 eventID：e1b，primaryScramblingCode：0xac（172）。并且在激活集更新里也上报了：172 扰码的更新完成。检查信令可以看到不是因为激活集更新未完成造成的掉话问题。

通过分析主要表现在掉话前 172 扰码的小区与 468 扰码的小区进行的频繁切换，2 个小区 RSCP 值突然衰落又突然升高，Ec/Io 值快速降低，主要表现为在较强目标小区信号的短时间作用下，原小区信号经历短暂快速下降，又上升的情况，可以判断为针尖效应的概念。

（3）问题分析及效果

解决切换来不及导致的掉话，可以通过调整天线扩大切换区，也可以配置 1a 事件的切换参数使切换更容易发生，或者配置 CIO 使目标小区能够提前发生切换；解决乒乓切换带来的掉话问题，可以调整天线使覆盖区域形成主导小区，也可以配置 1b 事件的切换参数减少乒乓的发生等方法来进行。

降低触发时间为 200 ms，减小迟滞；调整安钢大厦（PSC：468）三扇区下倾角，通过工参得知安钢大厦站高 61 米，机械下倾已为 10 度，电子下倾为 4 度，建议调整电子下倾由 4 度调整到 7 度。

通过调整彻底解决掉话问题。

（4）处理过程

原小区的信号可以在 1 s 左右的时间内突然下降 10 dB，而目标小区的信号上升 10 dB 左右，如果在信号开始突变之前原小区的信号已经比较差，如果 1a 事件配置成容易触发的情况下，从手机上的信令跟踪可以看到测量报告已经发出，从 RNC 的信令跟踪可以看到 RNC 收到测量报告，但 RNC 在下发活动集更新的时候，由于原小区的信号太差，导致手机不能收到活动集更新命令而产生信令复位，从而引起掉话；如果 1a 事件触发比较慢（比如配置较大的迟滞或者触发时间），就有可能在手机上报测量报告之前下行就发生了 TRB 复位的情况。

如果目标小区触发了切换，可能由于原小区信号太差使手机收不到活动集更新，导致掉话的情况；一般情况下，如果有两幅天线沿着两条街道照射，在两条街道交界的地方就容易产生针尖效应。

3. 启停压缩模式乒乓引起的异频硬切换问题

（1）问题现象

在 RNC 版本改动后，测试的 64 K 异频硬切换结果较好，成功率 90% 左右（切换了 30 次）。失败的原因都是 UE 启动压缩模式成功后，测量报告 FAILURE，然后 RNC 发起删链。并且总是在同一个地点，而该地点源小区的 RSCP＝－80，Ec/No＝－5 左右，信号应该是正常的。

（2）处理过程

UE 上报 2D 时间，RNC 启动压缩，RRC_PH_CH_RECFG 中要求启动压缩的时间 TGCFN＝53，然后 UE 上报了一个 2F 事件，RNC 下发一个 RRC_MEAS_CTRL 测量控制，在这里要求 UE 停止压缩模式，停止的 CFN＝51，UE 检测该消息，认为没有启动压缩不能执行停止，所以上报 RRC_MEAS_CTRL_FAIL。后来我们将 2F 事件门限设为－40 dBm，实际上是关闭了 2F 事件，问题得以解决。

4. 室外站与室内分布异频切换不及时导致掉话的案例分析

（1）问题现象

终端在移动过程中从统战部第三小区切换到室内分布省委办公楼室内分布，再到豫发大厦第二小区异频切换不成功。如图 3-78 所示。

（2）问题分析

室内分布占用 10712 频点，室外 10662 频点。终端在移动过程中从统战部第三小区切换到室内分布省委办公楼室内分布上，室内分布信号很好，在终端继续移动过程中，信号质量很差，检查省委办公楼与豫发大厦第一小区的邻区关系，发现配置有异频关系，2D 事件没有及时启动切换不过去掉话。

（3）优化措施

修改异频切换门限，实现 2D 事件及早发生，ADD CELLINTERFREQHOCOV：CellId＝20081，InterFreqReportMode＝PERIODICAL_REPORTING，InterFreqCSThd2DEcN0＝－10，InterFreqCSThd2FEcN0＝－8，InterFreqR99PsThd2DEcN0＝－10，InterFreqHThd2DEcN0＝－10，InterFreqR99PsThd2FEcN0＝－8，InterFreqHThd2FEcN0＝－8；通过调整彻底解决掉话问题。

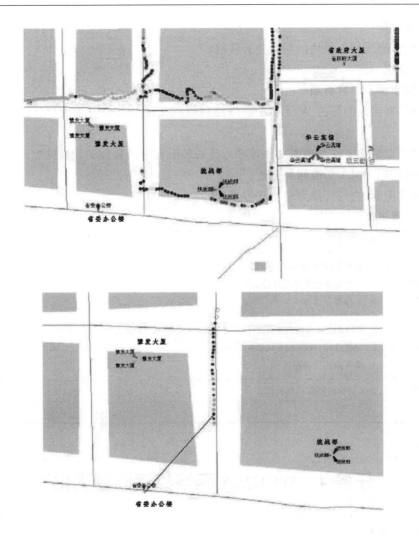

图 3-78　切换不成功

（4）案例总结

室内分布信号过强，与室外异频信号发生了切换，在终端继续移动过程中，室内信号逐渐变弱，在邻区关系已经存在的情况下，没有启动压缩模式，导致异频切换没有发生，通过更改异频切换的门限实现切换及早发生避免掉话的产生。

【想一想】

漏配邻区可能会造成哪些后果？

【技能实训】　切换问题分析

1. 实训目标

（1）培养良好的职业道德与习惯，增强团队意识。

（2）能够利用后台分析软件，对实际测试数据进行切换问题分析，并写出路测分析报告。

2. 实训设备

（1）具有 WCDMA 模块的后台分析软件。

（2）计算机一台。

3. 实训步骤及注意事项

（1）将具有接入问题的 WCDMA 网络路测数据文件导入已安装后台分析软件的计算机中。

（2）将站点信息文件和地图文件等导入已安装后台分析软件的计算机中。

（3）进行 WCDMA 切换问题分析。

（4）通过前面的分析，撰写路测分析报告。

4. 实训考核单

考核项目	考核内容	所占比例/%	得分
实训态度	1. 积极参加技能实训操作 2. 按照安全操作流程进行操作 3. 纪律遵守情况	30	
实训过程	1. WCDMA 网络路测数据文件、站点信息文件和地图文件导入 2. 分组进行：WCDMA 切换问题分析 3. 撰写路测分析报告	40	
成果验收	提交切换问题路测分析报告	30	
合计		100	

任务4　WCDMA 网络掉话问题优化

【工作任务单】

工作任务单名称	WCDMA 网络掉话问题优化	建议课时	4
工作任务内容：			

工作任务内容：

1. 了解 WCDMA 掉话分类定义；

2. 掌握常见掉话原因与掉话处理流程；

3. 掌握 WCDMA 工程参数和小区参数调整；

4. 能够进行 WCDMA 掉话案例分析；

5. 能够对 WCDMA 网络实际路测数据进行掉话问题进行分析。

工作任务设计：

首先，教师讲解 WCDMA 掉话分类、原因与处理流程；

其次，教师讲解 WCDMA 工程参数和小区参数的调整；

再次，学生分组讨论 WCDMA 掉话问题典型案例；

最后，学生分组对 WCDMA 网络实际路测数据进行掉话问题进行分析，并写出分析报告。

建议教学方法	教师讲解、学生实践、分组讨论	教学地点	实训室

【知识链接1】 掉话分类与处理流程

1. 掉话分类定义

（1）正常释放流程

① 一个 CS 正常释放信令流程

一个 CS 正常释放信令流程如图 3-79 所示。

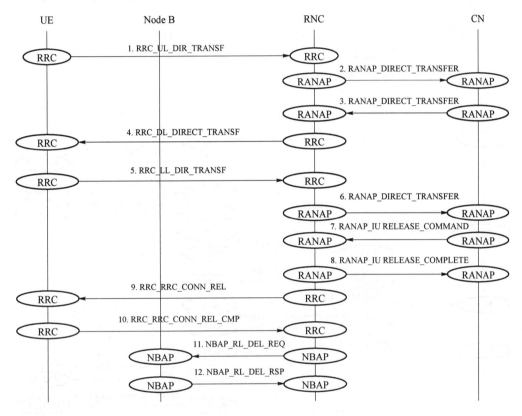

图 3-79　一个 CS 正常释放信令流程

- UE 发 RRC_UL_DIR_TRANSF 消息给 RNC，消息中 nas message 是 0325，表示是 call control 子层的 disconnect 消息。

- RNC 发 RANAP_DIRECT_TRANSFER 消息给 CN，消息中 nas pdu 是 0325，表示是 call control 子层的 disconnect 消息。

- CN 发 RANAP_DIRECT_TRANSFER 消息给 RNC，消息中 nas pdu 是 832d，表示是 call control 子层的 release 消息。

- RNC 发 RRC_DL_DIRECT_TRANSF 消息给 UE，消息中 nas message 是 832d，表示是 call control 子层的 release 消息。

- UE 发 RRC_UL_DIR_TRANSF 消息给 RNC，消息中 nas message 是 032a，表示是 call control 子层的 release complete 消息。

- RNC 发 RANAP_DIRECT_TRANSFER 消息给 CN，消息中 nas pdu 是 032a，表示是 call control 子层的 release complete 消息。

- CN 发 RANAP_IU_RELEASE_COMMAND 消息给 RNC,开始释放 Iu 口资源,包括 RANAP 层和 ALCAP 层资源。
- RNC 发 RANAP_IU_RELEASE_COMPLETE 消息给 RNC。
- RNC 发 RRC_RRC_CONN_REL 消息给 UE,开始释放 RRC 连接。
- UE 发 RRC_RRC_CONN_REL_CMP 消息给 RNC。
- RNC 发 NBAP_RL_DEL_REQ 消息给 NODEB,开始释放 Iub 口资源,包括 NBAP 层和 ALCAP 层,PHY 层资源。
- NODEB 发 NBAP_RL_DEL_RSP 消息给 RNC,整个释放过程结束。

② 一个 PS 正常释放信令流程

一个 PS 正常释放信令流程如图 3-80 所示。

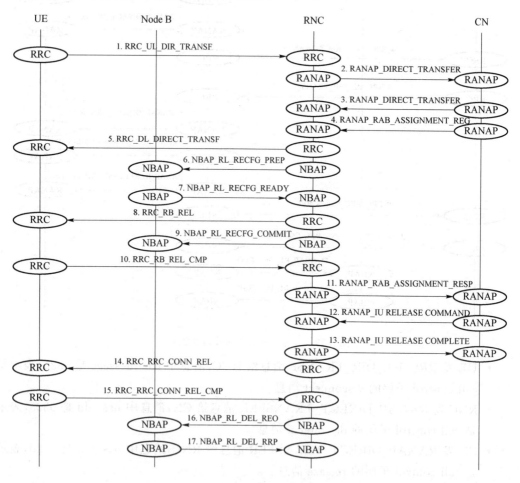

图 3-80　一个 PS 正常释放信令流程

- UE 发 RRC_UL_DIR_TRANSF 消息给 RNC,消息中 nas message 是 0a46,表示是 session management 子层的 deactivate PDP context request 消息。
- RNC 发 RANAP_DIRECT_TRANSFER 消息给 CN,消息中 nas pdu 是 0a46,表示是 session management 子层的 deactivate PDP context request 消息。

- CN 发 RANAP_DIRECT_TRANSFER 消息给 RNC,消息中 nas pdu 是 8a47,表示是 session management 子层的 deactivate PDP context accept 消息。
- CN 发 RANAP_RAB_ASSIGNMENT_REQ 消息给 RNC,消息中给出要释放的 RAB list,其中包含了要释放的 RAB ID。
- RNC 发 RRC_DL_DIRECT_TRANSF 消息给 UE,消息中 nas message 是 8a47,表示是 session management 子层的 deactivate PDP context accept 消息。
- RNC 发 NBAP_RL_RECFG_PREP 消息给 NODEB。
- NODEB 发 NBAP_RL_RECFG_READY 消息给 RNC。
- RNC 发 RRC_RB_REL 消息给 UE,释放业务 RB。
- NODEB 发 NBAP_RL_RECFG_COMMIT 消息给 RNC。
- UE 发 RRC_RB_REL_CMP 消息给 RNC,业务 RB 释放完成。
- RNC 发 RANAP_RAB_ASSIGNMENT_RESP 消息给 CN,RAB 释放完成。

(2) 掉话空中接口定义

在通话过程中,如果空中接口信息满足下面三个条件中的任何一条,可以判断为掉话:收到任何的 BCH 消息(即系统消息);收到 RRC Release 消息(原因为非正常释放 Not normal);收到 CC Disconnect,CC Release Complete,CC Release 三条消息中的任何一条,而且释放的原因为 Not Normal Clearing 或者 Not Normal,Unspecified。

从 RNC 记录的信令上看,如果在 Iu 接口上看到了 RNC 发向 CN 的消息为 Iu Release Request 或者 RNC 发给 CN 的消息为 RAB Release Request 消息,此时定义为异常掉话。

(3) 掉话话统指标定义——CS

通过统计 RNC 触发的 RAB 释放个数,统计 RAB 建立个数,进而得到掉话率。根据测量对象的不同,掉话率可以分为面向 RNC 和面向小区的掉话率,分别考察整个 RNC 和单个小区的掉话情况。

① 面向 RNC 的 CS 掉话率公式

(RNC_CS_RAB_REL_CONV_TRIG_BY_RNC＋RNC_CS_RAB_REL_STR_TRIG_BY_RNC)/(CS_RAB_SETUP_SUCC_CONV＋CS_RAB_SETUP_SUCC_STR)×100%

② 面向小区的 CS 掉话率公式

(RNC_CS_RAB_REL_CONV_CELL_TRIG_BY_RNC＋RNC_CS_RAB_REL_STR_CELL_TRIG_BY_RNC)/(CS_RAB_SETUP_SUCC_CONV_CELL＋CS_RAB_SETUP_SUCC_STR_CELL)×100%

③ CS 掉话统计(面向业务):AMR 语音与 VP 掉话统计

- AMR 语音业务

面向 RNC 的 AMR 语音掉话率＝ RNC_CS_RAB_REL_AMR_TRIG_BY_RNC / CS_RAB_SETUP_SUCC_CONV_0_32 ×100%

面向小区的 AMR 语音掉话率＝ RNC_AMR_RAB_REL_CELL_TRIG_BY_RNC / CS_RAB_SETUP_SUCC_AMR_CELL×100%

- VP 业务

面向 RNC 的 VP 掉话率 ＝RNC_CS_RAB_REL_CONV_64K_TRIG_BY_RNC / CS_RAB_SETUP_SUCC_CONV_32_64 ×100％

面向小区的 VP 掉话率＝ RNC_CS_CONV_64K_RAB_REL_CELL_TRIG_BY_RNC/ CS_RAB_SETUP_SUCC_CONV_64K_CELL×100％

（4）掉话话统指标定义——PS

① 面向 RNC 的 PS 掉话率公式

（RNC_PS_RAB_REL_CONV_TRIG_BY_RNC＋RNC_PS_RAB_REL_STR_TRIG_BY_RNC ＋RNC_PS_RAB_REL_INTER_TRIG_BY_RNC ＋RNC_PS_RAB_REL_BKG_TRIG_BY_RNC ）/（PS_RAB_SETUP_SUCC_CONV ＋PS_RAB_SETUP_SUCC_STR ＋PS_RAB_SETUP_SUCC_INTER ＋PS_RAB_SETUP_SUCC_BKG ）×100％

② 面向小区的 PS 掉话率公式

（RNC_PS_RAB_REL_CONV_CELL_TRIG_BY_RNC ＋RNC_PS_RAB_REL_STR_CELL_TRIG_BY_RNC ＋RNC_PS_RAB_REL_INTER_CELL_TRIG_BY_RNC ＋RNC_PS_RAB_REL_BKG_CELL_TRIG_BY_RNC ）/（PS_RAB_SETUP_SUCC_CONV_CELL ＋PS_RAB_SETUP_SUCC_STR_CELL ＋PS_RAB_SETUP_SUCC_INTER_CELL ＋PS_RAB_SETUP_SUCC_BKG_CELL ）×100％

话统指标定义类别总结。话统指标对掉话的定义分为：CS 掉话面向对象统计——RNC、小区。CS 掉话面向业务统计——AMR 语音、VP 业务。PS 掉话面向对象统计——RNC、小区。

2. 常见掉话原因与掉话处理流程

（1）常见掉话原因

① 邻区漏配

一般来讲,初期优化过程掉话占大多数是由于邻区漏配导致的。对于同频邻区,通常采用以下的办法来确认是否为同频邻区漏配。

方法一：观察掉话前 UE 记录的活动集 Ec/Io 信息和 Scanner 记录的 Best Server Ec/Io 信息,如果 UE 记录的 Ec/Io 很差,而 Scanner 记录的 Best Server Ec/Io 很好;同时检查 Scanner 记录 Best Server 扰码是否出现在掉话前最近出现的同频测量控制中,如果测量控制中没有扰码,那么可以确认是邻区漏配。

方法二：如果掉话后 UE 马上重新接入,如果 UE 重新接入的小区扰码和掉话时的扰码不一致,也可以怀疑是邻区漏配问题,可以通过测量控制进一步进行确认。

邻区漏配导致的掉话也包括异频邻区漏配和异系统邻区漏配。

② 覆盖问题

通常所说的覆盖差,主要是指 RSCP 不和 Ec/Io 都很差。覆盖的问题需要通过掉话前上行或者下行的专用信道功率来确认,需要采用以下的方法来确认：

如果掉话前的上行发射功率达到最大值,并且上行的 BLER 也很差或者从 RNC 记录的单用户跟踪上看到 Node B 上报 RL Failure,基本可以认为上行覆盖差导致的掉话;如果掉话前,下行发射功率达到最大值,并且下行的 BLER 很差,基本可以认为是下行覆盖不行导致的掉话。

确认覆盖的问题简单直接的方式:直接观察 Scanner 采集的数据,若最好小区的 RSCP 和 Ec/No 都很低,就可以认为是覆盖问题。

③ 切换问题

软切换/同频导致掉话主要分为两类原因:切换来不及或者乒乓切换。

从信令流程上 CS 业务表现为手机收不到活动集更新命令(同频硬切换时为物理信道重配置),PS 业务有时候会在切换之前先发生 TRB 复位。

从信号上看,切换来不及主要有以下两种现象。拐角:源小区 Ec/Io 陡降,目标小区 Ec/No 陡升(即突然出现就是很高的值)。针尖:源小区 Ec/Io 快速下降后一段时间后上升,目标小区出现短时间的陡升。

乒乓切换主要有以下两种现象。主导小区变化快:2 个或者多个小区交替成为主导小区,主导小区具有较好的 RSCP 和 Ec/Io 每个小区成为主导小区的时间很短。无主导小区:存在多个小区,RSCP 正常而且相互之间差别不大,每个小区的 Ec/Io 都很差。

④ 干扰问题

一般情况下,对于下行,当 CPICH RSCP 大于 -85 dB,而 Ec/Io 小于 -13 dB 容易产生了掉话,基本上可以认为是下行干扰的问题。对于上行 RTWP 比正常值($-104 \sim -105$)超过 10 dB,干扰时间超过 $2 \sim 3$ s,就有可能造成掉话。

⑤ 流程交互问题

一些需要信令交互的流程,如 AMR 控制、DCCC 以及压缩模式的启停、UE 的状态迁移等,常常会由于信号的原因,手机支持方面的原因或者 RAN 设备和手机的配合问题,导致流程失败,最后导致掉话。

这类问题需要针对特定的流程和手机进行分析,没有一般性的处理方法。

⑥ 其他异常问题

在排除了以上的原因之后,其他的掉话一般需要怀疑设备的问题,需要通过查看设备的日志,告警等进一步来分析掉话原因。

例如,同步失败导致的链路不停增加和删除。

例如,手机不上报 1a 测量报告导致掉话。

(2)路测数据分析流程

路测数据分析流程如图 3-81 所示。

① 准备数据

路测软件采集数据文件、RNC 记录的单用户跟踪、RNC 记录的 CDL。

② 获取掉话位置

采用路测数据处理软件,比如 Analyzer 和获取掉话的时间和地点、获取掉话前后 Scanner 采集的导频数据、手机采集的活动集和监视集信息、信令流程等。

③ 分析 Scanner 主导小区变化情况

主要分析主导小区的变换情况,如果主导小区相对稳定,进一步分析 RSCP 和 Ec/Io 情况;如果主导小区变化频繁,需要区分主导小区变化快的情况,或者没有主导小区的情况,然后进一步进行乒乓切换掉话分析。

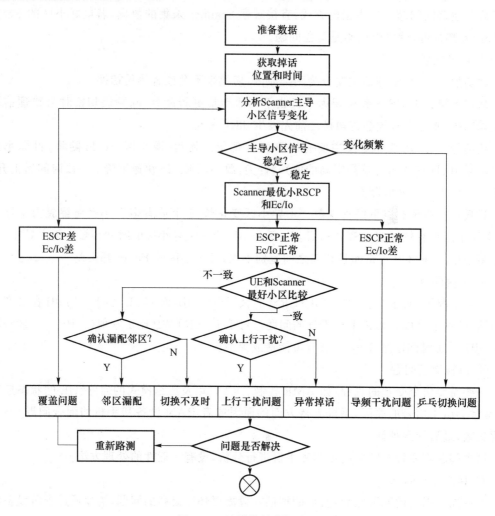

图 3-81 路测数据分析流程

④ 分析 Scanner 主导小区信号 RSCP 和 Ec/Io

观察 Scanner 最好小区 RSCP 和 Ec/No,根据不同的情况分别处理:RSCP 差,Ec/No 差,可以确定为覆盖问题;RSCP 正常,Ec/No 差(排除切换来不及导致的,同频邻区干扰),可以确定为导频干扰问题;RSCP 正常,Ec/No 正常,如果 UE 活动集中小区与 Scanner 最好小区不一致,可能为邻区漏配或者切换来不及导致的掉话;如果 UE 活动集中小区与 Scanner 最好小区一致,可能为上行干扰或责异常掉话。

⑤ 路测重现问题

由于一次路测不一定能够采集到定位掉话问题需要的所有信息,此时需要通过进一步路测来收集数据。通过进一步的路测也能确认该掉话点是随机掉话的点或者固定掉话点,一般来说固定掉话点一定需要解决,而随机掉话点则需要根据掉话发生的概率来确定是否需要解决。

(3)话统数据分析流程

话统数据分析流程如图 3-82 所示。

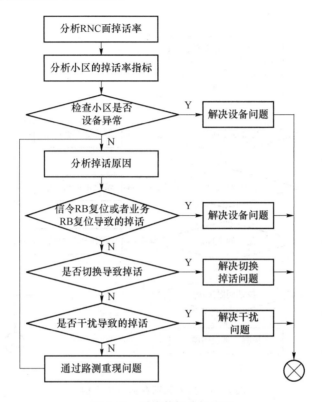

图 3-82　话统数据分析流程

① 分析 RNC 的掉话率指标

主要从整个 RNC 的整体掉话指标上判断掉话率指标是否正常。

② 分析小区的掉话率指标

对于小区的掉话率指标,主要需要分析小区"AMR 掉话率"、"VP 掉话率"、"PS 掉话率"、"硬切换掉话率"、"系统间切换掉话率",对所有小区分别用以上的指标进行排序,选择指标特别差的小区或者最差的一些小区,进一步分析掉话原因。

③ 检查小区是否异常

检查小区的告警,排除小区异常方面的原因。

④ 分析掉话原因

排除 Iu 口 aal2 异常导致的掉话问题,排除 GTPU 异常导致的掉话问题;分析是否由于信令 RLC 复位导致的掉话,还是业务 RLC 复位导致的掉话;分析该小区相关的切换指标(分析小区的切入成功率和切出成功率),确认是否由于切换失败导致的掉话;通过分析小区总带宽接收功率相关话统指标,分析在掉话率高的时段,是否相应的上行干扰指标也很高,进一步确认上行干扰导致的掉话问题。

⑤ 通过路测重现问题

当通过话统分析无法进一步解决掉话问题的时候,需要针对小区进行路测,跟踪手机侧和 RNC 的信令流程进行分析,详细分析方法请参见路测数据分析流程。

（4）信令跟踪数据分析流程

信令跟踪数据分析流程如图 3-83 所示。

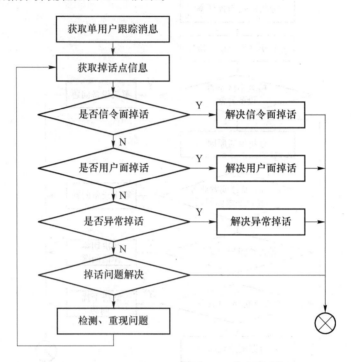

图 3-83　信令跟踪数据分析流程

① 获取单用户跟踪消息

单用户跟踪消息需要事先在 RNC 或者 M2000 上进行跟踪，才能记录相应的消息，一般情况下，根据 IMSI 进行跟踪记录的消息用来分析掉话问题是足够的。

② 获取掉话点信息

从单用户跟踪消息来看，掉话的定义是 RNC 主动发起了 RAB 释放（消息名称为 RANAP_RAB_RELEASE_REQ），或者 RNC 主动发起 IU 释放（消息名称为 RANAP_IU_RELEASE_REQ）。前者对应为用户面掉话，后者对应为信令面掉话。通过查找以上两条消息，就可以或者掉话点的时间，以及掉话前的信令消息，以便进一步进行分析。

③ 信令面掉话分析

信令面掉话表现为手机或者 RNC 不能受到确认模式传送的信令，产生 SRB 复位，导致连接释放。下行方向一般有这些消息可能导致 SRB 复位：测量控制，活动集更新，物理信道重配置，传输信道重配置，RB 重配置以及 3G 到 2G 的切换命令（HANDOVER FROM UT-RAN COMMAND），手机是否收到这些命令需要手机侧的跟踪消息来确认。上行方向有以下的消息可能导致 SRB 复位：测量报告，活动集更新完成，物理信道重配置完成，传输信道重配置完成，RB 重配置完成，同样需要 RNC 侧的跟踪消息来确认是否收到。

④ 用户面掉话分析

用户面掉话主要是 TRB 复位，这种情况主要在 PS 业务上发生，Voice 和 VP 业务不会产生 TRB 复位。

当活动集中只有一条链路上，会由于 RL Failure 导致 RNC 发起 Iu Release，RL Failure 是上行失步引起的,但是下行失步会使 UE 关闭发射机,接着就造成上行失步,在定位掉话是上行引起释放还是下行引起的时候,需要分析掉话前手机的发射功率和实时状态监控的下行的码发射功率来区分。

下行覆盖差、下行干扰强或者上行干扰都会导致 TRB 复位。有时候数据业务由于重传次数设置不合理,在切换来不及的情况下,TRB 比 SRB 先产生复位,在分析时要注意区分。

⑤ 异常掉话分析

异常掉话一般指掉话无法从覆盖、干扰等方面找到原因,也无法根据前面介绍的用户面掉话或者信令面掉话原因来解释,这种掉话往往是设备的异常或者是手机的异常导致的。比如由于传输突然中断导致的掉话、基站设备异常导致的掉话、手机突然死机等都会导致异常掉话。对于传输异常一般通过分析 CDL 或者参看告警来进一步分析;对于基站设备异常可以通过查询基站状态来确认,对于手机异常,需要通过分析手机记录的数据来定位。

⑥ 拨测,重现问题

当已有的数据不注意定位掉话问题的时候,启动更详细的数据跟踪,最好的办法是在问题点进行拨测,重现问题,然后继续进行分析。

(5) 用户投诉数据分析流程

① 了解用户投诉

用户投诉发生的时候需要详细记录问题发生的时间,问题产生的地点,以及问题的具体现象。

② 检查话统指标

通过分析用户投诉相关的话统指标,来进一步分析该投诉是某个用户特有的问题还是网络一般性的问题,对于一般性的问题,请参考话统指标的分析来进一步分析投诉。

③ 检查告警

根据投诉的时间,查看 CN、RNC 或者投诉地点对应基站的告警,看这些告警是否会产生相应的掉话,如果存在这个告警,试着消除和解决这个告警。

④ 检查 CDL

CDL 记录了用户异常发生时候的信令、状态等信息,通过分析 CDL 可以进一步了解投诉产生的原因。

⑤ 投诉点拨测,重现问题

对于话统分析,告警分析以及 CDL 分析都无法解决的问题,需要通过到现场拨测的方法进行问题重新,拨测的时候数据记录的方法和路测方法相同,在某些场合,可能不适合记录手机侧信息,那么需要通过 RNC 来尽量多的记录各种信息,特别需要记录收集上报的 Ec/Io 和 RSCP 信息,以排除覆盖问题导致的掉话。对于一些特别的地点,到现场拨测都不可能,那么需要通过用户的手机号码来获取 IMSI,然后在 RNC 启动呼叫跟踪,以便进一步定位问题。

【知识链接 2】 掉话问题分类及优化方法

1. 工程参数调整

工程参数的调整是非常有限的,最基本的可以调整天线的高度、下倾角、天线的波瓣宽度、天线增益以及方向角等。

（1）对于上行或者下行的覆盖问题导致的掉话

考虑更改天线的高度、下倾角，也可以更换增益更高的天线或者增加塔放。

（2）对于针尖和拐角效应

通过天线调整也是比较有效的解决办法，由于针尖效应和拐角效应往往出现在街道拐弯的地方或者两条街道交界的地方，可以考虑通过天线的方向角和街道错开一定的角度的方式来调整，但同时需要注意原来街道路边商铺的覆盖不要有很大的影响。

（3）对于导频干扰引起的覆盖问题

可以通过调整某一个天线的工程参数，使该天线在干扰位置成为主导小区；也可以通过调整其他几个天线参数，减小信号到达这些区域的强度；从而减少导频个数；如果条件许可，可以增加新的基站覆盖这片地区；如果干扰来自一个基站的两个扇区，可以考虑进行扇区合并。

工程参数的调整需要综合考虑整个小区调整效果，在解决一个问题的同时要注意不在其它区域引入新的问题。

2. 小区参数调整

（1）小区偏置 CIO

该值与实际测量值相加所得的数值用于 UE 的事件评估过程。UE 将该小区原始测量值加上这个偏置后作为测量结果用于 UE 的同频切换判决，在切换算法中起到移动小区边界的作用。该参数设置越大，则软切换越容易，处于软切换状态的 UE 越多，但占用前向资源；设置越小，软切换越困难，有可能影响接收质量。对于针尖效应或者拐角效应，通过配置 5 dB 左右的 CIO 是比较好的解决办法。

（2）软切换相关的延迟触发时间

延迟触发时间是 1A、1B、1C 和 1D 事件相关的触发时间。触发时间的配置会影响切换的及时性。一般情况下，默认参数的配置能够满足绝大多数场景的要求。切换参数可以针对小区设置，在根据环境设定了一套基本参数之后，针对每个小区单独进行调整，可以把参数更改的影响限制在几个小区之间，对系统的影响也较小。

（3）同频测量滤波系数 FilterCoef

层 3 滤波应尽量滤除随机冲击的能力，使得滤波后的测量值反映实际测量的基本变化趋势。由于输入层 3 滤波器的测量值已经经过层 1 滤波，基本消除了快衰落的影响，因此层 3 应对阴影衰落和少量快衰落毛刺进行平滑滤波，以为事件判决提供更优的测量数据。

滤波系数越大，对毛刺的平滑能力越强，但对信号的跟踪能力减弱，必须在两者之间进行权衡。

典型值可以设置如下：

若切换区信号变化较慢，同频滤波系数可设为 7；

若切换去信号变化速度中等，同频滤波系数设为 6；

若切换区信号变化较快，同频滤波系数设为 3。

（4）压缩模式启停门限

压缩模式一般在异频切换或者异系统切换前启动，通过压缩模式来测量异频或者异系统小区的质量。压缩模式的启动可以根据 CPICH 的 RSCP 或者 Ec/Io 是否满足条件来触发，在实际的应用中，一般都采用 RSCP 作为触发条件。

一般情况下，压缩模式需要测量目标小区（异频或者异系统）的质量并获取相关信息，同时由于移动台的运动导致当前小区的质量恶化,所以对于压缩模式的启动门限一般要求要求在当前小区的质量下降到导致掉话之前能够及时测量到目标小区的信号完成切换为要求,对于停止门限则要求避免压缩模式的频繁启动和停止。

(5) 无线链路最大下行发射功率 RLMaxDLPwr

配置大的专用链路的发射功率有利于克服覆盖导致的掉话点,但同样带来干扰问题,由于单个用户允许的功率大,当用户在边缘是就可能消耗大的功率,从而对其他用户造成影响,降低系统的下行容量。一般情况下,下行发射功率的配置由链路预算提供,适当的增加或者减少 1~2 dB,一般情况下在单次路测情况下,很难看出对掉话的影响,但可以从话统指标上看出来,对于一些小区,由于覆盖原因存在比较大的掉话率,可以考虑增加专用信道的最大发射功率;对于一些小区,由于负载过高导致用户有较大的接入失败概率,可以考虑适当降低该参数。

(6) 信令和业务的最大重传次数

在较高的误块率信道条件下,信令由于重传达到最大值就会产生复位,信令的一次复位就会导致掉话;采用 AM 模式进行业务传输的业务也同样会重传,重传达到最大值之后产生复位信令,系统配置了最大允许的复位次数,当复位次数达到最大值之后,系统开始释放业务,也同样会造成掉话。

系统默认的配置可以保证突发误块不会导致异常的掉话,但在进入覆盖比较差的场合能够及时进行复位而导致掉话,从而释放业务占用的资源。对于一些场景,有较多的突发干扰,或者针尖效应比较明显的场景,干扰突发期间可能导致 100% 误块,而又不希望过多的掉话,此时可以考虑适当增加重传次数,通过重传来抵抗突发干扰。

该参数是针对 RNC 配置。

(7) RSCP 表示的小区异频硬切换门限

当异频测量启动以后,手机开始车辆异频小区,当异频小区的质量高于该门限,RNC 发起异频切换。

结合压缩模式的启动停止门限来配置该参数,如果配置较小的值,可以提早触发硬切换,如果配置较大的值,可以延迟进行硬切换,从而可以控制切换区或者降低掉话概率。

(8) 切换判决门限 GsmRSSICSThd、GsmRSSIPSThd

异系统切换门限可以针对 CS 业务和 PS 业务分开设置,方法和异频硬切换门限的设置方法相同。

3. 网络优化流程及各阶段关注点

整个网络优化流程包括从最初地项目合同地签订到最后优化完成生成报告。这里我们重点关注从单站点测试至后续的验收阶段各阶段的掉话关注点。

(1) 单站测试阶段

单站测试阶段重点需要关注设备的问题,对于一些异常掉话,需要从设备问题方面多进行定位,如果是路测过程中发现的掉话,需要仔细区分是否由于覆盖太差导致的掉话。

(2) RF 优化阶段

① 优化前评估

优化前评估阶段,需要根据路测结果来了解掉话率指标,同时根据话统分析来了解整个网络中的掉话率情况。

对于该阶段发生的掉话,需要区分重点关注由于覆盖或者干扰引起的掉话问题,也要关注由于切换不及时导致的掉话问题。

② RF 优化

该阶段需要重点关注覆盖问题或者干扰问题引起的掉话问题,分析掉话是否是由于覆盖太差或者干扰太强导致的干扰问题,对于这些问题,重点看是否可以通过调整天线工程参数来解决。与此同时,也要关注由于切换问题导致的掉话区域,对于拐角效应或者针尖效应,在进行天线调整的时候也要进行关注,看是否可以通过天线调整的方式来规避这些问题。

(3)参数优化阶段

参数优化一般在 RF 优化之后进行,对于通过 RF 优化无法避免或者无法进行 RF 优化的掉话点,需要通过参数优化的方法来进行。

在这个阶段需要关注切换引起的掉话问题,异频切换的掉话问题以及异系统切换的掉话问题,由于异频切换或者异系统切换一般都在室内或者地铁环境发生,相关的掉话问题需要进行不行拨测,数据分析也主要依靠 RNC 的单用户跟踪来进行。

(4)验收阶段

优化验收阶段需要收集掉话率的路测指标和话统指标,从而用来评估本次优化的效果。这时候不要求解决每个掉话问题,但建议对每个掉话分析清楚具体原因,同时给出将来优化的进一步建议。

【知识链接 3】 掉话问题案例分析

1. 覆盖掉话案例

覆盖分析中,必须:结合导频覆盖和业务覆盖进行分析;结合上行覆盖和下行覆盖进行分析;结合 Scanner 和 UE 的测量结果进行分析;结合 CPICH 的 Ec/Io,RSCP,SC 进行分析。

掉话点位置处于 3G 网络的覆盖边缘,掉话发生在小区 SC314,如图 3-84 所示。掉话前 UE 测量得到的激活集中只有 314 小区,监视集中没有测量到小区。掉话前 UE 测量得到的 RSSI 很低,SIR 是负的,UE 的发射功率达到最大值。如图 3-85 所示。

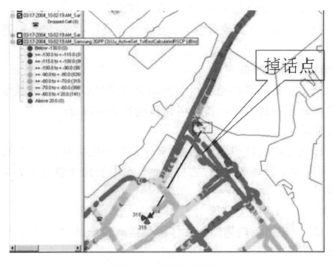

图 3-84　掉话点位置

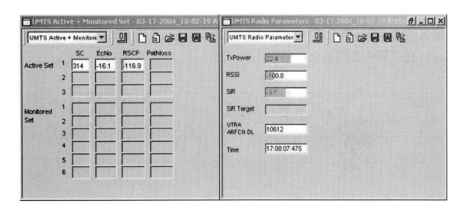

图 3-85　Scanner 和 UE 的测量结果

UE 和 Scanner 测量得到的 Ec/Io 都有相同的恶化趋势。UE 和 Scanner 测量得到的 RSCP 都有相同的恶化趋势。如图 3-86 所示。

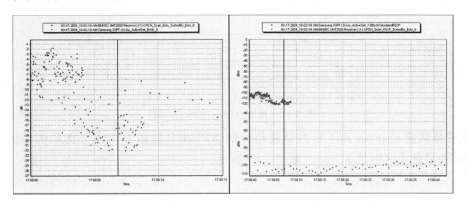

图 3-86　UE 和 Scanner 测量得到的 Ec/Io、RSCP

2. 邻区漏配导致掉话的分析报告

(1) 问题现象

仲恺一路上,新党校(PSC=504)与惠州海关(PSC=485)之间发生掉话。掉话后 UE 驻留在 485 扰码上。如图 3-87 所示。

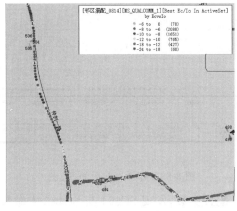

图 3-87　掉话位置图

（2）问题分析

对比掉话前 Scanner 和 UE 的 CPICH Ec/Io，Scanner 的 CPICH Ec/Io 良好，UE 的 CPICH Ec/Io 在掉话前急剧恶化。如图 3-88 所示。

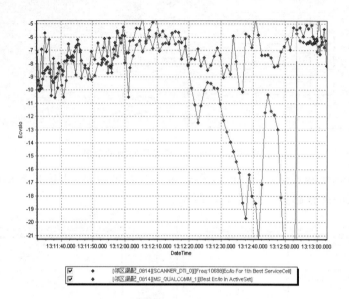

图 3-88　掉话点前后的 Ec/Io 图

比较掉话前 Scanner 和 UE 的最强信号的扰码，UE 驻留在 504 号扰码的小区上，而 Scanner 的最优小区则是 SC485。如图 3-89 所示。

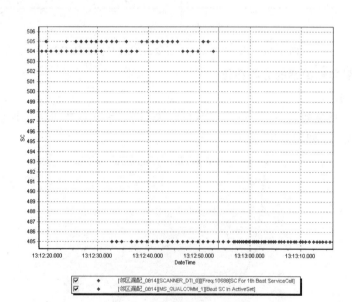

图 3-89　掉话点前后的 SC 图

检查 UE 信令和 RNC 配置参数，发现 SC504 与 SC485 未做邻区关系。

（3）优化措施

SC504 与 SC485 之间配置双向邻区，掉话问题解决。

（4）案例总结

一般来讲，初期优化过程掉话占大多数是由于邻区漏配导致的。对于同频邻区，通常采用以下的办法来确认是否为同频邻区漏配。

方法一：观察掉话前 UE 记录的活动集 Ec/Io 信息和 Scanner 记录的 Best Server Ec/Io 信息，如果 UE 记录的 Ec/Io 很差，而 Scanner 记录的 Best Server Ec/Io 很好；同时检查 Scanner 记录 Best Server 扰码是否出现在掉话前最近出现的同频测量控制的邻区列表中，如果测量控制的邻区列表中没有扰码，那么可以确认是邻区漏配。

方法二：如果掉话后 UE 马上重新接入，如果 UE 重新接入的小区扰码和掉话时的扰码不一致，也可以怀疑是邻区漏配问题，可以通过测量控制进一步进行确认（从掉话位置的消息开始往前找，找到最近一条同频测量控制消息，检查该测量控制消息的邻区列表）。

方法三：有些 UE 会上报检测集（Detected Set）信息，如果掉话发生前检测集信息中有相应的扰码信息，也可以确认是邻区漏配的问题。

邻区漏配导致的掉话也包括异频邻区漏配和异系统邻区漏配。异频邻区漏配的确认方法和同频几乎相同，主要是掉话发生的时候，手机没有测量或者上报异频邻区，而手机掉话后重新驻留到异频邻区上。异系统邻区漏配表现为手机在 3G 掉话，掉话后手机重新选网驻留到 2G 网络，从信号质量来看，2G 网络的质量很好（在掉话点用 2G 测试手机观察 RSSI 信号）。

【技能实训】　掉话问题分析

1. 实训目标

（1）培养良好的职业道德与习惯，增强团队意识。

（2）能够利用后台分析软件，对实际测试数据进行掉话问题分析，并写出路测分析报告。

2. 实训设备

（1）具有 WCDMA 模块的后台分析软件。

（2）计算机一台。

3. 实训步骤及注意事项

（1）将具有掉话问题的 WCDMA 网络路测数据文件导入已安装后台分析软件的计算机中。

（2）将站点信息文件和地图文件等导入已安装后台分析软件的计算机中。

（3）进行 WCDMA 掉话问题分析。

（4）通过前面的分析，撰写路测分析报告。

4. 实训考核单

考核项目	考核内容	所占比例/%	得分
实训态度	1. 积极参加技能实训操作 2. 按照安全操作流程进行操作 3. 纪律遵守情况	30	
实训过程	1. WCDMA 网络路测数据文件、站点信息文件和地图文件导入 2. 分组进行:WCDMA 掉话问题分析 3. 撰写路测分析报告	40	
成果验收	提交掉话问题路测分析报告	30	
合计		100	

任务5　HSDPA 问题优化

【工作任务单】

工作任务单名称	HSDPA 问题优化	建议课时	4

工作任务内容:

1. 掌握 HSDPA 的基本信令流程;

2. 了解 HSDPA 的无线资源管理;

3. 进行 HSDPA 优化案例分析。

工作任务设计:

首先,教师讲解 HSDPA 相关知识点;

其次,学生分组进行典型案例讨论;

最后,分组分析真实路测数据,并写出路测分析报告。

建议教学方法	教师讲解、分组讨论、实际实践	教学地点	实训室

【知识链接1】　HSDPA 的基本信令流程

1. HSDPA 概述

（1）HSDPA 的主要特点

HSDPA 全称是高速下行分组接入（High Speed Downlink Packet Access）,是 3GPP R5 版本的重要特性,是 WCDMA 下行高速数据解决方案,HSDPA 系统的主要特点包括:采用 2 ms 的短帧,在物理层采用 HARQ（Hybrid Automatic Repeat reQuest）和 AMC（Adaptive Modulation and Coding）等链路自适应技术,引入高阶调制提高频谱利用率,通过码分和时分在各个 UE 之间灵活调度。通过采用这些技术,可以:提高下行峰值数据速率,改善业务时延特性;提高下行吞吐量,有效的利用下行码资源和功率资源,提高下行容量（信道共享）。

① 自适应编码调制（AMC）

自适应编码调制的基本方法是对接收信道进行测量,根据信道测量的结果自适应的调整编码和调制方案,而不是调整功率。这样当 UE 位于信道条件较好的位置时可以得到较高的信号速率。

目前信道编码采用的是 TURBO 码。调制方式包括 QPSK 和 16QAM 两种方案。AMC 受到信道质量测量误差和时延的影响比较大。

② 混合自动重传（HARQ）

HSDPA 中 HARQ 技术主要是系统端对编码数据比特的选择重传以及终端对物理层重传数据合并。

通过 RV 参数来选择虚拟缓存中不同编码比特的传送。不同 RV 参数配置支持:CC（Chase Combining）（重复发送相同的数据）;PIR（Partial Incremental Redundancy）（优先发送系统比特）;FIR（Full Incremental Redundancy）（优先发送校验比特）。不同次重传,尽可能采用不同的 r 参数,使得打孔图样尽可能错开,保证不同编码比特传送更为平均。

表 3-7　不同重传方式的一次重传增益

Code Rate/dB	1/3	1/2	2/3	3/4
CC Gain	3.0	3.0	3.0	3.0
PIR Gain	3.1	3.3	3.6	6.5
FIR Gain	3.1	3.5	4.3	8.4

IR 方式由于优先传送校验比特,重传后有效编码比特更为平均,特别是高编码率时,性能增益尤为明显。

③共享信道的共享和调度（Schedule）

共享信道的共享和调度如图 3-90 所示。

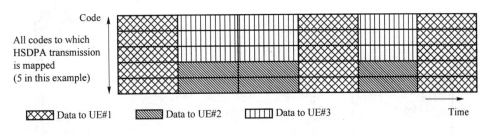

图 3-90　共享信道的共享和调度

（2）HSDPA 协议栈

如图 3-91 和图 3-92 所示,Node B 增加 MAC-hs 实体:RNC 的 MAC-d 将 DTCH/DCCH 上的数据映射到 HS-DSCH 数据帧通过 MAC-d 流发送给 MAC-hs。MAC-hs 需要完成与 MAC-d 之间的流量控制（共享 Iub 传输）、小区内用户数据的调度、传输格式选择等动作。

（3）HSDPA MAC-hs 层实现

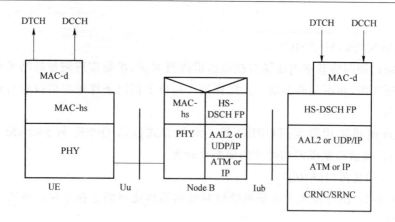

图 3-91　HSDPA 协议栈(1)

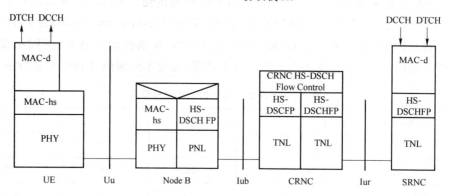

图 3-92　HSDPA 协议栈(2)

MAC-hs 中有流控、调度/优先级处理、HARQ、TFRI 选择四个功能实体。如图 3-93、图 3-94 所示。

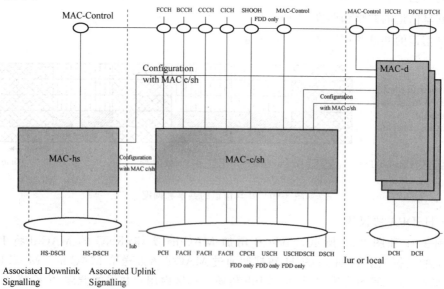

图 3-93　MAC-hs 层实现(1)

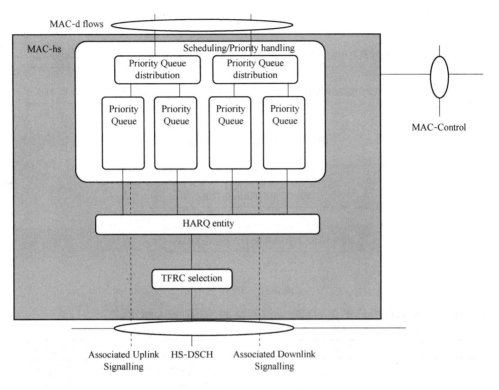

图 3-94 　 MAC-hs 层实现(2)

① 流控实体:用来控制来自 MAC-d 或者 MAC-c/sh 的数据流满足空中接口的能力。通过流控减少时延和堵塞情况。对于每个具有单独优先级的 MAC-d 数据流,流控是独立的。

② 调度/优先级处理实体:协调数据流和 HARQ 之间的资源,根据信道和 ACK/NACK 反馈情况决定新发送还是重传,设置优先级和序列、数据块的编号等。

③ HARQ 实体:处理 HARQ 过程,支持 SAW 协议。一个 HARQ 实体可处理一个用户的多个 HARQ 进程,在一个 TTI 的一个 HS-DSCH 上,只有一个 HARQ 进程。

④ TFRI 选择实体:根据信道情况和资源情况选择合适的传输格式。

2. HSDPA 相关流程

(1) HSDPA 资源分配

这个过程用于分配 HS-DSCH 相关资源给 Node B。这个过程由 PHYSI-CAL SHARED CHANNEL RECON-FIGURATION REQUEST 消息发起,使用 Node B 控制端口,从 CRNC 发出到 Node B。如图 3-95 所示。

图 3-95 　 物理共享信道重配置

(2) 用户 HSDPA 信道建立

信道建立过程还是采用和 DCH 一样的消息,只是消息中包含了 HSDPA 的相关参数。Iur/Iub 接口采用 RL 建立和 RL 重配置消息,如图 3-96 所示,而空中接口采用 RB 建立、RB 重配置等消息,如图 3-97 所示。

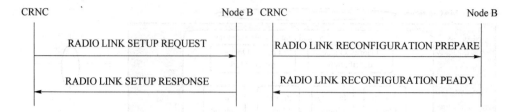

图 3-96　RL 建立和 RL 重配置

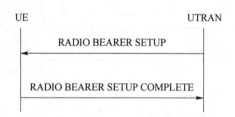

图 3-97　RB 建立

HSDPA over Iur，用户建立 HSDPA 过程举例，如图 3-98 所示。

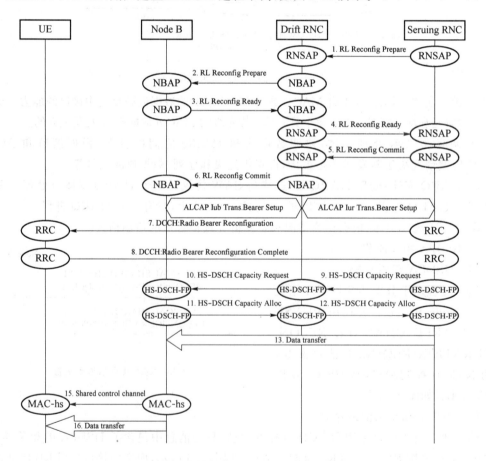

图 3-98　用户建立 HSDPA 过程举例

用户 HS-DSCH 信道的建立-信道映射和参数配置。

下行信道类型的映射：BE 业务（包括背景类业务和交互类业务）直接映射到 HS-DSCH；流业务推荐映射到 DCH；会话类业务映射到 DCH。

上行信道类型的映射：当下行业务映射到 HS-DSCH 时，无论上行有没有数据，都需要配置对应的 DCH，用来传输上行 RLC 确认消息，以及可能的上行数据。此时，上下行都有独立的 DCH 用来传递高层信令。

约束：只有支持 HSDPA 的用户才能把业务建立在 HS-DSCH 信道上。

用户 HS-DSCH 信道的映射。一个业务 RB 配置一个逻辑信道，也就是说控制信息和用户数据都使用同一条逻辑信道。每个业务 RB 分别映射到不同的 MAC-d 流。由于每个流上只有一个业务，所以合理的方式是一个流映射到一个队列，并配置一个调度优先级。如图 3-99 所示。

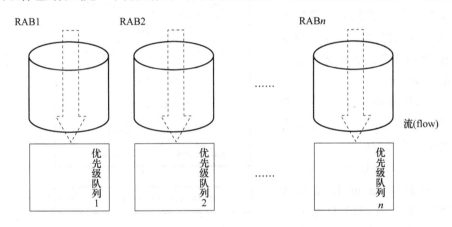

图 3-99　用户 HS-DSCH 信道的映射

（3）无线链路参数更新

该过程由 Node B 触发，当 Node B 认为 HS-DSCH 相关的无线链路参数需要更新时，Node B 向 CRNC 发送 Radio Link Parameter Update Indication 消息。如图 3-100 所示。

（4）HSDPA 的数据传输

① HSDPA 的数传和流控

在 MAC-d 10 ms 周期定时器中检查每个逻辑信道对应的 RLC BO，若发现有数据要发而又从没收到过 Node B 的容量分配消息，则向 Node B MAC-hs

图 3-100　无线链路参数更新

申请 Iub 带宽。MAC-d 收到来自 MAC-hs 的容量分配消息后，决定 HS-DSCH FP 帧的个数、每帧 MAC-d PDU 的个数以及帧发送间隔。如图 3-101 所示。

② Iub 接口的数据传输

HSDPA 用户面数据传输过程用于传输从 CRNC 到 Node B 的 HS-DSCH 数据帧。多个具有相同长度和相同优先级的 MAC-d PDUs 可以被传输在同一个 HS-DSCH 数据帧的同一个 MAC-d 流里面。HS-DSCH 数据帧包括一个 User Buffer Size IE 信息，用来指示对应 RLC 缓存中的数据量。Iub 接口的数据传输如图 3-102 所示，Iub 接口数据帧结构如图

3-103 所示。

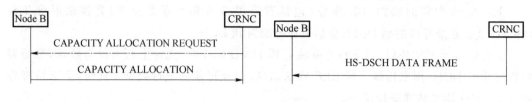

图 3-101 HSDPA 的数传和流控   图 3-102 Iub 接口的数据传输

（5）HSDPA 的 Iub 流控

① 流控 over Iub

对 MAC-d flow 中的每个优先级队列单独进行。控制 Iub 接口上 MAC-d 数据流的传输。目的：减少数据时延，同时避免因数据拥塞而出现的数据丢弃或重传。

执行：尽量使得 RLC buffer 为空，尽量使得 MAC-hs 的 buffer 中有足够的数据发给物理层。

② Iub 接口的容量请求

HS-DSCH 容量请求过程为 RNC 提供了请求 HS-DSCH 容量的方法，通过为一个给定的优先级指定 RNC 内的用户缓存大小来实现，由 RNC 把该控制帧发给 Node B 进行容量确认和分配。如图 3-104 和图 3-105 所示。

③ Iub 接口的容量分配

HS-DSCH 容量分配过程是在 Node B 内产生的，它是在响应 HS-DSCH Capacity Request Capacity 容量请求时或者 Node B 认为需要上报

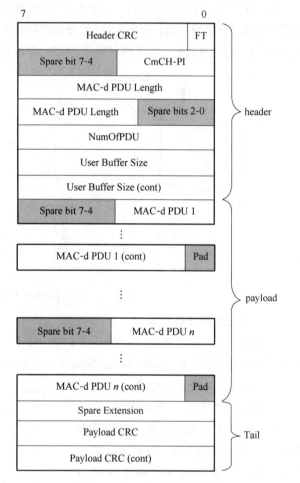

图 3-103 Iub 接口数据帧结构

的时刻产生。不管汇报的用户缓存状况，Node B 可以在任何时刻使用这条消息来修改容量大小。如图 3-106 和图 3-107 所示。

图 3-104 Iub 接口的容量请求

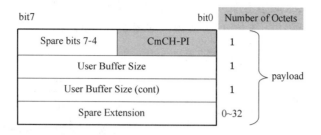

图 3-105　请求消息结构

图 3-106　Iub 接口的容量分配

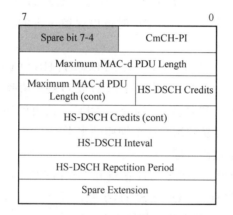

图 3-107　容量请求消息结构

【知识链接 2】　HSDPA 的无线资源管理

1. HSDPA 的功率和码资源分配

（1）静态 HSDPA 功率分配

HS-PDSCH 和 HS-SCCH 信道的最大允许发射功率由 RNC 配置。实际发射功率不能超过 RNC 的配置，RNC 可以通过 OM 重新配置。如图 3-108 所示。目前实现的是静态功率分配方法，特点是简单、受控。

RNC 为小区内的 HSDPA 信道分配一个最大允许发射功率，在通信过程中，HSDPA 相关信道的总发射功率不能超过该值的限制。

小区内扣除为 HSDPA 预留的功率以及公共信道功率以外的部分由 DPCH 占用，各 DPCH 信道的功率通过内外环功率来分配。

（2）动态 HSDPA 功率分配

HS-PDSCH/HS-SCCH 信道和 R99 信道动态共享小区总发射功率：R99 信道具有更高

233

的优先级;R99 信道剩余的功率都可以分配给 HS-PDSCH 和 HS-SCCH 信道使用;小区总发射功率得到充分利用。目前 RNC 未实现。如图 3-109 所示。

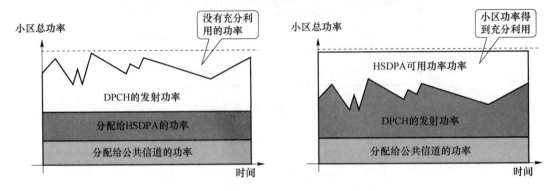

图 3-108　静态 HSDPA 功率分配　　　　图 3-109　动态 HSDPA 功率分配

动态功率分配在 Node B 内部实现,RNC 不需要配置 HSDPA 的最大允许发射功率。为了维持系统稳定,在分配功率给 HSDPA 时可以保留一定的余量,以满足 DPCH 的功率攀升(余量的默认值为 10%)。

RNC 不配置 HSDPA 总发射功率,HS-PDSCH、HS-SCCH 信道的总发射功率由 Node B 自行决定。功率分配更加灵活动态:DPCH 信道剩余功率分配给 HSDPA;分配周期最小可达 2 ms(可配置大小);算法复杂,需要为 DPCH 信道的功率攀升配置 margin;系统稳定性高,基站总发射功率容易控制在一个期望的水平。

(3) HSDPA 的静态信道码分配

RNC 分配一定的码资源给 HS-SCCH 信道和 HS-PDSCH 信道。HS-SCCH:扩频因子 SF=128,和公共信道一起分配。HS-PDSCH:扩频因子 SF=16,信道码必须连续配置。目前实现的是静态信道码资源分配方法。如图 3-110 所示。

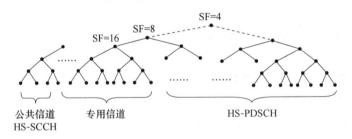

图 3-110　HSDPA 的静态信道码分配

HSDPA 静态码分配举例。假设 RNC 分配:两条 HS-SCCH、两条 HS-PDSCH。如图 3-111 所示。

(4) HSDPA 的动态信道码分配

① RNC 控制的动态信道码分配

在静态码分配的基础上,RNC 对预留给 HSDPA 的码资源进行间断性的调整,以适应小区中业务的实际需求。如图 3-112 所示,即将实现该算法。

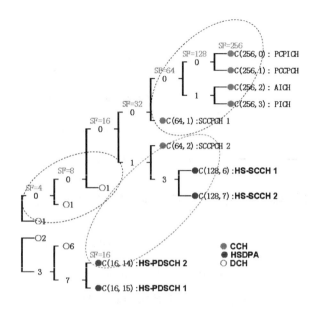

图 3-111　HSDPA 静态码分配举例

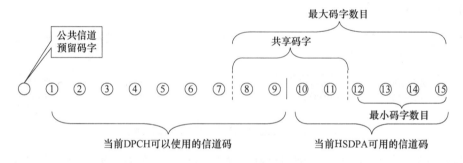

图 3-112　RNC 控制的动态信道码分配

RNC 实时监测小区中码资源的使用情况。如果发现 DPCH 信道有比较多的信道码剩余,并且存在一个 SF 为 16 的信道码和已经预留给 HSDPA 的信道码相邻,则 RNC 可以把这个符合要求的信道码从 DPCH 信道中释放出来,重新分配给 HSDPA 使用;反之,如果 RNC 发现 DPCH 信道上码资源紧张,则 RNC 会考虑从预留给 HSDPA 的码资源中释放一个 SF 为 16 的信道码给 DPCH 信道。

为了保证 HSDPA 信道上流业务的需求,并考虑到 DPCH 信道上也存在 BE 业务(由于存在 R99 版本的手机终端),RNC 在释放预留给 HSDPA 的信道码时会保留一个最少的码资源给 HSDPA(通过静态分配方式进行预留)。

- RNC 发现 DPCH 信道码区域中有较多空闲码,并且其中存在 SF 为 16 的共享码和 HSDPA 预留信道码在码树上相邻,则这个信道码将被加入到 HSDPA 信道的预留码资源中,如图 3-113 所示。
- RNC 发现 DPCH 信道码资源紧缺,HSDPA 信道码资源宽裕,则 RNC 将从 HSDPA 预留信道码中把最小共享码释放给 DPCH 信道使用,如图 3-114 所示。

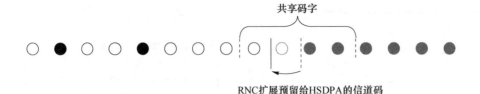

图 3-113　RNC 扩展预留给 HSDPA 的信道码

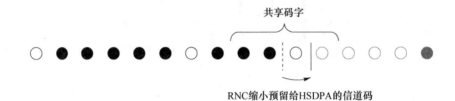

图 3-114　RNC 缩小预留给 HSDPA 的信道码

② Node B 控制的动态信道码分配(完全动态的码分配方法)

RNC 按照话务模型所需容量来预留 HSDPA 的信道码,也可以不预留。如图 3-115 所示。目前未实现。

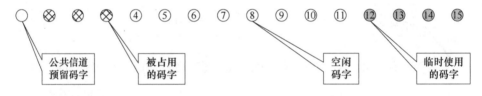

图 3-115　Node B 控制的动态信道码分配

Node B 处统计扩频 SF＝16 的信道码的分配情况,当一个 SF 为 16 的信道码或它的子码被 RNC 分配给 DPCH 信道时,Node B 标识该虚拟码字为占用状态。

在每个 MAC-hs 调度周期,Node B 检查虚拟码字的空闲情况,若有空闲(从大码字开始往下查找),则在下一个 2 ms 使用该码字,并标记为临时使用。

如果 Node B 临时使用的码字正好和 RNC 所分配码字冲突,Node B 在收到 RNC 的码字分配消息后立即释放所临时使用的信道码。由于调度时间很短(2 ms),不会产生 RNC 分配给 DPCH 的信道码被 Node B 使用在 HSDPA 上的可能。

为了使 Node B 尽可能获得它所需要的码号大的信道码,RNC 在分配 DCH 用户的码字时总是从小开始分配,尽量留出码号大的和 SF 小的码。

2. HSDPA 的信道映射和准入控制

(1) HSDPA 的业务映射

基本原则:实时业务分配到 R99 的 DCH 信道上,非实时业务分配到 HS-DSCH 信道上。由于业务分配到 HS-DSCH 信道上时,也要占用小带宽的 HS-DPCCH(上行)、DPCH(上/下行),以及共享的 HS-SCCH 信道。因此,对于低速率的数据业务,也可以直接分配到 R99 的 DCH 信道上。如图 3-116 所示。

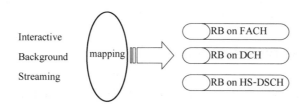

图 3-116　信道映射

主要参数：BE 业务、PS 流业务映射到 HSDPA 上的速率门限；另外对于流业务，还有一个控制是否把流业务映射到 HSDPA 上的开关。

（2）HSDPA 用户的准入控制

HSDPA 用户的准入，包括：伴随 DPCH 信道的准入（上下行，采用 R99 信道一样的准入方法）；上行 HS-DPCCH 信道的准入（和 R99 信道采用同样的准入方法）；HSDPA 信道资源的准入（不同于 R99 信道的准入）。

HSDPA 信道的准入控制：当所有 HSDPA 信道的准入判决项都通过，且 HSDPA 伴随的 DPCH 信道的准入判决也通过后，用户申请的业务才能映射到 HSDPA 上。如图 3-117 所示。

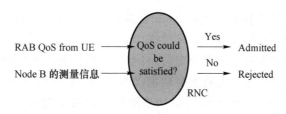

图 3-117　HSDPA 信道的准入控制

映射到 HSDPA 信道的业务可能是 BE 业务或流业务。HSDPA 信道的准入原因：根据产品规格，需要限制每个小区能支持的最大 HSDPA 用户数；如果是流业务，由于有保证比特速率的限制，则至少要保证映射到 HSDPA 信道上的保证比特速率的 QoS。因此，需要进行准入控制；如果是 BE 业务，从 BE 业务的特性来说，可以不做准入，但由于接入太多的 BE 业务后，其 QoS 也将变的比较差，因此也需要进行一定的准入控制。

流业务到 HSDPA 的准入：分配给 HSDPA 的可用功率是有限的，该有限的功率必须保证流业务以保证比特速率进行通信。

BE 业务到 HSDPA 的准入：通过限制接入的 BE 业务速率总和，可以在较大程度上避免 BE 业务的延迟过长。

HS-DPCCH 的准入控制：HS-DPCCH 上承载 ACK、NACK 和 CQI 信息；ACK、NACK 仅仅在对应的 HS-DSCH 上有数据时才存在，与 HS-DSCH 上数据量、调度算法等的关系密切，难以给出定量的分析；CQI 是周期存在的，可以预测它产生的上行干扰（采用和专用信道一样的预测方法）。

3. HSDPA 的功率控制

下行方向，HSDPA 可用功率是作为共享资源在多个 HSDPA 用户间共享，包括 HS-PDSCH 信道和 HS-SCCH 信道的功控。RNC 给 Node B 配置 HSDPA 相关信道的最大可用发射功率时，Node B 用于 HSDPA 的发射功率不能超过 RNC 的配置。R99 信道和 HS-

DPA 信道动态共享功率时,Node B 可以在总功率中 R99 信道使用剩下的功率分配给 HS-DPA 使用。

上行方向,包括 HS-DPCCH 信道的功控。

① HS-SCCH

HS-SCCH:存在一个可选的相对于下行伴随 DPCCH 导频比特的功率偏置(Power Offset)。HS-SCCH 的功率由 SRNC 配置,PO 值的范围为: $-32 \sim 31.75$ dB。此时, HS-SCCH信道的实际发射功率大小随着下行 DPCCH 的变化而变化。

当 RNC 不配置功率偏置时,基站可以使用任何方法确定 HS-SCCH 功率。

方案 1 固定发射功率:固定每条 HS-SCCH 的发射功率,发射功率的大小通过 OM 配置。这种配置方式最简单,但是需要按照公共信道的方式进行功率配置以满足覆盖要求,对功率的开销最大。

方案 2 HS-SCCH 功率相对于伴随 DPCH 功率偏置:配置方式复杂度适中,需要配置 DPCH 承载不同业务时 HSDPA 用户在切换区和非切换区的功率偏置(在切换区的功率偏置要适当配置大一些)。相对方案 1 节省功率。

② HS-PDSCH

HS-DSCH 信道的功率控制完全由 Node B 决定。Node B 中 MAC_hs 实体通过调度算法在不同用户之间动态分配 HS-PDSCH 信道功率。

在 RNC 进行 HSDPA 静态功率分配时,一个小区内所有 HS-PDSCH 和 HS-SCCH 功率和不能超过 RNC 设置的最大允许发射功率(HS-PDSCH and HS-SCCH Total Power)。

在动态功率分配方式下,该最大发射功率限制就是每个时刻小区总发射功率中扣除 R99 信道功率和功率余量以后的所有功率。

Node B 需要根据 HS-SCCH 信道的实际发射功率来调整 HS-DSCH 信道的总功率。

③ HS-DPCCH

HS-DPCCH 功率控制:相对于其伴随的上行 DPCCH 信道存在一个功率偏置。

上行 HS-DPCCH 的功率偏置是由 SRNC 配置的,包括 PO-ACK、PO-NACK、PO-CQI。

其中,PO-ACK、PO-NACK 分别在 HS-DPCCH 上传输 ACK 或 NACK 的时候使用。 PO-CQI 使用在映射 CQI 的时隙。

UE 根据 PO-ACK、PO-NACK、PO-CQI 来计算 HS-DPCCH 信道相对于 DPCCH 的功率,其中 deltaHS-DPCCH 分别为 PO-ACK、PO-NACK、PO-CQI。

4. HSDPA 的移动性管理

(1) HS-DSCH 服务小区更新

对一个用户而言,如果有一个 RAB 映射到一个小区的 HS-DSCH,该小区就是该用户的 HS-DSCH 服务小区,在该小区的无线链路就是 HS-DSCH 服务无线链路。一个 RAB 只能映射到一个小区的 HS-DSCH,这就意味着 HS-DSCH 不能进行软切换。但是该用户的其他 DCH 可以进行软切换。

对于 HSDPA 用户的切换,我们使用"HS-DSCH 服务小区更新"来描述 HS-DSCH 的切换,而使用"切换"来描述 DCH 的切换。由于 HS-PDSCH 信道不支持软切换,因此,引入 HSDPA 之后对移动性管理的主要影响就是如何选择和改变 HS-DSCH 信道的服务小区,以获得最好的数据传输性能。HS-DSCH 信道的服务小区更新可以发生在 Node B 内、

Node B 之间或者不同 RNC 小区之间。如图 3-118 所示。

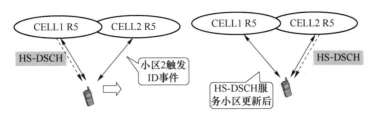

图 3-118   HS-DSCH 服务小区更新

为使得 HS-DSCH 上的数传达到最好的效果,RNC 应当尽可能的将 RAB 映射在质量最好小区的 HS-DSCH 上。因此通常使用 1D 测量事件(最好小区改变)来触发 HS-DSCH 服务小区改变。为避免频繁的服务小区更新而造成对数据传输的影响,可以针对服务小区更新设置一个定时器,该定时器限制 HSDPA 用户在一个新的服务小区中必须停留的时间长度。只有当定时器超时后,才能根据活动集中小区的信号质量情况确定是否有必要进行服务小区的更新。该定时器长度运营商可设置。

Node B 间的服务小区改变-活动集不变,如图 3-119 所示。

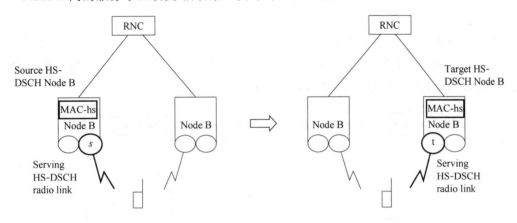

图 3-119   Node B 间的服务小区改变——活动集不变

① 软切换

HS-DSCH 服务小区改变,在进行服务小区更新时,活动集保持不变。

表 3-8   不同事件触发的服务小区更新流程

1D 事件,最好小区在活动集内	通过无线链路重配置修改服务无线链路 ID
1B 事件,要删除的小区是当前 HS-DSCH 服务小区	先在活动集内进行服务小区更新,然后进行 DCH 软切换删除 1B 事件所对应的小区
1C 事件,当前 HS-DSCH 服务小区是活动集中的最坏小区	先将 HS-DSCH 信道更新到活动集中支持 HS-DSCH 的最好小区,然后再进行小区替换操作
触发 1D 事件的最好小区不在活动集内,且活动集未满	先做 DPCH 软切换增加无线链路,然后进行活动集内的 HS-DSCH 服务小区更新
1D 事件最好小区不在活动集内,活动集满,服务小区不是最差小区	先做 DCH 软切换替换无线链路,然后进行活动集内服务小区更新
1D 事件,活动集满,被替换小区是服务小区	先替换活动集内次坏小区,再进行服务小区更新

② 硬切换——HS-DSCH 服务小区更新

硬切换和服务小区改变的组合较为简单,硬切换的同时进行 HS-DSCH 服务小区的更新。

Node B 内/Node B 间硬切换伴随服务小区更新采用相同的过程,连同 HS-DSCH 一起在新小区建立无线链路,然后物理信道重配置,删除旧链路。

(2) R99 ◄─► HSDPA 小区之间的切换

当用户从 HSDPA 小区进入 R99 小区时,为保证业务的连续性,原先承载在 HS-DSCH 信道上的业务将被重新映射到 DCH 信道上,原先在 HSDPA 小区建立的 HS-DSCH 信道被删除。如图 3-120 所示。

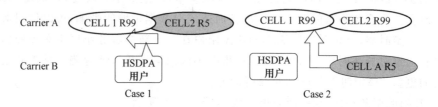

图 3-120 R99CELL ◄─► HSDPA 小区之间的切换(1)

当用户从 R99 小区进入 HSDPA 小区时,如果原先 DCH 信道上承载了分组数据业务,则可以在用户和 HSDPA 小区之间的链路上建立 HS-DSCH 信道,并把那些数据业务重新映射到新建的 HS-DSCH 信道上,为数据业务提供更好的服务质量。如图 3-121 所示。

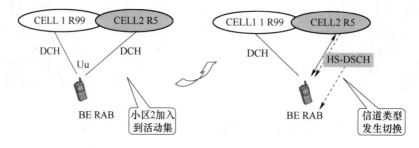

图 3-121 R99CELL ◄─► HSDPA 小区之间的切换(2)

(3) RNC 之间的切换

① RNC 之间发生软切换

把 DRNC 小区加入到活动集,执行 SRNS 迁移后,由新的 SRNC 确定是否需要触发信道类型切换(迁移触发条件保持不变)。如图 3-122 所示。

② RNC 之间发生硬切换

直接执行 SRNS 迁移,由新 SRNC 小区重新分配信道类型。如图 3-123 所示。

(4) 直接重试

① R99→HSDPA 小区

同覆盖小区之间;在 HSDPA 用户申请建立数据业务时直接重试到 HSDPA 小区。优点:充分利用 HSDPA 的技术优势和资源。目前未实现。如图 3-124 所示。

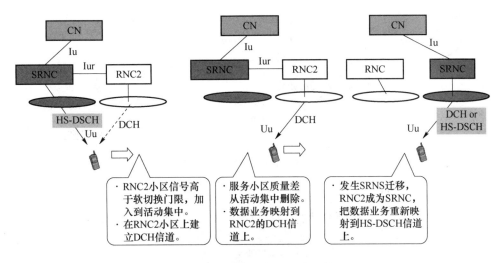

图 3-122　RNC 之间发生软切换

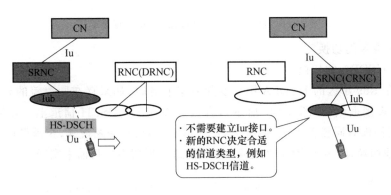

图 3-123　SRNS 迁移前后

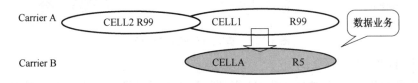

图 3-124　R99→HSDPA 小区直接重试

② HSDPA 小区→R99 小区

当用户在 HSDPA 小区中请求建立实时业务时直接重试到 R99 小区。降低实时业务和数据业务之间的相互干扰,提高数据业务吞吐率。

适合:不同设备商分层建网(结合小区选择重选,减少对原有 R99 网络的需求);单独载频实现 HSDPA。目前未实现。如图 3-125 所示。

③ HSDPA 小区→HSDAP 小区

HSDPA 用户请求建立 PS 数据业务,但当前小区 HSDPA 资源不足而准入失败,重试到异频并建立 HSDPA 信道。优点:所有 HSDPA 用户共享两个载频的 HSDPA 资源。目前未实现。如图 3-126 所示。

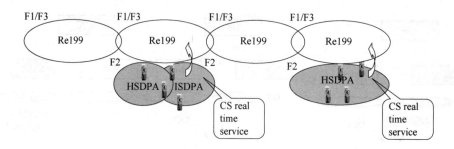

图 3-125　HSDPA 小区→R99 小区直接重试

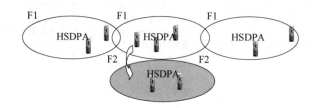

图 3-126　HSDPA 小区→HSDAP 小区直接重试

（5）基于业务的切换

① 基于 HSDPA 的切换

当驻留在 R99 小区的 HSDPA 用户发起数据业务时，如果存在同覆盖的异频 HSDPA 小区，则执行直接重试（如图 3-127 所示），直接建立在 HS-DSCH 信道上。如果存在异频 HSDPA 小区但没有同覆盖小区，则建立 DCH 信道，并启动压缩模式，获得目标 HSDPA 小区后执行异频切换，然后由 RNC 发起 D2H 的信道类型切换。目前未实现。

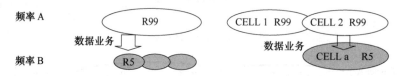

图 3-127　基于 HSDPA 的切换

② 异频 HSDPA 小区之间

平衡异频 HSDPA 小区之间 HSDPA 资源的利用情况。优点：不同小区之间的 HSDPA 用户具有相同的服务质量，所有 HSDPA 用户共享两个载频的 HSDPA 资源。如图 3-128 所示。

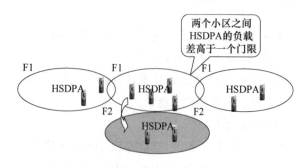

图 3-128　HSDPA 的负载平衡

③ HSDPA 小区的拥塞控制

HSDPA 小区的拥塞控制(当承载在 HSDPA 上的业务不能满足 QoS 时):异频切换、选择性掉话。

5. HSDPA 的信道类型切换和迁移

HSDPA 引入以后,引入 HSDPA 以后,用户的协议状态在原先 R99 的基础上多了一种状态,就是带有 HS-DSCH 信道的 CELL-DCH 状态。新增的 HS-DSCH 信道和 FACH/DCH 信道之间的信道类型切换:HS-DSCH ←→ FACH、HS-DSCH ←→ DCH。如图 3-129 所示。

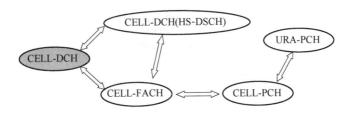

图 3-129　引入 HSDPA 后的用户状态

(1) HSDPA ←→ DCH

① 一种触发 HS-DSCH 信道和 DCH 信道之间切换的原因是覆盖,包括用户从 R99 小区进入到 HSDPA 小区,以及用户离开 HSDPA 小区到 R99 小区。

例如,一个支持 HSDPA 的用户从 R99 小区进入 HSDPA 小区时,如果用户建立的业务适合承载到 HS-DSCH 信道上,则 RNC 可以在 HSDPA 小区加入到用户的活动集中后触发信道类型的切换,把数据业务重新分配到 HS-DSCH 信道上。这是由用户移动性造成的。

② 一个就是基于"质量"或"负载"原因的 HS-DSCH 到 DCH 信道的切换。例如,当小区中 HSDPA 上的承载的业务不能满足要求时,可以把部分承载在 HSDPA 上的数据业务分配到 DCH 信道上,通过配置合适的带宽来满足业务要求。

目前只实现了第一种场景下的 H ←→ D 信道切换。

(2) HS-DSCH 和 FACH 之间

由于建立 HSDPA 信道的用户也需要配置一定带宽的 DPCH 信道资源,如果 HSDPA 用户的所有业务都是 BE 业务,且所有业务(包括 DCH 信道上的业务和 HS-DSCH 信道上的业务)长时间没有数据传输时,为较少对 DPCH 信道资源的消耗,可触发状态迁移,把用户从 CELL-DCH(HS-DSCH)状态迁移到 CELL-FACH 状态。定时器大小可设置。

反之,当数据业务的活动性提高时(收到业务量测量的 4a 事件),触发用户从 CELL-FACH 到 HS-DSCH 信道的切换。如图 3-130 所示。

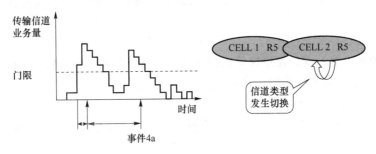

图 3-130　HS-DSCH 和 FACH 之间

（3）基于用户 QoS 的信道类型切换（增强）

HS-DSCH ←→ DCH。小区边缘,阴影区。如图 3-131 所示。

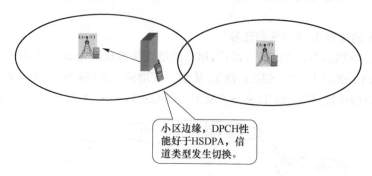

小区边缘,DPCH性能好于HSDPA,信道类型发生切换。

图 3-131　HS-DSCH ←→ DCH 的切换

6. HSDPA 的调度和流控

（1）HSDPA 的调度

调度算法的对象是需要共享小区内 HSDPA 公共信道资源的所有用户,即这个小区中映射到 HS-DSCH 传输信道的用户。

调度算法解决的问题资源和用户之间的平衡,主要指标是空口吞吐率、用户公平性、平均时延、复杂度。

调度算法的输入包含三方面:可用的资源,包括功率、信道码;对该资源的需求,包括用户、各用户的数据量、是否重传、空口能力估计、伴随信道功率、伴随信道的上下行压缩沟、Discard Timer;调度算法的中间统计量,例如等待时间、平均信道 C/I 等。

调度算法的输出是哪些用户可以发送数据、用户分配得到的功率和信道码,以及发送用户数据的相关属性,包括 Queue ID、TSN、Xrv 等。

HSDPA 调度中考虑的因素:Queue priority、CQI value、Buffer volume、Waiting time。

几种典型的调度算法（通过参数调整来实现）:MaxC/I（只考虑 CQI value）、RR（只考虑等待时间）、PF（Proportional Fair,综合考虑以上几个因素）。

（2）HSDPA 的 Iub 流控

基于队列的流量控制;基于 Iub 带宽利用情况的流控控制（流量成形）。如图 3-132 所示。

① 基于队列的 Iub 流控

目前的流量控制算法采用 MAC-hs 为主,通过 Node B 对 RNC 流量请求、检测 RLC 缓存量、MAC-hs 缓冲区大小、周期事件、R99 或流业务建立事件及时响应业务的流量需求。如图 3-133 所示。

② Iub 接口流量成形

Node B 根据 Iub 带宽分配情况等比例的调整所有队列的容量分配;流业务总是分配等于保证比特率的 Iub 带宽。如图 3-134 所示。

③ Iub 流控和流量成形

以用户队列 buffer 的数据量为主要依据进行流量分配;结合 Iub 实际带宽进行流量成形。如图 3-135 所示。

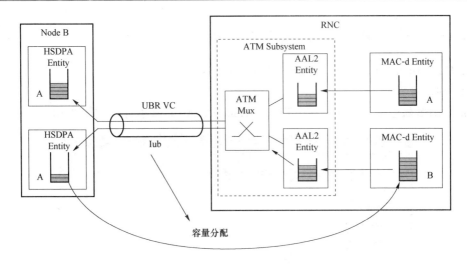

图 3-132 HSDPA 的 Iub 流控

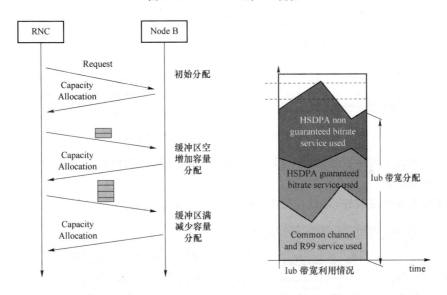

图 3-133 基于队列的 Iub 流控   图 3-134 Iub 接口流量成形

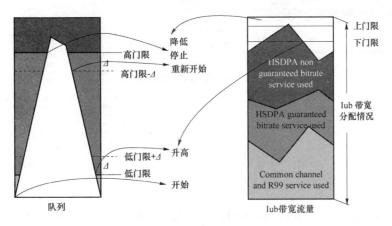

图 3-135 Iub 流控和流量成形

【知识链接3】 HSDPA 优化案例分析

1. IMSI Detach Indication 造成 PPP Drop 事件

（1）问题现象

路测 GPS 轨迹图显示有一次 FTP Download Drop 异常事件。如图 3-136 所示。

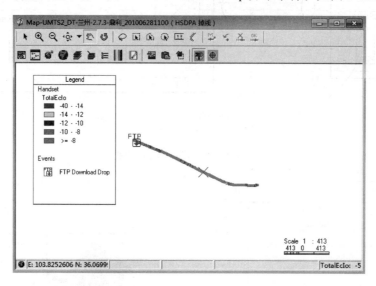

图 3-136　FTP Download Drop 异常事件

从事件列表中可以看到此次 FTP Download Drop 事件，而解码原因是 PPP Drop。

（2）问题分析

掉线前无线环境较好，可以排除由于信号质量变差造成的掉线。如图 3-137 所示。

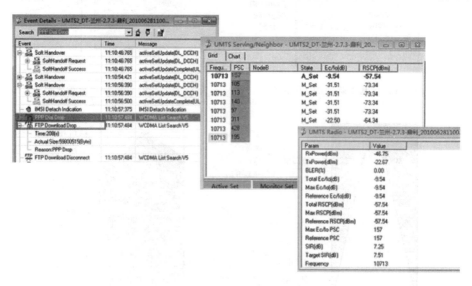

图 3-137　问题分析

观察信令，可以发现在 RadioBearerRelease 之前，并没有正常释放前的 PDP 去激活请求信令,却发现 MS 上报 IMSI Detach Indication 去附着指示,造成 PPP 掉线。如图 3-138 所示。

（3）结论

由此可以推断,可能是由于脱网导致 IMSI 去附着,引起 PPP 掉线。

通过分析推测可能是由于脱网造成 PPP 断开引起 FTP 掉线,造成该情况的原因很有可能是测试网卡引起,建议继续分析大批该网卡测试的数据,以确定最终原因。

图 3-138　信令分析

2. 弱覆盖导致下载速率偏低,且导致 FTP Download Drop

（1）问题现象

使用“数据统计报表”对 ps_0323-230658.rcu 测试数据进行统计,结果见表 3-9。

表 3-9　测试数据统计

文件名	测试事件			结果	
	下载数据量/kbytes	下载时长/s	应用层平均速率/kbit·s^{-1}	结果	原因
UMTS2_ps_0323-230658	5628.504	104.179	432.218	Dropped	Dropped

从统计结果可以看出,应用层速率偏低,仅为 432 kbit/s,该次业务结果为 Dropped,速率偏低且掉线。

(2)问题分析

观察事件窗口,可以直接定位到 23:09:49 FTP Download Drop 处,解码原因为 Service Lost,从解码原因大致可以判断出是无服务,但是仍然需要进一步查找原因。在 FTP Download Drop 前几秒钟,UE 尝试了三次 RRC Connection。如图 3-139 所示。

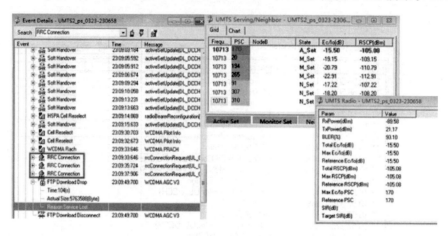

图 3-139　问题分析

打开 UMTS Radio 窗口和 UMTS Serving/Neighbor 窗口可以看到掉话前一段时间内无线信号较差,Total RSCP 达到 -105 dBm,TxPower 达到 21 dBm,误块率 BLER 达到 93%,最终导致掉话。由此已经大致可以判断出此次掉线是由信号质量差导致。

通过统计报表可以看出,本次业务下载速率偏低,观察 CQI 和 TransBlock_Size 变化趋势可以看出,开始信号较好时,即 CQI=15,TB=9 894 时,下载速率能够达到 2.38 Mbit/s。

当信号质量变差时,CQI 和 TB 也随之变差,直接影响到前向速率,偏低至 0。如图 3-140 所示。

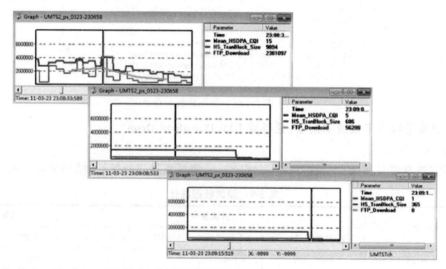

图 3-140　CQI 和 TB

（3）问题结论

通过上述分析可知,无线信号质量直接影响到前向速率,严重时甚至导致掉线。因此在该区域应该加强覆盖,提高信号质量。

3. 三分钟无流量导致 FTP Download Drop

（1）问题现象

路测 GPS 轨迹图显示有 5 次 FTP 掉话异常事件,但是经过统计发现分组业务掉话异常详情表中只有一次异常,掉话原因是 No Data,图中红圈处。其他 4 次都是由于 User Stop 造成,所以未纳入异常事件。如图 3-141 和图 3-142 所示。

图 3-141　问题现象

序列	文件名	业务类型	测试事件		测量信息							掉话原因
			开始时间	掉话时间	Freq./BCCH	PSC/BSIC	TotalEcIo/MeanBEP	TotalRSCP/CS	RxPower/C_Value	TxPower/TS_Num	BLER/%	
1	UMTS2_20110216罗湖	FTP Download	15:16:33.796	15:19:48.906	10688	340	-8.76	-69.06	-60.25	-9.73	0.00	No Data

图 3-142　分组业务掉话异常情况

（2）问题分析

联通集团测试规范规定,测试过程中超过 3 min FTP 没有任何数据传输,且一直尝试 GET/PUT 后数据链路仍不可使用,此时需断开拨号连接并重新拨号来恢复测试,记为一次 FTP 掉线。

事件列表显示有一次 FTP Download Drop,解码原因是 No Data,这种情况符合上述规范规定的 3 min 无流量导致 FTP 掉线。使用数据业务报表统计,下载的文件大小为 2 093 647 954 byte,实际传输数据量为 7 326 408 byte。如图 3-143 所示。

文件名	测试事件						
	连接FTP服务器请求时间	发送读取文件命令时间	收到第一个数据包时间	结束时间	下载数据量/kbytes	下载时长/s	应用层平均速率/kbit·s⁻¹	结果
UMTS2_20110216罗湖	15:16:33.046	15:16:33.796	15:16:34.062	15:19:48.906	7154.695	195.110	293.360	Dropped

图 3-143　测试事件统计

事件列表如图 3-144 所示。

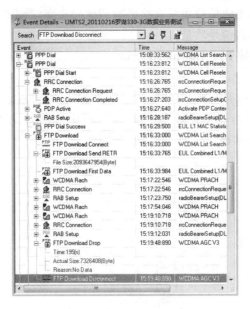

图 3-144　事件列表

从图 3-145 可以看出，开始 FTP 下载时 PSC210，无线信号较好，速率较高。

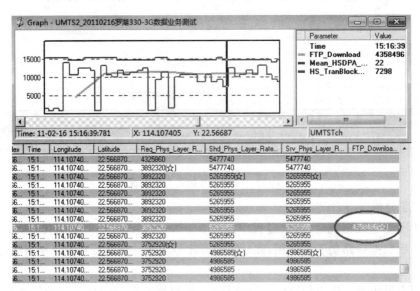

图 3-145　FTP 下载线图

从 15:16:49.078 开始，无线信号质量未变，CQI 较高，TransBlock_Size 降低至 686，申请速率依旧较高，但是调度速率为 0，应用层速率也降低至 0。如图 3-146 所示。

在出现上述情况后，信令显示在 15:17:17:734 出现下行的 RrcConnectionRelease(DL_DCCH)，原因码为 UserInactivity，由此推测是由于网络侧配置原因导致下行释放。之后终端又尝试了 2 次 RrcConnection Request，应用层仍然没有流量，15:19:56PPP 掉线。如图 3-147 所示。

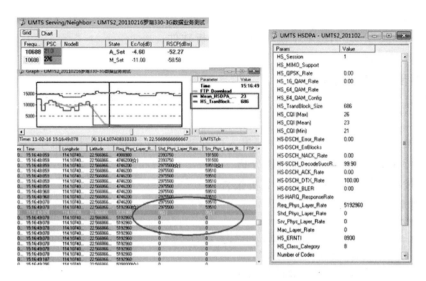

图 3-146　无线信号质量变化

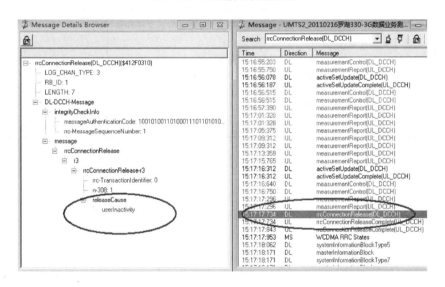

图 3-147　信令变化

（3）结论

通过上述分析可知，无线信号质量较好，但是一直无流量，第一次 RrcConnectionRelease 可以大致推断可能是系统侧配置问题导致下行释放，建议检查配置。

【技能实训】　HSDPA 的问题分析

1. 实训目标

（1）培养良好的职业道德与习惯，增强团队意识。

（2）能够利用后台分析软件，对实际测试数据进行覆盖问题分析，并写出路测分析报告。

2. 实训设备

（1）具有 WCDMA HSDPA 模块的后台分析软件。

（2）计算机一台。

3. 实训步骤及注意事项

（1）将具有 HSDPA 问题的 WCDMA 网络路测数据文件导入已安装后台分析软件的计算机中。

（2）将站点信息文件和地图文件等导入已安装后台分析软件的计算机中。

（3）进行 WCDMA HSDPA 问题分析。

（4）通过前面的分析，撰写路测分析报告。

4. 实训考核单

考核项目	考核内容	所占比例/%	得分
实训态度	1. 积极参加技能实训操作 2. 按照安全操作流程进行操作 3. 纪律遵守情况	30	
实训过程	1. WCDMAHSDPA 网络路测数据文件、站点信息文件和地图文件导入 2. 分组进行：WCDMA HSDPA 问题分析 3. 撰写路测分析报告	40	
成果验收	提交 WCDMA HSDPA 问题路测分析报告	30	
合计		100	

项目 4　TD-SCDMA 无线网络优化

【知识目标】掌握 TD-SCDMA 网络接入流程;掌握 TD-SCDMA 网络切换流程;掌握 TD-SCDMA 网络掉话原因;领会 TD-HSPA 技术。

【技能目标】会进行 TD-SCDMA 网络接入问题分析与优化;能够进行 TD-SCDMA 网络切换问题分析与优化;能够进行 TD-SCDMA 网络掉话问题分析与优化。

任务 1　TD-SCDMA 网络覆盖优化

【工作任务单】

工作任务单名称	TD-SCDMA 网络覆盖优化	建议课时	2
工作任务内容: 　1. 掌握 TD-SCDMA 网络测试中用来衡量覆盖效果的各种指标; 　2. 掌握 TD-SCDMA 网络覆盖问题的分类及优化方法; 　3. 能对 TD-SCDMA 网络覆盖问题进行案例分析。			
工作任务设计: 　首先,教师讲解覆盖优化所需知识点; 　其次,根据实际覆盖问题进行案例分析; 　最后,由学生独立进行案例分析。			
建议教学方法	教师讲解、分组讨论、案例教学	教学地点	实训室

【知识链接 1】　衡量覆盖效果的测试指标

　　TD-SCDMA 网络通常通过路测数据中的 P-CCPCH RSCP 和 C/I 来评价网络的前向覆盖能力。P-CCPCH RSCP 也就是 P-CCPCH 的接收信号码功率,一般情况下,当 P-CCPCH RSCP 值小于 -95 dBm 时,我们认为 UE 进入弱覆盖区域。P-CCPCH C/I 为 P-CCPCH 信道的载干比,是 P-CCPCH 信道载波功率与干扰总功率的比值,一般情况下 P-CCPCH C/I 大于 -3 dB。

　　TD-SCDMA 网络通常通过路测数据中的 Tx 来评价网络的反向覆盖能力。移动台的发射功率的大小可以衡量出反向覆盖能力的大小。如果某区域移动台的发射功率小,则说明反向覆盖好;如果发射功率大,则说明反向覆盖差;如果发射功率已经接近于移动台的最大发射功率,则表明已经接近覆盖的边缘。

【知识链接 2】 覆盖问题分类及优化方法

覆盖问题产生的原因总体来讲有四类:一是无线网络规划结果和实际覆盖效果存在偏差;二是覆盖区无线环境变化;三是工程参数和规划参数间的不一致;四是增加了新的覆盖需求。

移动通信网络中涉及到的覆盖问题主要表现为覆盖弱区、覆盖空洞、越区覆盖、导频污染和上下行不平衡不合理等几个方面。

1. 覆盖弱区

问题现象:导频信号低于手机的最低接入门限的覆盖区域,比如凹地、山坡背面、电梯井、隧道、地下车库或地下室、高大建筑物内部等。产生的原因有:网络规划考虑不周全或不完善的无线网络结构引起的;工程质量造成的;发射功率配置低,无法满足网络覆盖要求;建筑物等引起的阻挡。

解决方案:工程参数调整;RF 参数修改;功率调整;SCCPCH 与 PICH 时隙调整增加PCCPCH 发射功率;改变波瓣赋形宽度。

2. 覆盖空洞

问题现象:导频信号低于全覆盖业务(例如 Voice、VP、PS64K)的最低要求但又高于手机的最低接入门限的覆盖区域。产生的原因与覆盖弱区差不多。

解决方案:工程参数调整;RF 参数修改;功率调整。

3. 越区覆盖

问题现象:指某些基站的覆盖区域超过了规划的范围,在其他基站的覆盖区域内形成不连续的满足全覆盖业务的要求的主导区域。

产生的原因有:天线挂高;天线下倾角;街道效应;水面反射。

解决方案:对于市区内,站间距较小、站点密集的无线环境,需合理设置天线挂高及天线下倾角等工程参数;站址选择应避免街道效应、水面反射;可以通过调整功率相关参数来减弱越区覆盖,但所有的调整都要在保证覆盖目标的前提下进行。

4. 导频污染

TD-SCDMA 网络中,其组网方案是 N 频点组网,相邻小区的主载波一般采用异频组网方式,干扰的问题相对较小,但 N 频点下的导频污染问题,依然值得关注。

问题现象:一般指在某一点接收到太多的导频,但却没有一个足够强的主导频。使用以下方法判别导频污染的存在:$PCCPCH\_RSCP > -85$ dB 的小区个数大于等于 4 个且$PCCPCH\_RSCP(fist) - PCCPCH\_RSCP(4) \leqslant 6$ dB。

产生的主要原因有:基站选址、天线挂高、天线方位角、天线下倾角、小区布局、PCCPCH 的发射功率、周围环境影响等。

解决方案:天线调整;无线参数调整;采用 RRU 和直放站设备;邻小区频点等参数优化。

5. 上下行不平衡

问题现象:一般指目标覆盖区域内,业务出现上行覆盖受限(表现为 UE 的发射功率达到最大仍不能满足上行 BLER 要求)或下行覆盖受限(表现为下行专用信道码发射功率达到最大仍不能满足下行 BLER 要求)的情况。

上行干扰产生的上下行不平衡;下行功率受限产生的上下行不平衡。

【知识链接3】 覆盖问题案例分析

1. 弱覆盖案例

（1）问题现象

对梦泽园 B2F 停车场测试发现,在停车场的边缘区域的 PCCPCH_RSCP 值在 −95 dBm 左右,形成了边缘弱覆盖,如图 4-1 所示。

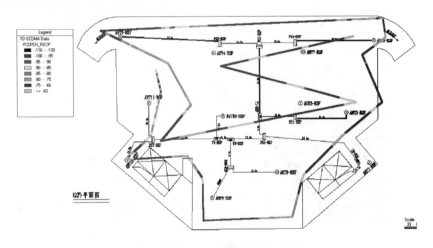

图 4-1　优化前覆盖图

（2）问题分析

对离弱覆盖区域最近的天线进行 RSCP 值测量发现,天线口 PCCPCH_RSCP 均在 −50 dBm 左右,说明信号输出正常。

怀疑 RRU 输出功率不够,查看后台发现 RRU 输出功率为 24.5 dBm,提高该 RRU 功率可解决问题。

（3）解决方案

通知后台将 RRU 功率调整为 28.9 dBm 后复测,测试结果表明已解决了停车场边缘弱覆盖问题,测试图如图 4-2 所示。

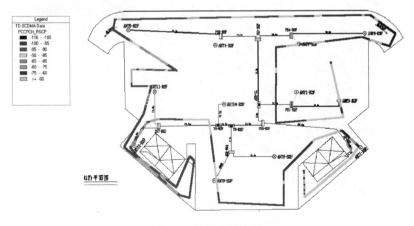

图 4-2　优化后覆盖图

2. 越区覆盖案例分析

（1）问题现象

华艺塑料厂的第 1、2 扇区在 308 国道上对杨家群第 1、3 扇区造成了非常明显的越区覆盖，导致该路段上信号较差。

华艺塑料厂与杨家群两个站点的扇区天线调整前的信号覆盖如图 4-3 所示。

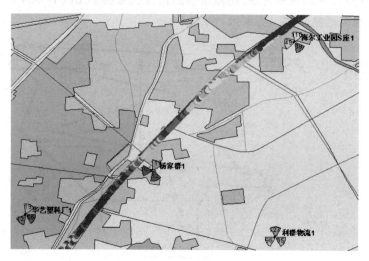

图 4-3   天线调整前 RSCP 覆盖图

（2）问题分析

经过测试发现，在发生掉话的路段上由南往北行驶时，由于华艺塑料厂在该路段上的越区覆盖，不能正常接入杨家群站点，同时华艺塑料厂与海尔工业园 S 座并没有配置邻小区关系，因此在该路段上行驶就必然会发生掉话。

（3）解决方案

对这两个站点天线的工程参数进行了调整，调整内容如下：华艺 1 扇区的方向角由 10 度调整到 350 度，下倾角由 3 度调整到 10 度；华艺 2 扇区的下倾角由 3 度调整到 8 度；杨家群 1 扇区的方向角由 30 度调整到 10 度。调整后 RSCP 覆盖如图 4-4 所示。

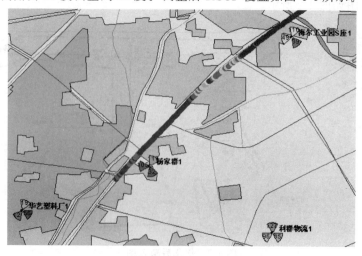

图 4-4   天线调整后 RSCP 覆盖图

再次测试该路段,越区覆盖问题已经解决,手机能够正常发生切换。

3. 案例分析三(导频污染)

(1) 问题现象

在某城区环境中,在强场环境下,起呼时成功率不高。在桥头环城北路和三秀路入口,通过观察路测仪发现,该处位于多个强场小区信号之间,终端在此处经常频繁重选到新小区上。其信号覆盖图如图 4-5 所示。

(2) 问题分析

观察路测结果后发现,该桥头入口处有 4 个扇区的信号在此形成多小区重叠覆盖:扰码 28、扰码 47、扰码 15 和扰码 48 的信号,信号也较强,均在 −85 dBm 左右,这四个小区的信号在这里造成了导频污染。

(3) 解决方案

这个地方的故障是由于多个小区交叠覆盖而导致的,经过分析确定采用由扰码 15 作为该区域的主小区,其他几个小区均采用收缩的方式,以便为该区域提供一个足够强的主导频信号。

通过对加大其他 3 个扇区天线的下倾角的方式,达到了目的。天线调整后 RSCP 覆盖图如图 4-6 所示。且经过验证,另外三个扇区的其他覆盖区域也没有受到影响。UE 已基本不会重选到扰码 28 小区上,此处的呼通率大大提高,效果显著。

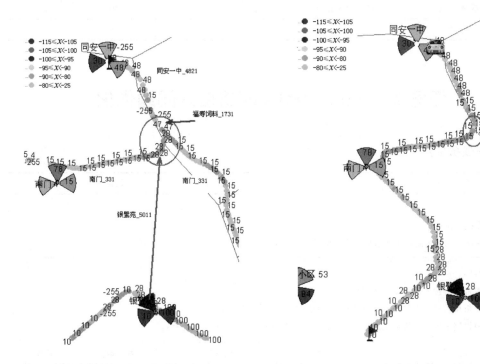

图 4-5　天线调整前 RSCP 覆盖图　　　　图 4-6　天线调整后 RSCP 覆盖图

【技能实训】 覆盖问题分析

1. 实训目标

根据已给的数据以及基站信息表,使用鼎利的 Navigator 对其进行分析,找到覆盖问题分析发生的原因,提出解决方案。

2. 实训设备

装有鼎利后台分析软件 Navigator 的计算机一台。

3. 实训步骤及注意事项

(1) 在鼎利 Navigator 中导入数据及基站信息表。

(2) 根据自己的需要打开信令窗口、事件窗口及其他窗口。

(3) 输出分析报告。

4. 实训考核单

考核项目	考核内容	所占比例/%	得分
实训态度	1. 积极参加技能实训操作 2. 按照安全操作流程进行操作 3. 纪律遵守情况	20	
实训过程	1. 软件使用熟练 2. 分析思路、方法正确	40	
成果验收	输出分析报告	40	
合计		100	

任务 2 TD-SCDMA 网络接入问题优化

【工作任务单】

工作任务单名称	TD-SCDMA 网络接入问题优化	建议课时	4

工作任务内容:

    1. 掌握接入流程;

    2. 掌握接入的每个阶段可能造成接入失败的原因。

工作任务设计:

    首先,教师讲解接入流程相关知识点;

    其次,分析接入的每个阶段可能造成接入失败的原因并讲解典型案例;

    最后,根据路测数据分析造成接入失败原因及解决措施(以某个接入失败为例)。

建议教学方法	教师讲解、分组讨论、案例教学	教学地点	实训室

【知识链接 1】　接入流程

1. 随机接入过程

接入就是由移动台向基站发出消息的一种尝试,包括起呼与被呼,下面我们对接入流程进行介绍。

当 UE 处于空闲模式下,它将维持下行同步并读取小区广播信息。从该小区所用的 DwPTS,UE 可以得到为随机接入而分配给 UpPTS 物理信道的 8 个 SYNC_UL 码(特征信号)的码集,一共有 256 个不同的 SYNC_UL 码序列,其序号除以 8 就是 DwPTS 中的 SYNC_DL 的序号。从小区广播信息中 UE 可以知道 PRACH 信道的详细情况(采用的码、扩频因子、Midamble 码和时隙)、FPACH 信道的详细信息(采用的码、扩频因子、Midamble 码和时隙)以及其他与随机接入有关的信息。

TD-SCDMA 的随机接入过程如图 4-7 所示。

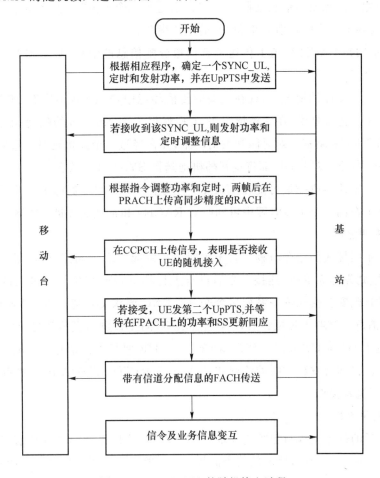

图 4-7　TD-SCDMA 的随机接入过程

在 UpPTS 中紧随保护时隙之后的 SYNC_UL 序列仅用于上行同步,UE 从它要接入的小区所采用的 8 个可能的 SYNC_UL 码中随机选择一个,并在 UpPTS 物理信道上将它发送到基站。然后 UE 确定 UpPTS 的发射时间和功率,以便在 UpPTS 物理信道上发射选定的特征码。

一旦 Node B 检测到来自 UE 的 UpPTS 信息,那么它到达的时间和接收功率也就知道了。Node B 确定发射功率更新和定时调整的指令,并在以后的 4 个子帧内通过 FPACH 将它发送给 UE。

UE 从选定的 FPACH 中收到上述控制信息时,表明 Node B 已经收到了 UpPTS 序列。然后,UE 将调整发射时间和功率,并确保在接下来的两帧后,在对应于 FPACH 的 PPACH 信道上发送 RACH。在这一步,UE 发送到 Node B 的 RACH 将具有较高的同步精度。

之后,UE 会在对应于 FACH 的 CCPCH 的信道上接收到来自网络的响应,指示 UE 发出的随机接入是否被接收,如果被接收,将在网络分配的 UL 及 DL 专用信道上通过 FACH 建立起上下行链路。

在利用分配的资源发送信息之前,UE 可以发送第二个 UpPTS 并等待来自 FPACH 的响应,从而可得到下一步的发射功率和 SS 的更新指令。

接下来,基站在 FACH 信道上传送带有信道分配信息的消息,基站和 UE 间进行信令及业务信息的交互。

在有可能发生碰撞的情况下,或在较差的传播环境中,Node B 不发射 FPACH,也不能接收 SYNC_UL。也就是说,在这种情况下,UE 就得不到 Node B 的任何响应。因此,UE 必须通过新的测量,来调整发射时间和发射功率,并在经过一个随机延时后重新发射 SYNC_UL。注意,每次(重)发射,UE 都将重新随机地选择 SYNC_UL 突发。

这种两步方案使得碰撞最可能在 UpPTS 上发生,即 RACH 资源单元几乎不会发生碰撞。这也保证了在同一个 UL 时隙中可同时对 RACHs 和常规业务进行处理。

2. 语音主叫流程

从空口看主叫接入的信令流程。对于主叫 UE 发起一次呼叫建立,如果之前 UE 没有建立 RRC 连接则先建立 RRC 连接。之后进行上行和下行的直接传输过程,UE 和 CN 之间执行鉴权、加密、安全模式等一系列信令交互。RNC 要求 UE 建立 RB,RB 建立成功后,UE 等待振铃消息。被叫 UE 振铃后,CN 通过 RNC 向 UE 发送直传消息 Alerting;被叫摘机后,CN 通过 RNC 向 UE 发送直传消息 Connect,UE 回复直传消息 Connect ACK 消息,双方建立通话。移动台发起呼叫的流程如图 3-34 所示,TD-SCDMA 语音主叫流程与 WCDMA 语音主叫流程类似。

3. 语音被叫流程

移动台被呼的信令流程与起呼流程基本一致,不同的是移动台在寻呼信道监听到自己的寻呼消息后发起寻呼响应,接着的信令流程就与起呼完全一致,如图 3-38 所示,TD-SCDMA 语音被叫流程与 WCDMA 语音被叫流程类似。

4. 完整的主被叫信令流程

如图 4-8 所示,是一个完整的主被叫信令流程。

时间									
18:18:56.218	21	2431	P-T...	C1FE00D0	RRC	UL_CCCH_MESSAGE	rrcConnectionRequest	RNC<--UE	
18:18:56.328	1...	2431	P-T...	C1FE00D0	NBAP	Request(initiatingMessage)	RadioLinkSetupMessage	RNC-->NodeB	主叫
18:18:56.343	72	2431	P-T...	C1FE00D0	NBAP	Response(successfulOutcome)	RadioLinkSetupMessage	RNC<-NodeB	
18:18:56.421	1...	2431	P-T...	C1FE00D0	RRC	DL_CCCH_MESSAGE	rrcConnectionSetup	RNC-->UE	
18:18:56.578	28	2431	P-T...	C1FE00D0	NBAP	Request(initiatingMessage)	RadioLinkRestoreIndicationMessage	RNC<-NodeB	
18:18:56.687	32	2431	P-T...	C1FE00D0	RRC	UL_DCCH_MESSAGE	rrcConnectionSetupComplete	RNC<--UE	
18:18:56.812	43	2431	P-T...	C1FE00D0	RRC	DL_DCCH_MESSAGE	measurementControl	RNC-->UE	
18:18:56.890	24	2431	P-T...	C1FE00D0	RRC	UL_DCCH_MESSAGE	initialDirectTransfer	RNC<--UE	
18:18:57.000	71	2431	P-T...	C1FE00D0	RANAP	Request(initiatingMessage)	InitialUEMessage	RNC-->CN	PD_MM: CM SERVICE REQUEST
18:18:57.015	54	2431	P-T...	C1FE00D0	RANAP	Request(initiatingMessage)	DirectTransferMessage	RNC<--CN	PD_MM: AUTHENTICATION REQUEST
18:18:57.031	40	2431	P-T...	C1FE00D0	RRC	DL_DCCH_MESSAGE	downlinkDirectTransfer	RNC-->UE	
18:18:57.312	15	2431	P-T...	C1FE00D0	RRC	UL_DCCH_MESSAGE	uplinkDirectTransfer	RNC<--UE	
18:18:57.328	24	2431	P-T...	C1FE00D0	RANAP	Request(initiatingMessage)	DirectTransferMessage	RNC-->CN	PD_MM: AUTHENTICATION RESPONSE
18:18:57.375	20	2431	P-T...	C1FE00D0	RANAP	Request(initiatingMessage)	DirectTransferMessage	RNC<--CN	PD_MM: IDENTITY REQUEST
18:18:57.437	6	2431	P-T...	C1FE00D0	RRC	DL_DCCH_MESSAGE	downlinkDirectTransfer	RNC-->UE	
18:18:57.546	14	2431	P-T...	C1FE00D0	RRC	UL_DCCH_MESSAGE	uplinkDirectTransfer	RNC<--UE	
18:18:57.593	23	2431	P-T...	C1FE00D0	RANAP	Request(initiatingMessage)	DirectTransferMessage	RNC-->CN	PD_MM: IDENTITY RESPONSE
18:18:57.609	34	2431	P-T...	C1FE00D0	RANAP	Request(initiatingMessage)	SecurityModeMessage	RNC<--CN	
18:18:57.625	21	2431	P-T...	C1FE00D0	RRC	DL_DCCH_MESSAGE	securityModeCommand	RNC-->UE	
18:18:57.750	9	2431	P-T...	C1FE00D0	RRC	UL_DCCH_MESSAGE	securityModeComplete	RNC<--UE	
18:18:57.796	12	2431	P-T...	C1FE00D0	RANAP	Response(successfulOutcome)	SecurityModeMessage	RNC-->CN	
18:18:57.843	20	2431	P-T...	C1FE00D0	RANAP	Request(initiatingMessage)	CommonIDMessage	RNC<--CN	
18:18:57.937	33	2431	P-T...	C1FE00D0	RRC	UL_DCCH_MESSAGE	uplinkDirectTransfer	RNC<--UE	
18:18:57.984	37	2431	P-T...	C1FE00D0	RANAP	Request(initiatingMessage)	DirectTransferMessage	RNC-->CN	PD_CC: SETUP
18:18:58.000	19	2431	P-T...	C1FE00D0	RANAP	Request(initiatingMessage)	DirectTransferMessage	RNC<--CN	PD_CC: CALL PROCEEDING
18:18:58.031	10	2431	P-T...	C1FE00D0	RRC	DL_DCCH_MESSAGE	downlinkDirectTransfer	RNC-->UE	
18:18:59.468	21	2431	P-T...	C0FE00F0	RRC	UL_CCCH_MESSAGE	rrcConnectionRequest	RNC<--UE	
18:18:59.593	1...	2431	P-T...	C0FE00F0	NBAP	Request(initiatingMessage)	RadioLinkSetupMessage	RNC-->NodeB	被叫
18:18:59.609	72	2431	P-T...	C0FE00F0	NBAP	Response(successfulOutcome)	RadioLinkSetupMessage	RNC<-NodeB	
18:19:00.484	1...	2431	P-T...	C0FE00F0	RRC	DL_CCCH_MESSAGE	rrcConnectionSetup	RNC-->UE	
18:19:00.500	28	2431	P-T...	C0FE00F0	NBAP	Request(initiatingMessage)	RadioLinkRestoreIndicationMessage	RNC<-NodeB	
18:19:00.515	32	2431	P-T...	C0FE00F0	RRC	UL_DCCH_MESSAGE	rrcConnectionSetupComplete	RNC-->UE	
18:19:01.234	24	2431	P-T...	C0FE00F0	RRC	DL_DCCH_MESSAGE	measurementControl	RNC-->UE	
18:19:01.296	26	2431	P-T...	C0FE00F0	RRC	DL_DCCH_MESSAGE	measurementControl	RNC-->UE	
18:19:01.328	24	2431	P-T...	C0FE00F0	RRC	UL_DCCH_MESSAGE	initialDirectTransfer	RNC<--UE	
18:19:01.562	71	2431	P-T...	C0FE00F0	RANAP	Request(initiatingMessage)	InitialUEMessage	RNC-->CN	PD_RR: PAGING RESPONSE
18:19:01.562	54	2431	P-T...	C0FE00F0	RANAP	Request(initiatingMessage)	DirectTransferMessage	RNC<--CN	PD_MM: AUTHENTICATION REQUEST
18:19:01.562	40	2431	P-T...	C0FE00F0	RRC	DL_DCCH_MESSAGE	downlinkDirectTransfer	RNC-->UE	
18:19:01.625	15	2431	P-T...	C0FE00F0	RRC	UL_DCCH_MESSAGE	uplinkDirectTransfer	RNC<--UE	
18:19:01.625	24	2431	P-T...	C0FE00F0	RANAP	Request(initiatingMessage)	DirectTransferMessage	RNC-->CN	PD_MM: AUTHENTICATION RESPONSE
18:19:01.687	20	2431	P-T...	C0FE00F0	RANAP	Request(initiatingMessage)	DirectTransferMessage	RNC<--CN	PD_MM: IDENTITY REQUEST
18:19:01.687	6	2431	P-T...	C0FE00F0	RRC	DL_DCCH_MESSAGE	downlinkDirectTransfer	RNC-->UE	
18:19:01.687	14	2431	P-T...	C0FE00F0	RRC	UL_DCCH_MESSAGE	uplinkDirectTransfer	RNC<--UE	
18:19:01.750	23	2431	P-T...	C0FE00F0	RANAP	Request(initiatingMessage)	DirectTransferMessage	RNC-->CN	PD_MM: IDENTITY RESPONSE
18:19:01.750	34	2431	P-T...	C0FE00F0	RANAP	Request(initiatingMessage)	SecurityModeMessage	RNC<--CN	
18:19:01.750	21	2431	P-T...	C0FE00F0	RRC	DL_DCCH_MESSAGE	securityModeCommand	RNC-->UE	
18:19:01.828	9	2431	P-T...	C0FE00F0	RRC	UL_DCCH_MESSAGE	securityModeComplete	RNC<--UE	
18:19:02.562	12	2431	P-T...	C0FE00F0	RANAP	Response(successfulOutcome)	SecurityModeMessage	RNC-->CN	
18:19:02.625	20	2431	P-T...	C0FE00F0	RANAP	Request(initiatingMessage)	CommonIDMessage	RNC<--CN	
18:19:02.625	41	2431	P-T...	C0FE00F0	RANAP	Request(initiatingMessage)	DirectTransferMessage	RNC<--CN	PD_CC: SETUP
18:19:02.640	32	2431	P-T...	C0FE00F0	RRC	DL_DCCH_MESSAGE	downlinkDirectTransfer	RNC-->UE	
18:19:02.671	23	2431	P-T...	C0FE00F0	RRC	UL_DCCH_MESSAGE	uplinkDirectTransfer	RNC<--UE	
18:19:02.703	27	2431	P-T...	C0FE00F0	RANAP	Request(initiatingMessage)	DirectTransferMessage	RNC-->CN	PD_CC: CALL CONFIRMED
18:19:02.765	93	2431	P-T...	C0FE00F0	RANAP	Request(initiatingMessage)	RAB_AssignmentMessage	RNC<--CN	
18:19:02.765	93	2431	P-T...	C1FE00D0	RANAP	Request(initiatingMessage)	RAB_AssignmentMessage	RNC<--CN	主被叫RAB指派
18:19:02.859	7	2431	P-T...	C0FE00F0	RRC	DL_DCCH_MESSAGE	measurementControl	RNC-->UE	
18:19:02.921	7	2431	P-T...	C0FE00F0	RRC	DL_DCCH_MESSAGE	measurementControl	RNC-->UE	
18:19:02.921	2...	2431	P-T...	C0FE00F0	NBAP	Request(initiatingMessage)	synchronisedRadioLinkReconfigurationPreparati...	RNC-->NodeB	
18:19:03.109	7	2431	P-T...	C1FE00D0	RRC	DL_DCCH_MESSAGE	measurementControl	RNC-->UE	
18:19:03.171	2...	2431	P-T...	C1FE00D0	NBAP	Request(initiatingMessage)	synchronisedRadioLinkReconfigurationPreparati...	RNC-->NodeB	
18:19:03.187	60	2431	P-T...	C0FE00F0	NBAP	Response(successfulOutcome)	synchronisedRadioLinkReconfigurationPreparati...	RNC<--NodeB	
18:19:03.187	60	2431	P-T...	C1FE00D0	NBAP	Response(successfulOutcome)	synchronisedRadioLinkReconfigurationPreparati...	RNC<--NodeB	
18:19:03.593	1...	2431	P-T...		RRC	DL_DCCH_MESSAGE	radioBearerSetup		
18:19:03.640	20	2431	P-T...	C0FE00F0	NBAP	Request(initiatingMessage)	synchronisedRadioLinkReconfigurationCommit	RNC-->NodeB	
18:19:03.687	1...	2431	P-T...	C1FE00D0	RRC	DL_DCCH_MESSAGE	radioBearerSetup	RNC-->UE	
18:19:03.687	20	2431	P-T...	C1FE00D0	NBAP	Request(initiatingMessage)	synchronisedRadioLinkReconfigurationCommit	RNC-->NodeB	
18:19:03.718	28	2431	P-T...	C1FE00D0	NBAP	Request(initiatingMessage)	RadioLinkRestoreIndicationMessage	RNC<--NodeB	
18:19:04.531	28	2431	P-T...	C0FE00F0	NBAP	Request(initiatingMessage)	RadioLinkRestoreIndicationMessage	RNC<--NodeB	
18:19:04.531	9	2431	P-T...	C0FE00F0	RRC	UL_DCCH_MESSAGE	radioBearerSetupComplete	RNC<--UE	
18:19:04.640	20	2431	P-T...	C0FE00F0	RANAP	Outcome	RAB_AssignmentMessage	RNC-->CN	
18:19:04.937	29	2431	P-T...	C0FE00F0	RRC	DL_DCCH_MESSAGE	measurementControl	RNC-->UE	
18:19:04.968	31	2431	P-T...	C0FE00F0	RRC	DL_DCCH_MESSAGE	measurementControl	RNC-->UE	
18:19:04.968	9	2431	P-T...	C1FE00D0	RRC	UL_DCCH_MESSAGE	radioBearerSetupComplete	RNC<--UE	
18:19:05.031	20	2431	P-T...	C1FE00D0	RANAP	Outcome	RAB_AssignmentMessage	RNC-->CN	
18:19:05.062	48	2431	P-T...	C0FE00F0	RRC	DL_DCCH_MESSAGE	measurementControl	RNC-->UE	
18:19:05.140	10	2431	P-T...	C0FE00F0	RRC	UL_DCCH_MESSAGE	uplinkDirectTransfer	RNC<--UE	
18:19:05.171	14	2431	P-T...	C0FE00F0	RANAP	Request(initiatingMessage)	DirectTransferMessage	RNC-->CN	PD_CC: ALERTING 振铃接听
18:19:05.171	23	2431	P-T...	C1FE00D0	RANAP	Request(initiatingMessage)	DirectTransferMessage	RNC<--CN	PD_CC: ALERTING
18:19:05.218	14	2431	P-T...	C1FE00D0	RRC	DL_DCCH_MESSAGE	downlinkDirectTransfer	RNC-->UE	
18:19:05.578	10	2431	P-T...	C0FE00F0	RRC	UL_DCCH_MESSAGE	uplinkDirectTransfer	RNC<--UE	
18:19:05.640	14	2431	P-T...	C0FE00F0	RANAP	Request(initiatingMessage)	DirectTransferMessage	RNC-->CN	PD_CC: CONNECT
18:19:05.703	19	2431	P-T...	C0FE00F0	RANAP	Request(initiatingMessage)	DirectTransferMessage	RNC<--CN	PD_CC: CONNECT ACKNOWLEDGE
18:19:05.765	10	2431	P-T...	C0FE00F0	RRC	DL_DCCH_MESSAGE	downlinkDirectTransfer	RNC-->UE	
18:19:05.812	33	2431	P-T...	C1FE00D0	RANAP	Request(initiatingMessage)	DirectTransferMessage	RNC<--CN	PD_CC: CONNECT
18:19:05.828	24	2431	P-T...	C1FE00D0	RRC	DL_DCCH_MESSAGE	downlinkDirectTransfer	RNC-->UE	
18:19:05.937	10	2431	P-T...	C1FE00D0	RRC	UL_DCCH_MESSAGE	uplinkDirectTransfer	RNC<--UE	
18:19:05.937	14	2431	P-T...	C1FE00D0	RANAP	Request(initiatingMessage)	DirectTransferMessage	RNC-->CN	PD_CC: CONNECT ACKNOWLEDGE

图 4-8 完整的主被叫起呼信令流程

【想一想】

请说出语音信令呼叫流程。

【知识链接2】 接入问题原图分析

从路测仪或 RNC 侧上收集到的一个完整的 Uu 口主被叫信令流程,信令有对应关系,在分析问题时,需要两者结合共同定位。包括 RRC 连接、直传信令、RB 建立、主被叫响铃建立过程,如果其中某一条信令缺失,就可以定位到接入失败的具体信令位置,再根据接入失败点的具体一信号环境,最终确定接入失败的原因,从以往的经验来看起呼失败通常发生在弱场,也有干扰原因导致在强场的起呼成功率低的现象。

1. 接入失败的分析流程

具体接入失败的分析流程如图 3-41 所示。

2. 寻呼问题分析流程

具体寻呼问题的分析流程如图 3-42 所示。

3. RRC 建立问题分析流程

具体 RRC 建立问题分析流程如图 3-43 所示。

4. RB 建立流程失败分析

RB 建立流程失败分析基本上同 RRC 建立失败。

【想一想】

请说出接入失败分析方法。

【知识链接3】 接入问题案例分析

1. 案例一

(1) 现象描述

华海 3C 位于湖南省长沙市解放东路 89 号(解放东路和朝阳路交汇处),由 A 栋、B 栋及商场(1~5 F)构成,A 栋、B 栋共 26 层(6~31 F),为居民楼和写字楼。小区 1 覆盖 A 栋、B 栋、电梯和地下 3 层,小区 2 覆盖 1~5 F 商场,具体信息详如表 4-1 所示。

表 4-1　华海 3C 室内站点信息

Node B Name	RNCID	CELLID	CPI	UARFCN
华海 3C TF_1	1793	60791	80	10063
华海 3C TF_2	1793	60792	71	10055

在故障地点进行拨打测试,信令走到 CM Service Request 终止,手机呼叫失败,事件信令流程如图 4-9 所示。

(2) 问题分析

于是对每个 RRU 进行网内的 CS12.2 业务测试,测试发现只有覆盖商场 1~5 F 的 2 个 RRU 无法进行 CS12.2 的业务,查看软件信息发现,商场为小区 2(CELLID:60792、CPI:71、UARFCN:10055),与小区 1(CELLID:60791、CPI:71、UARFCN:10055)形成同频同扰,导致上述故障现象,如图 4-10 所示。

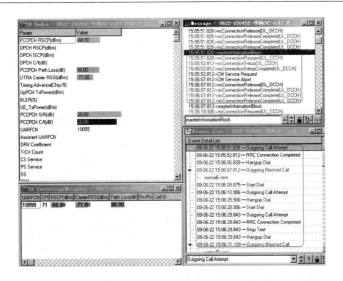

图 4-9　事件信令流程图

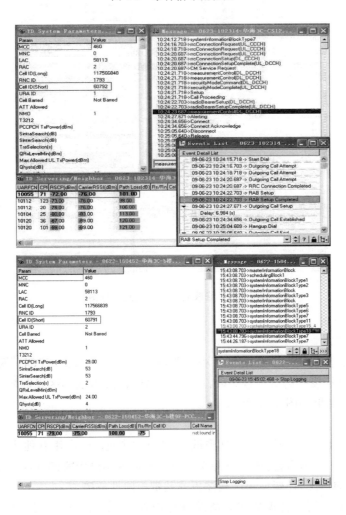

图 4-10　同频同码小区信息图

（3）解决方法

通知 RNC 后台人员将 2 个小区的信息修改为：小区 1（CELLID：60791、CPI：80、UARFCN：10063）和小区 2（CELLID：60792、CPI：71、UARFCN：10055）并添加好邻区后测试，测试正常，问题得到解决，如图 4-11 所示。

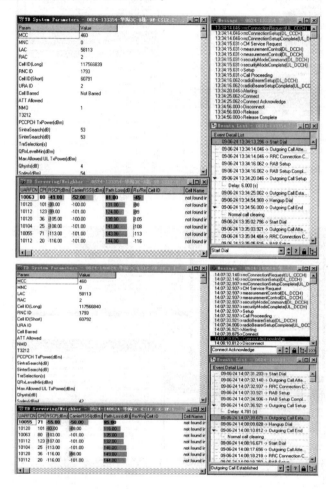

图 4-11　修改后小区信息及流程图

2．案例二

（1）现象描述

客户家里（宿舍楼 15 F）T 网服务小区为洪山家园 TD2，PCCPCH_RSCP 在 −75 ～ −87 dBm 左右，进行拨打测试一直失败，层 3 信令显示，占用该小区发起呼叫时，RRC 请求一直被拒绝，测试结果如图 4-12 所示。

（2）问题分析

在洪山家园 TD2 小区下进行拨打测试，一直无法拨通，而占用其他小区进行拨打测试时，主被叫均正常。查询后台，该站点并无告警。根据占用洪山家园 TD2 小区呼叫时，RRC 请求一直被拒绝的情况，怀疑该小区载波板或基带板隐性故障。

针对呼叫失败原因结合现场实际情况进行排查，该站点室内信号强度在 −80 dBm 左右，覆盖相对较好；对房间内其他信号进行测试，无干扰现象；查询后台该小区内并无用户占用,排除拥塞导致无法接入的可能;更换多个 USIM 卡进行测试,排除用户 USIM 卡问题;因此确认导致该问题的原因为设备(载波板与基带板)故障。

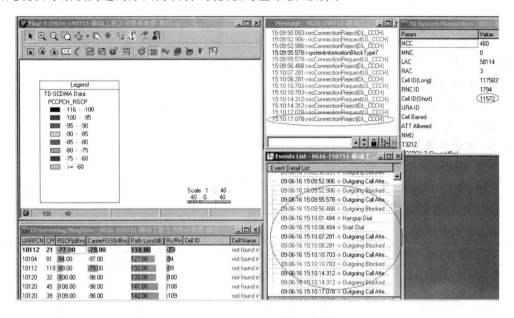

图 4-12　事件信令流程图

(3) 解决方法

重启洪山家园 TD2 小区后对该处进行拨打测试,服务小区为洪山家园 TD2,主被叫测试正常,其他业务均正常,测试结果如图 4-13 所示。

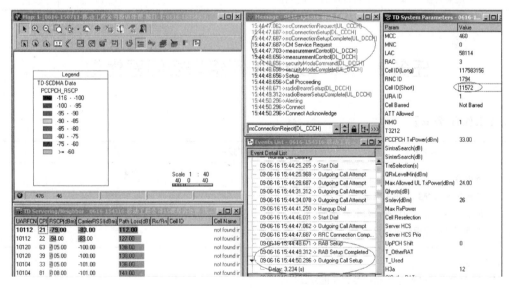

图 4-13　重启后正常信令流程图

【技能实训】 接入问题分析

1. 实训目标

以某地 TD-SCDMA 网络接入失败路测数据为例,根据路测数据分析信令,找出原因,提出解决方案,达到掌握接入失败分析方法的目的。

2. 实训设备

(1) 装有路测分析软件的计算机若干。

(2) 接入失败的路测数据若干。

3. 实训步骤及注意事项

(1) 根据接入失败的路测数据,分析原因。

(2) 提出可行的解决方案。

(3) 编制案例分析报告。

4. 实训考核单

考核项目	考核内容	所占比例/%	得分
实训态度	1. 积极参加技能实训操作 2. 按照安全操作流程进行操作 3. 纪律遵守情况	30	
实训过程	1. 根据接入失败事件找到相关信令 2. 通过分析信令内容找出接入失败原因 3. 提出解决方案	60	
成果验收	编制案例分析报告	10	

任务 3 TD-SCDMA 网络切换问题优化

【工作任务单】

工作任务单名称	TD-SCDMA 网络切换问题优化	建议课时	4

工作任务内容:

　　1. 掌握切换的种类等相关概念;

　　2. 理解切换的过程和切换失败的分析方法;

　　3. 理解案例的分析解决过程。

工作任务设计:

　　首先,教师讲解切换流程、切换参数等相关知识点;

　　其次,分析切换失败的原因,学生分组讨论典型案例;

　　最后,根据路测数据分析造成切换失败原因及解决措施。

建议教学方法	教师讲解、案例教学、分组讨论	教学地点	实训室

【知识链接 1】　切换流程

切换是指基站从一个覆盖区移动到另一个覆盖区时原有语音信道转移到新的小区的语音信道上,继续通话的过程,切换的目的是保证移动用户通信的连续性。

1. 切换分类

- 根据切换前后载频信息是否发生变化可以分:频内切换、频间切换。
- 根据切换前后是否跨 RNC 可分为:RNC 内切换和跨 RNC 切换。
- 跨 RNC 切换中根据对业务的影响可分为:普通重定位和无损重定位。
- 根据切换前后接入网是否改变可分为:系统内切换和系统间(3G/2G)切换。
- 根据切换的同步机制还可以分为:硬切换和接力切换。

硬切换(Hard Handover)是指当用户发生越区切换时,先断开与原小区的联系,再和目标小区建立联系的过程。

接力切换(Baton Handover)是 TD-SCDMA 移动通信系统的核心技术之一。其设计思想是利用 TDD 系统特点和上行同步技术,在切换测量期间,利用开环技术进行并保持上行预同步,即 UE 可提前获取切换后的上行信道发送时间、功率信息;在切换期间,可以不中断业务数据的传输,从而达到减少切换时间,提高切换的成功率、降低切换掉话率的目的。切力切换不是应用于所有的无线环境中,跨 RNC 切换不能应用力切换,只能采用硬切换。

接力切换的预同步过程属于开环预同步,在 UE 和网络通信过程中,UE 需要对本小区基站和相邻小区基站的导频信号强度(P-CCPCH RSCP 或者是 DwPTS 的信号强度)进行测量。在此过程中同时记录来自各邻近小区基站的信号与来自本小区基站信号的时延差,预先取得与目标小区的同步参数,并通过开环方式保持与目标小区的同步。

开环预同步中移动台只是通过接收到的原小区和目标小区的信息计算上下行同步时间。例如,目标小区的 SFN 号和当前服务小区时间上有同步的 SFN 号,在连接模式下,UE 在 $t=\mathrm{TRxSFN}i$ 和 $t=\mathrm{TRxSFN}k$ 分别接收并检测出当前服务小区和目标小区上第一条路径到达的 P-CCPCH 信道承载的 SFN 信息,二者时间上的差值即为 SFN-SFN 观测时间差,具体可采用公式计算:

$$\mathrm{SFN-SFN\ OTD}=\mathrm{TRxTS}k-\mathrm{TRxTS}i$$

其中,$\mathrm{TRxTS}i$:UE 接收到的第 i 个当前服务小区的 P-CCPCH 信道的时间(以检测到的时间上第一条路径到达的信号为准)。

$\mathrm{TRxTS}k$:UE 接收到的第 k 个目标小区的 P-CCPCH 信道的最接近 $\mathrm{TRxTS}i$ 的时间(以检测到的时间上第一条路径到达的信号为准)。

若目标小区的 SFN 号和当前服务小区时间上有非同步的 SFN 号,但其差值固定,则由于 RNC 可以知道其定时偏差,同样可以计算 SFN-SFN OTD。

切换时,如果采用开环预同步,则上行突发的时间提前量如下式所示:

$$tu = tu0 + \Delta$$

式中,$\Delta=\mathrm{SFN-SFN\ OTD}$ 为 UE 测量到两个小区间的观测时差;$tu0$ 为 UE 在原小区上行发射定时提前量;tu 为利用开环计算得到的在即将切换过去的小区上的上行发射定时提前量。

2. 切换过程

在 TD-SCDMA 系统中,切换主要分成测量、判决和执行三个过程。

(1) 测量过程

在 UE 和基站通信过程中,UE 需要对本小区基站和相邻小区基站的导频信号强度、P-CCPCH 的接收信号码功率、SFN-SFN 观察时间差异等重要测试项进行测量。

切换模块根据 UE 所驻留的小区向 UE 发送测量控制消息(MEASUREMENT CONTROL),在消息中可以指定 UE 进行频内、频间或系统间三种切换中的一种或多种测量;指定测量上报方式是周期上报还是事件上报。切换模块收到 UE 的测量报告消息(MEASUREMENT REPORT) 后,在周期上报的模式下其对测量结果进行存储,并由切换算法作出是否切换的判决。在事件上报模式直接由切换算法作出切换判决。如果判决需要发生切换,则向 UE 发出切换命令。

在 N 载频下,每个小区有多个载频,承载公共信道的载频称为主载频,其他载频称为辅载频。UE 在连接状态所在的载频称为工作载频,其他载频称为非工作载频。根据邻区主载频和服务小区工作载频的关系可以作如下划分,邻区主载频与工作载频相同,该邻区称为同频邻区,邻区主载频和工作载频不同,该邻区称为异频邻区。注意,这里同频邻区和异频邻区的概念已经和单载频不一样了。对于同频小区的测量称为同频测量(也叫频内测量),对于异频小区的测量称为异频测量(也叫频间测量)。频内测量量包括 PCCPCH RSCP、PathLoss 和 TimeSlot ISCP(下行),频间测量量包括 PCCPCH RSCP。PCCPCH RSCP 和 PathLoss 针对于广播信道,TimeSlot ISCP 针对于下行时隙,只测量业务时隙。频内事件包括 1G 事件;频间测量包括 2A 事件、2D 事件;系统间切换包括 3A 事件。

① 1G 事件

TDD 最好小区发生改变(Change of Best Cell),触发频内切换。有几个参数可以控制 1G 事件上报的时机,分别是 Hysteresis(迟滞系数)、TimetoTrigger(触发时间)、Cell Individual Offset(小区个体偏移)。

② 2A 事件

最好频率发生改变(Change of Best Frequency)。除载频不同外,2A 事件和 1G 事件的情景、三个测量参数差不多。触发频间切换。

③ 2D 事件

当前使用频率的估计量低于一个确定门限。

④ 3A 事件

目前使用 UTRAN 频率的估算质量低于确定门槛值,而其他系统的估算质量高于确定门槛值。触发系统间切换。

(2) 判决过程

接力切换的判决过程是根据各种测量信息上报到 RNC,RNC 依据一定的准则和算法,来判决 UE 是否应当切换和如何进行切换的。

目前,TD-SCDMA 系统的切换算法采用的基于导频强度的具有滞后门限的切换准则,如图 4-14 所示。

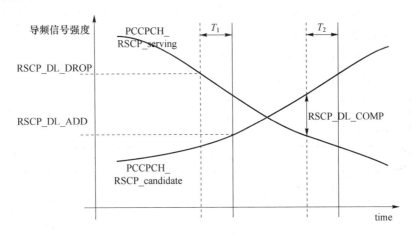

图 4-14　基于导频强度的具有滞后门限的切换准则

　　UE 对本小区的 PCCPCH RSCP 进行持续的测量,当 UE 测量到本小区的 PCCPCH RSCP 在时间段 T_1 内,持续低于给定的门限值时,即当 PCCPCH_RSCP_serving <RSCP_DL_DROP(持续时间 T_1)时,UE 将根据相邻小区列表启动相邻小区的测量,如果测量得到某个相邻小区的 PCCPCH_RSCP 在一段时间 T_2 内持续高于本小区的 PCCPCH_RSCP 一个给定的门限 RSCP_DL_COMP 时,即满足 PCCPCH_RSCP_candidate _PCCPCH_RSCP_serving > RSCP_DL_COMP(持续时间 T_2)时,UE 应向 RNC 发送一个事件测量报告,RNC 接到测量报告以后,判断相邻小区的导频强度是否高于给定的门限值。如果高于门限值,即当 PCCPCH_RSCP _candidate> RSCP_DL_ADD 时,判决此 UE 进行切换,反之将保持原有链路连接。若判决 UE 进行切换,将符合条件的相邻小区按照测量得到的导频强度 PCCPCH_RSCP 从大到小的顺序进行排序生成目标小区列表。然后在目标小区列表中选择优先等级高的目标小区,并调用接纳控制算法判断此目标小区是否也可以接纳该用户切换请求。如果可以接纳,则执行切换并建立相应的无线连接,切换成功后,RNC 删除原无线连接的配置信息,切换不成功,UE 将继续保持原有无线链路的连接;如果不可以接纳,则依次试探目标小区列表中的其他小区。当所有目标小区均被试探过时,RNC 结束此次切换请求的响应,UE 将继续保持原无线链路连接。

　　(3)执行过程

　　RNC 的切换判决完成后,将执行切换过程。第一步,对目标小区发送无线链路建立请求。当 RNC 收到目标小区的无线链路建立完成之后,将向原基站和目标基站同时发送业务数据承载,同时 RNC 向 UE 发送物理信道重配置命令触发 UE 发起切换。因为在标准的空中接口消息中 UE 无法区分 UTRAN 要触发的是硬切换还是接力切换。所以,按照各个手机和设备厂商的规定,在物理信道重配置消息中如果不包含 FPACH 信息,则意味着 UE 需要做的切换类型是接力切换。否则,UE 需要做硬切换。在实现的过程中,硬切换是需要做上行同步的。而对于接力切换来讲,UE 在收到消息后,开始进行和目标小区的预同步,完成预同步后,直接开始专用信道的切换。

　　3. 切换流程

　　切换的流程包括 Inter-Cell/Intra-Node B 硬切换、Inter-Node B /Intra-RNC 硬切换、

Inter-Node B/Inter-RNC 硬切换、涉及 HSDPA 的切换、系统间切换、Inter-Cell/Intra-Node B 接力切换、Inter-Node B/Intra-RNC 接力切换。由于无线侧流程相差不大,在此只介绍 Inter-Cell/Intra-Node B 硬切换和 Inter-Cell/Intra-Node B 接力切换的流程。

(1) Inter-Cell/Intra-Node B 硬切换流程

同一 Node B 内不同小区间切换的执行过程如图 4-15 所示。

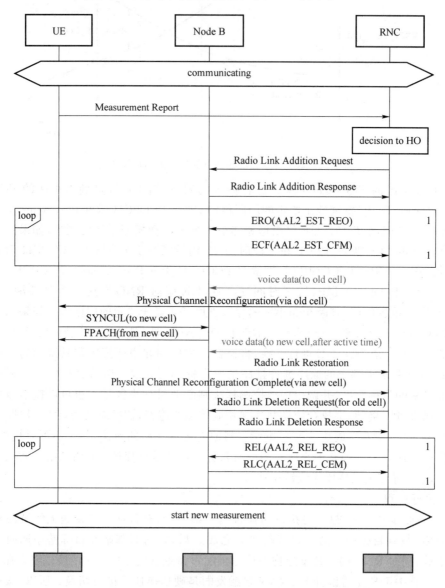

图 4-15　Inter-Cell/Intra-Node B 硬切换

① UE 上报测量报告给 RNC;参数:事件类型、目标小区频点、扰码及小区的 PCCPCP 功率大小、邻区的频点扰码及 PCCPCH 功率大小等信息。

② RNC 判决进行切换后向 Node B 发送无线链路增加请求,为目标小区建立无线链路;参数:目标 RNC 标识符、小区 ID、频点、TFS、TFCS、信道化码、DL 功率、时隙等信息。

③ 目标小区收到无线链路增加请求后,配置相应链路资源,配置完成后将组织无线链

路增加响应消息发往 RNC。

④ RNC 收到目标小区的响应消息后,为目标小区建立 Iub 传输承载,并进行 FP 帧同步。

⑤ RNC 通过源小区的信道向 UE 发送 PHYSICAL CHANNEL RECONFIGURA-TION 消息,通知 UE 进行切换;参数:频点、扰码、ULtargetSIR、PCCPCHPOWER、同步信息、时隙、UP 位置等信息。

⑥ UE 同目标小区进行上行同步,同目标小区上行上以后 Node B 向 RNC 发送 RL RESTORE IND。

⑦ UE 通过目标小区向 RNC 发送 PHYSICAL CHANNEL RECONFIGURATION COMPLETE 消息。

⑧ RNC 收到该消息后删除源小区的无线链路和 Iub 传输承载,切换完成。

⑨ 在源小区下发两条测量控制一条同频、一条异频,按照现有邻区对测量的小区信息进行修改,发起新的测量。

⑩ 如果物理信道重配置失败,原链路没有被删除,则 UE 会回滚至源小区,删除新建的链路,否则就发生切换失败掉话。

(2) Inter-Cell/Intra-Node B 接力切换流程

RNC 判决要向目标小区进行切换后,首先查询目标小区属性,若目标小区支持接力切换则执行接力切换过程。若目标小区和源小区属于同一个 Node B,则 RNC 向目标小区发送 RADIO LINK ADDITION 请求。当 RNC 收到目标小区的 RADIO LINK ADDITION 完成消息之后,则向源小区和目标小区同时发送业务数据。同时,RNC 以 AM 模式向 UE 发送切换命令(PHYSICAL CHANNEL RECONFIGURATION 消息)。切换流程如图 4-16所示。

UE 接到切换命令(PHYSICAL CHANNEL RECONFIGURATION 消息)后,首先判断切换类型,若没有携带 IE"Synchronization Parameters",则判断为接力切换。UE 判断为接力切换,则 UE 将按此目标小区的数据,重新进行测量,获得终端至此目标小区的链路损耗及到达时间 t(即开环功率和同步控制)。然后,UE 首先将上行链路转移到目标小区,即向目标小区发送上行数据,同时从源小区(用开环同步和功率控制)接收下行数据。此分别收发的过程持续一段时间(该定时器由 UE 内部设置,并可以在测试过程中进行修改,实现时注意要保证同一 TTI 内数据包应在一个小区内传送)后,UE 将下行链路也转移到目标小区,即开始在目标小区接收下行数据,中断和源小区的通信,完成切换过程。

同一 Node B 内不同小区间切换的执行过程:

① RNC 判决进行切换后向 Node B 发送无线链路增加请求,为目标小区建立无线链路;

② 目标小区收到无线链路增加请求后,配置相应链路资源,配置完成后组织无线链路增加响应消息发往 RNC;

③ RNC 收到目标小区的响应消息后,为目标小区建立 Iub 传输承载;

④ RNC 通过源小区的信道向 UE 发送 PHYSICAL CHANNEL RECONFIGURA-

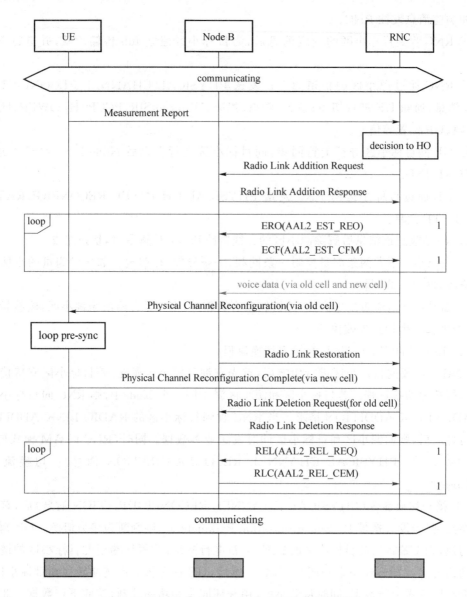

图 4-16　Inter-Cell/Intra-Node B 接力切换流程图

TION 消息,通知 UE 进行切换;

⑤ UE 收到 PHYSICAL CHANNEL RECONFIGURATION 消息后,作相应处理(如上所述);

⑥ UE 通过目标小区向 RNC 发送 PHYSICAL CHANNEL RECONFIGURATION COMPLETE 消息;

⑦ RNC 收到该消息后删除源小区的无线链路和 Iub 传输承载,切换完成。

【想一想】

1. 切换的分类?

2. 说出 Inter-Cell/Intra-Node B 硬切换和 Inter-Cell/Intra-Node B 接力切换流程及它们的不同点？

【知识链接 2】　切换失败分析

1. 切换失败原因

（1）无线和基站参数设置不合理：层三滤波系数过大导致的切换不及时；1G/2A 事件切换迟滞设置不当导致切换不及时；邻区漏配。

（2）导频污染。

（3）越区覆盖。

（4）拐角效应。

（5）同频同码组系统内干扰切换异常。

（6）上行或下行链路存在干扰使质量变差。

（7）跨 RNC 切换切换外部邻小区信息没有同目标小区相应更新引起切换失败。

（8）硬件故障。

2. 切换失败优化手段

（1）合理配置无线和基站参数：修改切换参数门限，包括调整切换迟滞量、修改小区个性偏移、减少切换时间延迟等参数。

（2）控制覆盖：对于覆盖问题的小区的天线方位角、俯仰角、小区最大发身功率进行调整，必要时还要调整天线高度等，直到能达到覆盖要求。

（3）如果目标邻小区负荷高导致切换失败，在目标小区质量允许的情况下，可以调整目标小区的切换允许下行功率允许门限、切换允许干扰最大门限、下行极限用户数等参数。必要时可通过扩容量来高小区容量。

（4）对于干扰引起的要查找干扰源，对常见的系统外干扰，通过调整扇区天线方位角及俯仰角来降低干扰。

（5）对于硬件故障要及时进行修复。

【想一想】

切换失败有哪些原因？

【知识链接 3】　切换问题案例分析

1. 案例一

（1）现象描述

事件地点信号如图 4-17 所示。在三垟大道，UE 占用 TD 园底－1 自东向西测试，当行驶至问题区域时由于居民楼阻挡，导致 TD 园底－1 信号出现快衰落，切换至 TD 园底－3（由于居民楼阻挡，信号较差，PCCPCH_RSCP 值低于－95 dBm），再切换至 TD 老殿后－1，由于 TD 园底－1、TD 三垟吕家岸－3、TD 老殿后－2 为同频小区（频点为 10 120），造成同频虚高现象，导致切换失败，最终导致 UE 掉话。

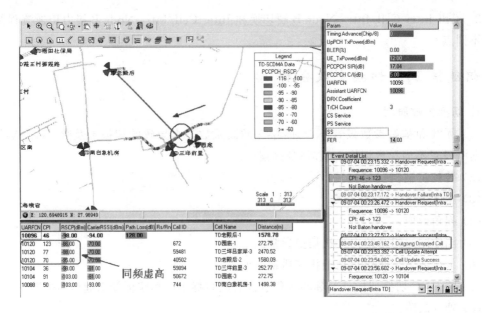

图 4-17　事件地点信号图

（2）现象分析

此问题区域为一条街道，两边为一些居民楼，对 TD 园底－1、TD 园底－3 造成了一定的阻挡；TD 老殿后－1 前方比较空旷，由于信号波动，以及 TD 园底－1、TD 园底－3 信号较弱，导致 UE 切换至 TD 老殿后－1，而 TD 园底－1、TD 三垟吕家岸－3、TD 老殿后－2 为同频小区（频点为 10 120），造成同频虚高现象，导致切换失败，最终导致 UE 掉话。为了解决此问题，可以增强 TD 园底－1、TD 园底－3 在此处的信号，避免因为 TD 园底－1、TD 园底－3 的快衰落，以及 TD 老殿后－1 的信号波动而导致 UE 用 TD 老殿后－1 的信号，造成同频虚高现象。

（3）解决方法及验证

TD 园底-1：方位角 10 度→40 度，机械下倾角 4 度→1 度，PCCPCH 发射功率由 270 dBm→300 dBm。

TD 园底-3：方位角 260 度→290 度，机械下倾角 4 度→2 度。

经上述优化调整后，TD 园底-1、TD 园底-3 在三垟大道的信号增强，弱覆盖现象解决，切换正常，无掉话现象。

2. 案例二

（1）现象描述

车辆沿凤起路由东向西行驶，UE 主服务小区为浙艺 3，车辆行驶至延安路口，邻区表中的浙艺 1 电平由－85 dBm 左右增强至－76 dBm，手机上报 2A 事件，尝试从浙艺 3 切换至浙艺 1，经历两次切换失败后切换至浙艺 1，随后由于无线链路失败导致掉话。事件地点信号如图 4-18 所示。

（2）问题分析

浙艺 1 的方位角为 60 度，问题路段位于浙艺 1 的 270 度方向，距离 500 多米，在排除天馈接反的可能性后，对照基站信息表，该路段距离杭州分公司室外站 300 多米，2 扇区沿延

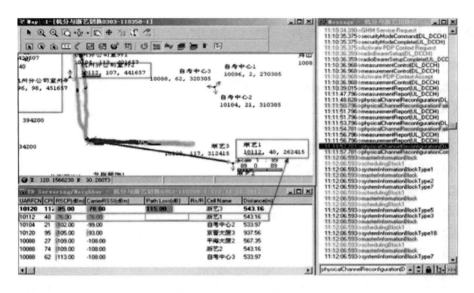

图 4-18　事件地点信号图

安路对该路段进行覆盖,杭州分公司室外 2 小区状态正常,与浙艺 1 主频点均为 10 112,且未与浙艺 3 配置邻区关系。存在浙艺 1 的 RSCP 测量值在该路口由于同频原因被虚拟抬升的可能。

（3）解决方法及验证

添加浙艺 3 和杭州分公司室外 2 的双向邻区关系。

经上述优化调整,UE 正确测量浙艺 1 的 RSCP 为－100 dBm 左右,在路口浙艺 3 顺利切换至杭州分公司室外 2,调整后测试结果如图 4-19 所示。

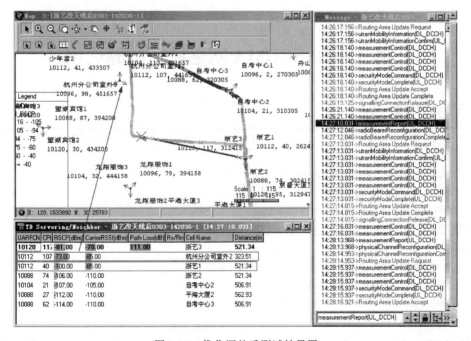

图 4-19　优化调整后测试结果图

【技能实训】 切换问题分析

1. 实训目标

以某地切换失败路测数据为例，根据路测数据分析信令，找出原因，提出解决方案，达到掌握切换失败分析方法的目的。

2. 实训设备

(1) 装有路测分析软件的计算机若干。

(2) 切换失败相关路测数据若干。

3. 实训步骤及注意事项

(1) 根据切换失败的路测数据，分析原因。

(2) 提出可行的解决方案。

(3) 编制案例分析报告。

4. 实训考核单

考核项目	考核内容	所占比例/%	得分
实训态度	1. 积极参加技能实训操作 2. 按照安全操作流程进行操作 3. 纪律遵守情况	30	
实训过程	1. 根据切换失败事件找到相关信令 2. 通过分析信令内容找出切换失败原因 3. 提出解决方案	60	
成果验收	编制案例分析报告	10	

任务 4　TD-SCDMA 网络掉话问题优化

【工作任务单】

工作任务单名称	TD-SCDMA 网络掉话问题优化	建议课时	4
工作任务内容： 　1. 掌握 TD-SCDMA 掉话机制和掉话处理流程； 　2. 了解 TD-SCDMA 掉话分析模板； 　3. 能够应用掉话分析模板分析掉话； 　4. 能够进行实际路测数据的掉话分析。			
工作任务设计： 　首先，教师讲解 TD-SCDMA 掉话机制、分析模板、处理流程； 　其次，通过应用掉话分析模板分析掉话案例； 　最后，技能实训，学生结合所学知识分析案例。			
建议教学方法	教师讲解、分组讨论、案例教学	教学地点	实训室

【知识链接 1】　掉话分析

1. 掉话的分类

从信令的角度掉话分控制面的 Iu RELEASE REQUSET 原因和用户面 RAB RELEASE REQUSET 原因。而其都包括空口失败和非空口失败。具体原因分类如表 4-2 所示。

表 4-2　掉话具体原因分类表

掉话分类	引起原因	对应的信令过程
空口原因	RF	RLC 复位，RL Failure
	流程定时器超时	RB_RECFG PHY_RECFG 等过程超时 HHO 过程失败
非空口原因	传输层故障	ALCAP 上报故障
	通过 MML 强行释放用户	O&M Intervention

2. 掉话分析流程

掉话分析的判决树如图 4-20 所示。

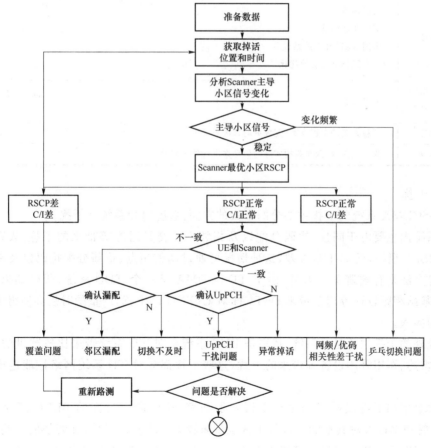

图 4-20　掉话分析判决树

3. 掉话原因分析

从网优的角度更关注空口原因造成的掉话。包括切换、覆盖、干扰及其他原因造成的掉话,切换原因造成的掉话在切换问题分析中有描述,在此重点描述非切换原因导致的掉话。

（1）覆盖问题

覆盖问题在覆盖问题分析章节有描述,针对不同类型的覆盖原因可以考虑采取以下的优化措施,见表 4-3。

表 4-3　针对不同类型的覆盖原因可以采取的优化措施

引起原因	调整措施
弱覆盖问题	工程参数调整 RF 参数修改 功率调整 SCCPCH 与 PICH 时隙调整增加 PCCPCH 发射功率 改变波瓣赋形宽度
过覆盖问题	对于市区内,站间距较小、站点密集的无线环境,需合理设置天线挂高及天线下倾角等工程参数 站址选择应避免街道效应、水面反射 可以通过调整功率相关参数来减弱越区覆盖,但所有的调整都要在保证覆盖目标的前提下进行
导频污染	天线调整 天线参数调整 采用 RRU 和直放站设备 邻小区频点等参数优化
站点故障引起的覆盖问题	故障排除
孤岛效应	调整天馈的工程参数、配置单向邻区来解决
扇区接反	光纤调换、在调换前按实际的信号来进行邻区配置

（2）干扰

TD-SCDMA 系统的干扰主要分两个大的方面:系统内和系统外干扰。

在系统内主要由于同频、扰码分配以及相邻小区交叉时隙等带来的干扰,表现在 PC-CPCH RSCP 很好,而 C/I 非常差,这种情况可通过调整频点、重新分配扰码以及邻小区时隙调整等方法来有效避免。另外,由于 TD-SCDMA 是一个 TDD 系统,所以如果 GPS 失步、郊区基站相距较远等均会带来 DwPCH 对 UpPCH 的干扰,严重的时候会使得上行无法接入和切换入。

系统外的干扰主要是异系统,特别是 PHS 系统会对 TD 系统带来比较严重的干扰,同时微波、雷达、军用警用设备等带来的干扰,这些干扰都会对 TD 系统网络性能造成很严重的影响。

干扰会增加了连接模式的手机上行发射功率,从而产生过高的 BLER 而导致掉话。UE 的发射功率过大对其他的 UE 和小区也带来较大的干扰。另外,在切换的时候,新建链路由于 UpPCH 干扰问题导致链路不能进行上行同步,造成切换失败而导致掉话。

表 4-4　干扰引起原因及调整措施

引起原因	调整措施
同频、扰码相关性引起的干扰	频点、扰码优化调整
相邻小区交叉时隙	修改时隙分配
GPS 干扰	GPS 造成的此问题，故障站点故障排除
系统外干扰	干扰源查找、调整天馈参数和增加异系统间天线的隔离度

（3）异常分析

其他的掉话一般需要怀疑设备的问题和终端问题。对于 UE 的原因要通过话统数据分析小区的 KPI，然后对小区进行跟踪，追踪有问题的 UE。

这里需要重点注意的是，测试手机异常死机引起的掉话问题，一般在拨测和路测过程中容易出现这个问题，具体表现为路测记录的数据中有一段时间没有手机上报的信息。

【想一想】

请阐述掉话的原因。

【知识链接 2】　掉话案例

1. 案例一

（1）现象描述

如图 4-21 所示，箭头所指路段，UE 占用 TD 牛山北湾-3 往北测试，当行驶至问题区域时，由于 TD 牛山北湾-3 与 TD 德政工业区-3 同频，干扰严重（PCCPCH C/I 为 −20 dB），最终导致 UE 掉话。

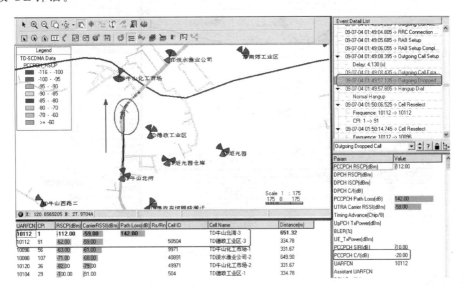

图 4-21　发生掉话地点

（2）原因分析

TD 牛山北湾-3 与 TD 德政工业区-3 同频干扰严重，导致掉话。为了解决同频干扰，

279

① 可以通过调整天馈,减少同频小区的干扰;②通过修改小区的主频点,消除同频干扰现象。由于问题区域附近站点较为密集,TD 牛山北湾-3 与 TD 德政工业区-3 需要覆盖牛山北湾及周边厂房,为了保留原小区主瓣覆盖方向,故对这两个小区的天馈不做调整,可以通过修改小区的主频点,解决同频干扰问题。掉话点附近的无线环境如图 4-22 所示。

图 4-22　掉话点附近的无线环境

（3）解决办法

TD 牛山北湾-3:主频点由 10 112 修改为 10 104。

经上述优化调整后,TD 牛山北湾-3 与 TD 德政工业区-3 同频干扰现象消除,切换正常,无掉话现象。如图 4-23 所示。

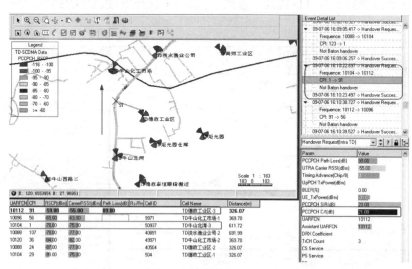

图 4-23　优化调整后路测图

2. 案例二

（1）现象和原因描述

主叫 UE 在问题路段由西向东行驶,占用珠江路 $T1$（UARFCN:10088、CPI:53）小区信号,此时 PCCPCH_RSCP$=-58$ dBm,PCCPCH_CI$=21$,发生掉话现象。如图 4-24 所示。

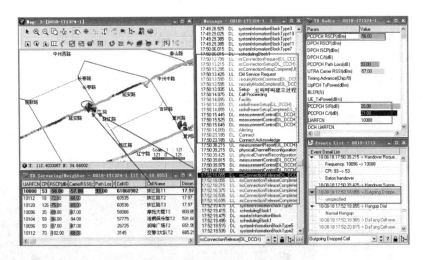

图 4-24　问题路段路测图

（2）原因分析

UE 润峰广场 $T2$（UARFCN:10096、CPI:93）完成呼叫建立过程。切换到珠江路 $T1$ 小区，继续前行，在 17:51:32 时 UE_TxPower 的发射功率为 -28 dBm，1 s 之后 UE_TxPower 的发射功率的发射功率陡升到满功率 24 dBm，满功率持续到 17:52:18 时收到 Rrc Connection Release 消息。UE 满功率发射期间存在上行时隙干扰，最终导致掉话。如图 4-25 所示。

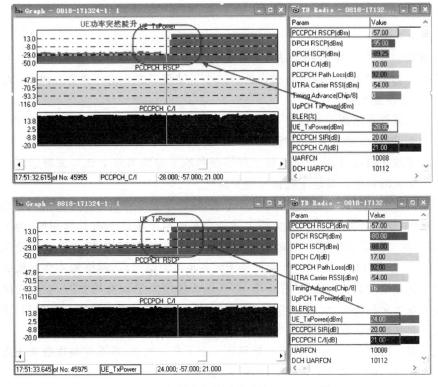

图 4-25　问题路段掉话前后的 TxPower 图

（3）解决办法

排查此区域的上下行时隙有无交叉及上行干扰情况解决此掉话问题。

3. 案例三

（1）厦门大桥的四周都是开阔的海面，信号的传输环境比较好，所以极易受到其他基站信号的干扰。如图 4-26 所示。在优化前，手机可以检测到诚毅学院、货运枢纽、集美航院、集美大社、集美、神山等 6 个站将近 10 个小区的导频信号，主导频不明确，终端在大桥上频繁发生切换，掉话率很高。

图 4-26　问题点位置

（2）解决办法

因为诚毅学院、货运枢纽两个站分别在厦门大桥的桥头，而且传播环境很好，所以决定以这两个站作为厦门大桥的主要覆盖小区。减小了诚毅学院 2 扇区和货运枢纽 3 扇区的天线倾角，增大了覆盖半径。

在不影响其他基站覆盖的前提下，压低了主要干扰基站天线的倾角，并降低了神山 3 扇区的发射功率，以减小对大桥的干扰。

在采取了这些措施后，手机在大桥上能够测到的主导频基本上就是诚毅学院 2 扇区和货运枢纽 3 扇区的信号。其他干扰信号明显降低。

由于厦门大桥的距离非常长，将近 2.5 千米，诚毅学院 2 和货运枢纽 3 的信号在经过海面反射后，会形成越区覆盖，手机在大桥上还是会在这两个小区上有乒乓切换，为了平滑过渡，将诚毅学院 2 和货运枢纽 3 对对方小区的切换小区独立偏置 CIO 分别调整为 -8 和 -6。目的是只有当目标小区的信号明显强于服务小区的信号后，网络侧才会发起切换。

厦门大桥是厦门的交通枢纽，经常堵车，所以即使增大了切换的 CIO，手机在堵车的情况下也经常发生乒乓切换，所以将切换触发时间从 1.28 s 增大为 2.56 s。调整后，手机在堵车的情况下乒乓切换次数有下降。

采取了以上措施后，大桥的通话效果得到了很明显的改善，乒乓切换次数大大降低。可以从优化前后的图例中看出优化结果，如图 4-27 所示。

图 4-27　调整后的路测结果

【技能实训】　掉话问题分析

1. 实训目标

以某地掉话路测数据为例,根据路测数据分析信令,找出原因,提出解决方案,达到掌握掉话分析方法的目的。

2. 实训设备

(1)装有路测分析软件的计算机若干。

(2)掉话相关路测数据若干。

3. 实训步骤及注意事项

(1)根据掉话的路测数据,分析原因。

(2)提出可行的解决方案。

(3)编制案例分析报告。

4. 实训考核单

考核项目	考核内容	所占比例/%	得分
实训态度	1. 积极参加技能实训操作 2. 按照安全操作流程进行操作 3. 纪律遵守情况	30	
实训过程	1. 根据掉话事件找到相关信令 2. 通过分析信令内容找出切换失败原因 3. 提出解决方案	60	
成果验收	编制案例分析报告	10	

任务 5　TD-HSPA 技术

【工作任务单】

工作任务单名称	TD-HSPA 介绍	建议课时	1
工作任务内容： 　1. 了解 TD-HSPA 发展历程； 　2. 熟悉 TD-HSPA 关键技术。			
工作任务设计： 　教师讲解 TD-HSPA 发展历程和关键技术。			
建议教学方法	教师讲解	教学地点	实训室

【知识链接 1】　TD-HSPA 发展历程

TD-HSDPA 和 TD-HSUPA 合称为 TD-HSPA。

3GPPR5 引入 HSDPA 后，下行链路的传输速率和吞吐量得到了很大提高。相比而言，上行链路速率和吞吐量偏低，为满足要求更高的上行速率业务发展需要，3GPP 从 R6 版本开始，开展了对上行链路增强或称为高速上行分组接入（HSUPA）的研究和标准制定工作。如图 4-28 所示。

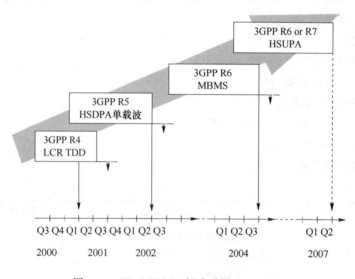

图 4-28　TD-SCDMA 标准进展——3GPP

【知识链接 2】　TD-HSPA 关键技术

1. 技术特点

TD-SCDMA HSPA 有以下技术特点。

- 实现更高的峰值速率：单载波时隙比例为 3:3 时，下行速率为 1.7 Mbit/s，上行速率为 1.7 Mbit/s。最高可达到 2.8 Mbit/s。
- 信道可以被多个用户共享。
- 速率调整快。
- 每 5 ms 可对用户资源重新分配一次。

2. HSDPA 采用的关键技术

TD-SCDMA HSDPA 采用了以下关键技术，如图 4-29 所示。

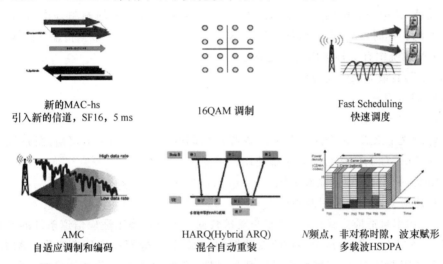

图 4-29   TD-SCDMA HSDPA 关键技术

（1）共享信道

为了适应分组数据业务的特点，HSDPA 中引入了共享信道的机制，多个用户共享无线资源。考虑到分组业务的特性，突发性强，持续时间不确定，系统采用共享信道的方式为分组用户提供服务，用户通过时分或者码分的形式共享无线资源。系统定义了新的共享信道以及相应的上下行控制信道以支持 HSDPA 特性。

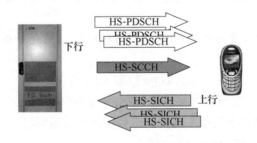

图 4-30   HSDPA 的共享物理信道

HSDPA 新增了一种共享传输信道和三种共享物理信道（如图 4-30 所示）。

① 传输信道：HS-DSCH，High Speed Downlink Shared Channel。

② 物理信道：HS-PDSCH，行信道，承载 HSDPA 业务数据，High Speed Physical Downlink Shared Channel。

③ 物理信道：HS-SCCH，下行信道，HSDPA 专用的下行控制信道，承载所有相关底层

控制信息,High Speed Shared Control Channel。

④ 物理信道:HS-SICH,上行信道,用于反馈相关的上行信息,包括 ACK/NACK 和 CQI,High Speed Shared Indication Channel。

（2）调制技术

在 TD-SCDMA HSDPA 系统中,使用了 QPSK 和 16QAM 两种技术自适应调制。

（3）快速调度算法

通过将数据的调度和重传移到 Node B 实现,可以更加快速地适应信道变化。基站根据 UE 的反馈,依据一定的调度准则选择用户,或者调整 UE 使用的调制方式编码速率,以优化系统性能。同时,调度以及数据重传在 Node B 实现,可以减小数据传输的时延。

HSDPA 系统中有三种常用的调度算法。

- Max C/I:最大载干比算法。
- RR:轮寻算法。
- PF:正比公平算法。

从统计意义上来看,每个用户分配的资源是相同的,公平性与 RR 相当,而系统容量高于 RR,接近 Max C/I,较适合实际系统使用。

（4）AMC——自适应调制和编码

链路自适应方式主要采用两种方式。

方式一:功率自适应方式,发送端改变发送数据的传输功率来适应信道条件的变化。

方式二:AMC 方式,发送端通过改变数据的传输码率,进而适应信道变化。AMC 的原理就是在系统限制范围内,根据由大尺度衰落引起的瞬时无线链路信道质量的变化,灵活地调整发送给每个用户的数据的 MCS(调制编码方式)。

HSDPA 在原有系统固定调制和编码方案的基础上,引入更多编码速率和 16QAM 调制,使系统能够通过改变编码方式和调制方式对链路变化进行自适应跟踪。

（5）HARQ——混合自动重传

HARQ 是自动重传请求(ARQ)和前向纠错(FEC)技术相结合的一种纠错方法,通过发送附加冗余信息,改变编码速率来自适应信道条件,是一种基于链路层的隐含的链路自适应技术。

通俗来讲,混合自动重发请求是一种差错控制技术,目的在于提高信号的传输质量,保证信息可靠性。

$$HARQ = FEC + ARQ$$

FEC:根据接收数据中冗余信息来进行纠错,特点是"只纠不传"。

ARQ:依靠错码检测和重发请求来保证信号质量特点是"只传不纠"。

HARQ 技术综合了 FEC 与 ARQ 的优点。

（6）多载波 HSDPA

为了提高对分组业务的支持能力,取得更高的峰值速率,使 TD-SCDMA 系统与其他系统相比具有相当的竞争优势,在 CCSA 对 TD-SCDMA 标准化过程中,提出了多载波 HSDPA 技术,通过多载波捆绑提高 TD-SCDMA 系统中单用户峰值速率。多载波 HSDPA 也是对已有 N 频点技术的自然延伸,在 N 频点小区中,一个小区拥有多个载波资源,为多载波的捆绑提供了便利。使用多个载波进行捆绑来提供 HSDPA 业务,可以显著提供单用户的峰值速率。而且多载波捆绑方式资源配置灵活,同时后向兼容单载波。

TD-SCDMA 多载波技术,是指在使用 HSDPA 技术时,多个载波上的信道资源可以为同一个用户服务,即该用户可以同时接收本扇区多个载波发送的信息。这样,如果采用 N 个载波同时为一个用户发送,理论上用户可以获得原来 N 倍的数据速率。同时,由于在 HSDPA 技术中引入了多载波特性,MAC-hs 除了完成共享用户的调度,AMC、HARQ 等链路自适应的功能,还增加了多载波分流、数据处理的功能。具体体现:当一个用户的数据同时在多个载波上传输时,HS-DSCH 所使用的物理资源包括载波、时隙和码道,由 MAC-hs 统一调度和分配。当一个用户的数据在多个载波上同时传输时,由 MAC-hs 对数据进行分流,即将数据流分配到不同的载波,各载波独立进行编码映射、调制发送以及相应的信道质量反馈,对于 UE,则需要有同时接收多个载波数据的能力,各个载波独立进行译码处理后,由 MAC-hs 进行合并。

3. HSUPA 采用的关键技术

上行增强技术的目的主要是显著提高分组数据的峰值传输速率,以及提高上行分组数据的总体吞吐率,同时减少传输延迟,减少误帧率。在 TD-SCDMA 系统中,与 HSDPA 相似,HSUPA 主要考虑的技术包括 AMC、HARQ、节点 B(Node B)快速调度、共享上行信道。

(1) Node B 快速调度

Node B 快速调度的主要好处在于减小传输时延和提高吞吐量,这是因为减少了 Iub 接口上的传输过程以及对重传、UE 缓存测量的快速反馈。

除了在时延和吞吐量方面的好处,TD-SCDMA 上行增强采用基站调度在资源分配和干扰控制两个方面也都带来好处。由于 TDD 上行码道资源受限,对物理资源采用共享形式,并由基站进行快速调度,可以缓解码道资源受限以及快速适应无线环境变化。而且通过快速控制 UE 的速率,基站也可以更好地控制空中接口的干扰情况。

(2) AMC

作为链路自适应技术的 AMC,通过在信道质量好的情况下采用高阶调制来提高系统容量。QPSK 必须,16QAM 可选。链路适配原则:按照功率最小原则选择调制方式。

(3) HARQ

类似 HSDPA,HARQ 可以对于错误数据进行快速重传,并且减少无线链路控制(RLC)重传以改善用户体验。因此,在上行增强中对 HARQ 的考虑主要在于减少时延和提高用户及系统的吞吐量。HARQ 的采用对物理层和 MAC 层都将产生影响,在上行增强中引入 HARQ,需要考虑 Node B、UE 存储空间的要求,带来的信令负荷、复杂度、UE 功率限制等因素。

(4) E-DCH 信道

为了支持 HSUPA 特性,TD-SCDMA 系统上行新增加了增强上行链路专用信道(E-DCH),这是一个传输信道,用于承载高速上行数据。其传输时间间隔(TTI)为 5 ms,支持高阶调制,以及层 1(L1)HARQ 过程。其使用的资源,包括功率、时隙、码道等,可由 Node B 调度分配。在上行还定义了两个控制信道上行增强控制信道(E-UCCH)和上行增强随机接入信道(E-RUCCH),用于传输上行增强相关的信令信息。E-UCCH 通常和 E-DCH 复用在一起,传递当前 E-DCH HARQ 相关的信息。E-RUCCH 映射在物理随机接入资源上,主要用于上行增强业务的接入请求。E-DCH 映射到增强上行物理信道(E-PU-

CH)上。E-PUCH 信道资源分为调度的和非调度的两类,其中非调度部分由无线网络控制器(RNC)分配,而调度部分则由 Node B MAC-e 实体进行调度分配。

在下行方向,为了支持基站调度,增加了增强上行绝对接入允许信道(E-AGCH)传输基站调度信息,以及增强上行 HARQ 应答指示信道(E-HICH)来支持 HARQ 过程的传输应答信息(如 ACK/NACK)。

【想一想】

1. 请阐述 TD-HSDPA 关键技术有哪些?
2. 请阐述 TD-HSUPA 关键技术有哪些?